U0161687

电气控制与
PLC
综合应用技术（第二版）

主　编　赵江稳

副主编　吕增芳　杨国生　薛君

参　编　杜相如

中国电力出版社

CHINA ELECTRIC POWER PRESS

内 容 提 要

本书介绍了通用电气公司（General Electric Company，GE）可编程自动化控制器（PAC）技术的相关基础，内容包括电气控制基础、PLC 基础、PAC RX3i 硬件、PME 软件、PAC RX3i 指令系统、触摸屏、RX3i 控制系统基础实践和综合应用。附录给出了 GE 智能平台的系统变量表、GE 智能平台 PAC 指令一览表和 AWG 电线标准单位换算。

本书可作为普通高等学校电气与自动化技术、自动化、机电一体化等相关专业开设的"电气控制与 PLC""可编程控制器原理与应用"等课程的教材，也可作为相关工程技术人员的参考书。

图书在版编目（CIP）数据

电气控制与 PLC 综合应用技术/赵江稳主编. —2 版. —北京：中国电力出版社，2021.1
ISBN 978-7-5198-5007-4

Ⅰ.①电… Ⅱ.①赵… Ⅲ.①电气控制 ②PLC 技术 Ⅳ.①TM571.2 ②TM571.6

中国版本图书馆 CIP 数据核字（2020）第 184026 号

出版发行：中国电力出版社
地　　址：北京市东城区北京站西街 19 号（邮政编码 100005）
网　　址：http://www.cepp.sgcc.com.cn
责任编辑：刘　炽（010-63412395）　何佳煜
责任校对：黄　蓓　马　宁
装帧设计：王红柳
责任印制：杨晓东

印　　刷：北京雁林吉兆印刷有限公司
版　　次：2014 年 3 月第一版　2021 年 1 月第二版
印　　次：2021 年 1 月北京第五次印刷
开　　本：787 毫米×1092 毫米　16 开本
印　　张：17
字　　数：412 千字
印　　数：6001—8000 册
定　　价：58.00 元

前言

近年来，世界范围内科学技术的迅速发展，以及我国经济建设取得的显著成就，都对可编程控制的理论和实践产生了积极的影响。然而，市面上能找到的关于 GE 可编程控制器的资料不多，而且很多是英文编写的，非常不方便国内读者阅读。为了帮助读者能够快速掌握 GE 可编程控制器的基本知识，编者在参阅大量 GE 原文资料和各种文献之后编写了本书。

本书于 2014 年出版了第一版，在上一版的使用过程中，使用者不断开发出更加完善和精妙的程序，大大提高了程序的执行效率、阅读性和理解性，在此期间，可编程控制领域也出现了很多科研和教研成果。除此之外，上一版中有些术语和表述也应与时俱进。基于这样的形势，本书作者开始了本版的修订工作的。本版本的改动主要有：增加了电气控制设备的介绍；增加了定时器使用案例；增加了计数器使用案例；增加了数学指令的使用案例；对原书的一些笔误和错字进行了更正。修订后的内容叙述更为详细、重点更加突出。

本书共分为 7 章。第 1 章介绍了电气控制基础知识，第 2 章介绍了 PLC 基础知识，第 3 章介绍了 PAC RX3i 硬件系统，第 4 章介绍了 PME 软件，第 5 章介绍了 PAC RX3i 指令系统，第 6 章介绍了触摸屏，第 7 章介绍了 RX3i 控制系统基础实践与综合应用，附录给出了 GE 智能平台的系统变量表、GE 智能平台PAC 指令一览表和 AWG 电线标准单位换算。本书 1.2 节的材料由吕增芳编写，1.3 节的材料由杜相如编写，其余章节由赵江稳编写。全书由赵江稳统稿。在编写过程中得到了马宁、孔红、吕增芳、杨国生、薛君、弓宇等的指导，有一些项目的参考程序由吕增芳提供。全书的参考程序均经过 PAC RX3i+PME5.9的验证。

在编写过程中，编者参阅和引用了通用电气公司最新技术资料和有关院校、企业、科研院所的一些教材、文献和资料。有些正式出版的文献已在书的参考文献中列出，有些难免遗漏，对未能列出的文献和资料，编者向其作者表示诚挚的感谢。

由于 GE 公司在不断发展，组织结构、经销商、新产品等都在不断变化，限于编者的理论水平和实际开发经验，再加上出书时间仓促，因此书中难免存在缺点和不足之处，恳请阅读此书的读者和相关专家不吝赐教，以便再版时改正。

编　者

目前市面上关于 GE 可编程控制器的资料不多；而且很多是英文编写的，非常不方便国内读者阅读。为了帮助读者能够快速掌握 GE 可编程控制器的基本知识，作者在参阅大量关于 GE 原文资料和各种文献之后编写了此书。本书总共分为 7 章。

第 1 章介绍了电气控制基础知识；第 2 章介绍了 PLC 基础知识；第 3 章介绍了 PAC RX3i 硬件系统；第 4 章介绍了 PME 软件；第 5 章介绍了 PAC 的指令系统；第 6 章介绍了触摸屏——人机交互；第 7 章介绍了 RX3i 控制系统基础实践与综合应用；附录给出了 GE 智能平台的系统变量表、GE 智能平台 PAC 指令一览表和 AWG 电缆标准单位换算。本书第 1.2 节由吕增芳编写，第 1.3 节由杜相如编写，其余章节由赵江稳编写。全书由赵江稳统稿。在编写本书的过程中得到了马宁、孔红、吕增芳、杨国生、弓宇等的指导，有一些项目的参考程序由吕增芳提供，全书的参考程序由敖马泽一一验证，在此一并表示感谢。

在编写过程中，作者参阅和引用了通用电气公司的最新技术资料和有关院校、企业、科研院所的一些教材、文献和资料。有些正式出版的文献已在书的参考文献中列出，有些难免遗漏，对未能列出的文献和资料，作者向其作者表示诚挚的感谢。

由于 GE 在不断发展，组织结构、经销商、新产品等都在不断变化；再加上作者学识有限、编写时间仓促，因此书中难免出现一些错误和问题，希望阅读此书的读者和相关专家不吝赐教，以便再版时改正。

作　者

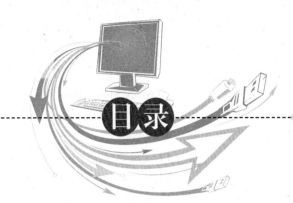

电气控制与PLC综合应用技术（第二版）

目录

电气控制基础

本章主要讲述与可编程逻辑控制器（programmable logic controller，PLC）相关的基础知识，包括数字电路基础知识、电气控制基础知识、变频器基础知识。

1.1 数字电路基础知识

1.1.1 数制与码制

数制是人们按某种进位规则进行计数的科学方法。生活中常见的数制有七进制（星期）、十进制、十二进制（一年有 12 个月）、二十四进制（每天 24 个小时）、六十进制（时、分、秒）等。计算机、可编程控制、单片机等中常用二进制、八进制、十六进制。通信、情报等领域还涉及码制和编码的问题。

1.1.2 十进制

数值的基值（基数）决定了计数中不同符号或者数字的总数。最常用的十进制的基值（基数）是 10，也就是说在十进制中只会出现 0、1、2、…、9 这 10 个数码。十进制数的值取决于它的位数及每一位的值。分配（权）值被赋值到各个位置，数字从右往左置于相应的位置中。在十进制中，最右边第一位为 0，第二位为 1，第三位为 2……依此类推持续到最后一位。每个位的权值能够通过基值 10 及其幂的组合形式来表述，例如：

$$2013=2\times10^3+0\times10^2+1\times10^1+3\times10^0$$

$$(3176.54)_{10}=3\times10^3+1\times10^2+7\times10^1+6\times10^0+5\times10^{-1}+4\times10^{-2}$$

十进制数字可以在数字的下标位置写上数字 10 来标注，即 2013_{10}，或者省略不写。由于十进制系统的英文是 decimal system，因此很多时候也用字母 D 表示十进制，即 $(2013)_D$。所以 $2013=2013_{10}=(2013)_{10}=(2013)_D$，这些表示都是可行的。

十进制的计数原则是"逢十进一，借一当十"。其他进制的表示与十进制类似。

1.1.3 二进制

二进制以 2 为基值，在此系统中只存在 0、1 两个数码。由于在实际工程中可以很容易地辨别出和二进制 0、1 相关联的两种不同状态（比如导通与关断、运行与停止），因此二进制系统能够非常方便地应用于 PLC 和计算机系统。大多数的 PLC 定时器和计数器都工作在二进制计数模式下。如二进制数：0、1、00、01、11、101 等。

很多时候用下标数字 2 或者字母 B（binary）表示二进制系统。二进制的计数原则是"逢二进一，借一当二"。二进制的加法和乘法关系：

$$0+0=0, \quad 0+1=1+0=1, \quad 1+1=10$$

$$0\times0=0, \quad 0\times1=1\times0=0, \quad 1\times1=1$$

1.1.4 八进制

八进制系统由 0、1、2、3、4、5、6、7 组成，其基数为 8。

八进制系统可以用下标数字 8 或者字母 O（octal）表示，但是字母 O 非常容易和数字 0 混淆，因此有些场合用 Q 表示。

1.1.5 十六进制

十六进制系统由 0、1、2、3、4、5、6、7、8、9、A、B、C、D、E、F 组成，其基数为 16，可以用下标数字 16 或者字母 H（hexadecimal）表示。

1.1.6 数制间的转换

进制转换是人们利用符号来计数的方法，包含很多种数字转换。进制转换由一组数码符号和两个基本因素（"基"与"权"）构成。

1. 其他进制转换为十进制

其他进制转换为十进制比较容易，比如：

$$(2013)_D = 2\times10^3 + 0\times10^2 + 1\times10^1 + 3\times10^0$$

二进制数转换为十进制数的规律：把二进制数按位权形式展开为多项式和的形式，求其最后的和，就是所对应的十进制数，简称"按权求和"，例如：

$$(10011.11)_B = 1\times2^4 + 0\times2^3 + 0\times2^2 + 1\times2^1 + 1\times2^0 + 1\times2^{-1} + 1\times2^{-2} = (19.75)_D$$

同样的方法可以得出八进制数 $(45.2)_Q$ 转换为十进制的方法：

$$(45.2)_Q = 4\times8^1 + 5\times8^0 + 2\times8^{-1} = (37.25)_D$$

其他进制的数转化为十进制的方法和上面类似。

2. 十进制转换为二进制

十进制转换为二进制分为整数部分和小数部分：

（1）整数部分。

方法：除 2 取余法，即每次将整数部分除以 2，余数为该位权上的数，而商继续除以 2，余数又为上一个位权上的数，这个步骤一直持续下去，直到商为 0 为止，最后读数时，从最后一个余数读起，一直到最前面的一个余数。

【例 1-1】 将十进制的 53 转换为二进制数。

第一步，53 除以 2，商 26，余数为 1；

第二步，26 除以 2，商 13，余数为 0；

第三步，13 除以 2，商 6，余数为 1；

第四步，6 除以 2，商 3，余数为 0；

第五步，3 除以 2，商 1，余数为 1；

第六步，1 除以 2，商 0，余数为 1；

第七步，读数，因为最后一位是经过多次除以 2 才得到的，因此它是最高位，读数应从最后的余数向前读，即 110101，记做 $(53)_D=(110101)_B$。

其转换步骤如图 1-1 所示。

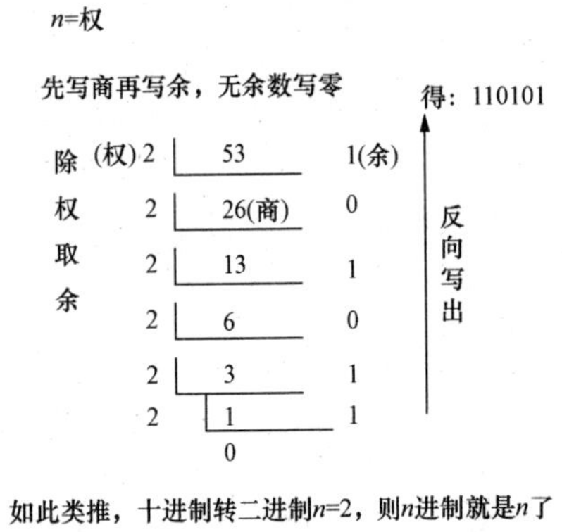

（2）小数部分。

方法：乘 2 取整法，即将小数部分乘以 2，然后取整数部分，剩下的小数部分继续乘以 2，然后继续取整数部分，剩下的小数部分再乘以 2，一直取到小数部分为零为止。如果永远不能为零，就同十进制数的四舍五入一样，按照要求保留多少位小数时，就根据后面一位是 0 还是 1 取舍：如果是 0，舍掉；如果是 1，进入一位。换句话说就是 0 舍 1 入。读数要从前面的整数读到后面的整数。

n=权

先写商再写余，无余数写零

如此类推，十进制转二进制n=2，则n进制就是n了

图 1-1　十进制（53）转换为二进制

【例 1-2】　将十进制的 0.125 转换为二进制。

第一步，0.125 乘以 2，得 0.25，其整数部分为 0，小数部分为 0.25；

第二步，小数部分 0.25 乘以 2，得 0.5，其整数部分为 0，小数部分为 0.5；

第三步，小数部分 0.5 乘以 2，得 1.0，其整数部分为 1，小数部分为 0.0；

第四步，读数，从第一位读起，读到最后一位，即为 0.001，记做 $(0.125)_D = (0.001)_B$。

【例 1-3】　将十进制的 0.45 转换为二进制（保留到小数点后第四位）。

第一步，0.45 乘以 2，得 0.9，其整数部分为 0，小数部分为 0.9；

第二步，小数部分 0.9 乘以 2，得 1.8，其整数部分为 1，小数部分为 0.8；

第三步，小数部分 0.8 乘以 2，得 1.6，其整数部分为 1，小数部分为 0.6；

第四步，小数部分 0.6 乘以 2，得 1.2，其整数部分为 1，小数部分为 0.2；

第五步，小数部分 0.2 乘以 2，得 0.4，其整数部分为 0，小数部分为 0.4；

第六步，小数部分 0.4 乘以 2，得 0.8，其整数部分为 0，小数部分为 0.8；

第七步，小数部分 0.8 乘以 2，得 1.6，其整数部分为 1，小数部分为 0.6。

从上面步骤可以看出，当第七步结束时小数部分为 0.6，接下来运算在第七步结束和第四步开始之间不断循环，最后不可能使得小数部分为零。因此，只好借鉴十进制的方法进行四舍五入，但是二进制只有 0 和 1 两个数字，于是就出现了 0 舍 1 入的思路。显然，在这种转换运算中，计算机会产生误差，但是由于保留位数很多，精度很高，所以使用中误差可以忽略不计。那么，可得出结果：将 0.45 转换为二进制约等于 0.0111，记做 $(0.45)_D \approx (0.0111)_B$。

将十进制的数转化为其他进制的数，可以仿照上面的方法。比如，要将十进制的 120 转换为八进制数，简单计算过程如图 1-2 所示。

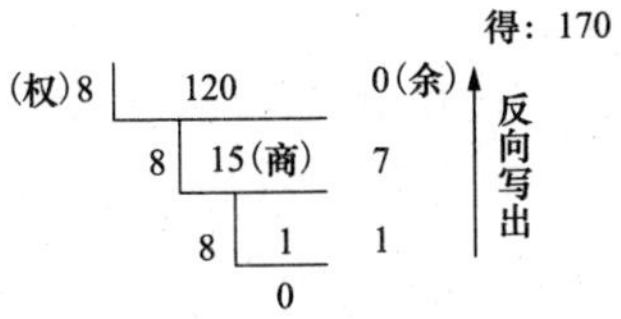

图 1-2　十进制（120）转换为八进制

因此得到：$(120)_D = (170)_Q$。

将十进制数转换成八进制的方法和转换为二进制的方法类似，唯一的变化就是整数转换的时候除数由 2 变成 8，小数转换的时候乘数也由 2 变成 8。

3. 二进制与八进制、十六进制之间的转换

原则上可以先将二进制的数字转化为十进制（此时十进制可以称为中间进制，也可以选取其他中间进制），然后把得到的十进制转化为八进制、十六进制即可。显然这种方法速度慢且易出错。

还有一种简便的方法。注意到数学关系 $2^3 = 8$、$2^4 = 16$，因此可利用八进制和十六进制的这种关系来转换，即用三位二进制表示一位八进制，用四位二进制表示一位十六进制数。

（1）二进制转换为八进制。比如要将二进制数 $(11001.101)_B$ 转化为八进制数，简便方法如下：

整数部分：从右往左每三位一组，缺位处用 0 填补，然后按十进制方法进行转化，则有：011=3，001=1。然后将结果按从左往右的顺序书写是 31，31 就是二进制 11001 的八进制形式。

小数部分：从左往右每三位一组，缺位处用 0 填补，然后按十进制方法进行转化，则有：101=5。然后将结果部分按左往右的顺序书写是 5，5 就是二进制 0.101 的八进制形式。

所以，$(11001.101)_B = (31.5)_Q$。

（2）二进制转换为十六进制。仿照上面的方法，很容易能将二进制数转换为十六进制数，只不过这种情况下是每四位一级组，比如 $(00010010.1011)_B = (12.B)_H$。

（3）将八进制转换为二进制。取一分三法，即将一位八进制数分解成三位二进制数，用三位二进制按权相加去凑这位八进制数，小数点位置照旧。具体如下：

首先，将八进制按照从左到右，每位展开为三位，小数点位置不变。

然后，按每位展开为 2^2、2^1、2^0（即 4、2、1）三位去做凑数，即 $a×2^2+b×2^1+c×2^0$=该位上的数（a=1 或者 a=0，b=1 或者 b=0，c=1 或者 c=0），将 abc 排列就是该位的二进制数。

最后，将每位上转换成二进制数按顺序排列，这样就得到了八进制转换成二进制的数字。

（4）八进制与十六进制的转换。一般不直接转换，而是选取二进制为中间进制，相应的转换过程请参照上面二进制与八进制的转换和二进制与十六进制的转换。

至于各个进制数之间的加减乘除，还需要掌握原码、反码、补码、移码等概念，这里略去，读者可从计算机基础、计算机组成原理、数字电路或者数学教材中获取相关知识。

1.1.7 BCD 码

BCD（binary-coded decimal）码亦称二进码十进数或二-十进制代码，用 4 位二进制数来表示 1 位十进制数中的 0～9 这 10 个数码。它是一种二进制的数字编码形式，即用二进制编码的十进制代码。这种编码形式利用了四个位来储存一个十进制的数码，使二进制和十进制之间的转换得以快捷地进行。这种编码技巧最常用于会计系统的设计里，因为会计制度经常需要对很长的数字串做准确的计算。相对于一般的浮点式记数法，采用 BCD 码既可保证数值的精确度，又可免去使计算机做浮点运算时所耗费的时间。此外对于其他需要高精确度的计算，BCD 编码亦很常用。由于十进制数共有 0～9 十个数码，因此，至少需要 4 位二进制码来表示 1 位十进制数。4 位二进制码共有 2^4（16）种码组，在这 16 种代码中，可以任选 10 种来表示 10 个十进制数码，因此可以选择编码的方案种类很多。常用的 BCD 代码可分为

有权码和无权码两类：有权 BCD 码有 8421 码、5421 码、2421 码，其中 8421 码是最常用的；无权 BCD 码有余 3 码、格雷码（严格讲格雷码并不是 BCD 码）等。

8421BCD 码是最基本和最常用的 BCD 码，它和四位自然二进制码相似，各位的权值为 8、4、2、1，故称为有权 BCD 码。和四位自然二进制码不同的是，它只选用了四位二进制码中前 10 组代码，即用 0000～1001 分别代表它所对应的十进制数，余下的六组代码不用，也就是说四位二进制数的其余六个编码（1010、1011、1100、1101、1110、1111）不是有效编码。

十进制数 0～9 所对应的常用 BCD 码表示见表 1-1。

表 1-1　　　　　　　　　　　　　　　常用 BCD 码

十进制数	有权码				无权码
	8421 码	5421 码	2421（A）	2421（B）	余 3 码
0	0000	0000	0000	0000	0011
1	0001	0001	0001	0001	0100
2	0010	0100	0010	0010	0101
3	0011	0101	0011	0011	0110
4	0100	0111	0100	0100	0111
5	0101	1000	0101	1011	1000
6	0110	1001	0110	1100	1001
7	0111	1100	0111	1101	1010
8	1000	1101	1110	1110	1011
9	1001	1111	1111	1111	1100

比 8421BCD 码多余 3

权为 8、4、2、1

1.1.8　ASCII 码

ASCII（American standard code for information interchange，美国信息互换标准代码）是基于拉丁字母的一套计算机编码系统。它主要用于显示现代英语，而其扩展版本 EASCII（extended ASCII，延伸、扩展美国标准信息交换码）则可以部分支持其他西欧语言，并等同于国际标准 ISO/IEC 646。ASCII 第一次以规范标准的形态发表是在 1967 年，最后一次更新则是在 1986 年，迄今为止共定义了 128 个字符。其中 33 个字符无法显示（这是以现今操作系统为依归，但在 DOS 模式下可显示出一些诸如笑脸、扑克牌花式等 8 位符号），且这 33 个字符多数都是已陈废的控制字符，控制字符主要用来操控已经处理过的文字。剩余的 95 个是可显示的字符，用键盘敲下空白键所产生的空白字符也算 1 个可显示字符（显示为空白）。ASCII 字符见表 1-2。

万维网使得 ASCII 广为通用，但是 ASCII 的局限在于只能显示 26 个基本拉丁字母、阿拉伯数字和英式标点符号，因此只能用于显示现代美国英语，而且在处理英语当中的外来词如 naïve、café、élite 等时，所有重音符号都不得不去掉，即使这样做会违反拼写规则。

表 1-2　ASCII 字符

低四位	\ 高四位	0000 (0)					0001 (1)					0010 (2)		0011 (3)		0100 (4)		0101 (5)		0110 (6)		0111 (7)		
		十进制	字符	Ctrl	代码	字符解释	十进制	字符	Ctrl	代码	字符解释	十进制	字符	十进制	字符	十进制	字符	十进制	字符	十进制	字符	十进制	字符	Ctrl
0000		0	BLANK NULL	^@	NUL	空	16	▲	^P	DLE	数据链路转意	32	(空格)	48	0	64	@	80	P	96	`	112	p	
0001		1	☺	^A	SOH	头标开始	17	▼	^Q	DC1	设备控制1	33	!	49	1	65	A	81	Q	97	a	113	q	
0010		2	☻	^B	STX	正文开始	18	↕	^R	DC2	设备控制2	34	"	50	2	66	B	82	R	98	b	114	r	
0011		3	♥	^C	ETX	正文结束	19	‼	^S	DC3	设备控制3	35	#	51	3	67	C	83	S	99	c	115	s	
0100		4	♦	^D	EOT	传输结束	20	¶	^T	DC4	设备控制4	36	$	52	4	68	D	84	T	100	d	116	t	
0101		5	♣	^E	ENQ	查询	21	ϕ	^U	NAK	反确认	37	%	53	5	69	E	85	U	101	e	117	u	
0110		6	♠	^F	ACK	确认	22	■	^V	SYN	同步空闲	38	&	54	6	70	F	86	V	102	f	118	v	
0111		7	•	^G	BEL	振铃	23	↨	^W	ETB	传输块结束	39	'	55	7	71	G	87	W	103	g	119	w	
1000		8	◘	^H	BS	退格	24	↑	^X	CAN	取消	40	(	56	8	72	H	88	X	104	h	120	x	
1001		9	○	^I	TAB	水平制表符	25	↓	^Y	EM	媒体结束	41	)	57	9	73	I	89	Y	105	i	121	y	
1010		10	◙	^J	LF	换行/新行	26	→	^Z	SUB	替换	42	*	58	:	74	J	90	Z	106	j	122	z	
1011		11	♂	^K	VT	竖直制表符	27	←	^[	ESC	转意	43	+	59	;	75	K	91	[	107	k	123	{	
1100		12	♀	^L	FF	换页/新页	28	∟	^\	FS	文件分隔符	44	,	60	<	76	L	92	\	108	l	124	|	
1101		13	♪	^M	CR	回车	29	↔	^]	GS	组分隔符	45	-	61	=	77	M	93	]	109	m	125	}	
1110		14	♫	^N	SO	移出	30	◄	^6	RS	记录分隔符	46	•	62	>	78	N	94	^	110	n	126	~	
1111		15	☼	^O	SI	移入	31	►	^-	US	单元分隔符	47	/	63	?	79	O	95	_	111	o	127	Δ	^Back space

表头分组：0000、0001 两列为 "ASII 非打印控制字符"；0010～0111 各列为 "ASII 打印字符"。

注　表中的 ASCII 字符可以用 "Alt+小键盘上的数字键" 输入。

EASCII 是将 ASCII 码由 7 位扩充为 8 位，其内码是由 0~255 共 256 个字符组成，见表 1-3。EASCII 码扩充出来的符号包括表格符号、计算符号、希腊字母和特殊的拉丁符号。ISO/IEC 8859 是最常见的 8 位字符编码。除此之外，不同的操作系统都会有它的 8 位字符编码。

表 1-3　　　　　　　　　　　　　　　　　EASCII 码

128	Ç	144	É	160	á	176	░	192	└	208	┴	224	α	240	≡
129	ü	145	æ	161	í	177	▒	193	┴	209	┬	225	ß	241	±
130	é	146	Æ	162	ó	178	▓	194	┬	210	┬	226	Γ	242	≥
131	â	147	ó	163	ú	179	│	195	├	211	└	227	π	243	≤
132	ä	148	ö	164	ñ	180	┤	196	─	212	└	228	Σ	244	∫
133	à	149	ò	165	Ñ	181	┤	197	┼	213	┌	229	σ	245	⌡
134	å	150	û	166	ª	182	┤	198	├	214	┌	230	µ	246	÷
135	ç	151	ù	167	º	183	┐	199	├	215	┼	231	τ	247	≈
136	ê	152	ÿ	168	¿	184	┐	200	└	216	┼	232	Φ	248	°
137	ë	153	Ö	169	┌	185	┤	201	┌	217	┘	233	⊙	249	∙
138	è	154	Ü	170	¬	186	║	202	┴	218	┌	234	Ω	250	·
139	ï	155	¢	171	½	187	┐	203	┬	219	█	235	δ	251	√
140	î	156	£	172	¼	188	┘	204	├	220	▄	236	∞	252	°
141	ì	157	¥	173	i	189	┘	205	=	221	▌	237	φ	253	²
142	Ä	158	§	174	«	190	┘	206	┼	222	▐	238	ζ	254	■
143	Å	159	ƒ	175	»	191	┐	207	┴	223	▀	239	⌒	255	

1.1.9　Unicode 码

EASCII 虽然解决了部分西欧语言的显示问题，但对其他语言依然无能为力，同时，互联网的普及强烈要求一种统一的编码方式的出现。

20 世纪 80 年代末，位于美国加州的 Unicode 组织联合了主要的计算机软硬件厂商，例如奥多比系统、苹果公司、惠普、IBM、微软、施乐等公司，同时由于计算机普及和信息国际化的要求，国际标准化组织（ISO）分别成立了 Unicode 组织和 ISO 10646 工作小组。后来，两个组织共同合作开发适用于各国语言的通用码，并各自发表 Unicode 和 ISO 10646 字集。虽然实际上两者的字集编码相同，但实质上两者却是不同的标准。Unicode 发展由非营利机构统一码联盟（http：//www.unicode.org/）负责，该机构致力于让 Unicode 方案取代既有的字符编码方案。因为既有的方案往往空间非常有限，亦不适用于多语环境。直到 2007 年 12 月，ASCII 码逐渐被 Unicode 取代。

Unicode 随着通用字符集标准的发展而发展，同时也以书本的形式对外发表。统一码联盟在 1991 年首次发布了 The Unicode Standard。Unicode 的开发结合了国际标准化组织所制定的 ISO/IEC 10646，即通用字符集。Unicode 1.0 于 1991 年 10 月发布，至 2013 年 9 月 30 日，版本已经达到 Unicode 6.3，收入的字符超过十万个（第十万个字符在 2005 年获采纳）。Unicode 涵盖的数据除了视觉上的字形、编码方法、标准的字符编码外，还包含了字符特性，如大小写字母。

UTF-8 编码是在互联网上使用最广的一种 Unicode 实现方式，其他实现方式还包括 UTF-16（字符用两个字节或四个字节表示）和 UTF-32（字符用四个字节表示）。由于多种优势集合在一起，导致以 UTF-8 编码的 Unicode 码广泛地应用于计算机软件的国际化与本地化过程。有很多新科技，如可扩展置标语言、Java 编程语言以及现代的操作系统，都采用 Unicode 编码。

1.1.10　中文编码

在联合国的 6 种工作语言（汉语、英语、法语、俄语、阿拉伯语与西班牙语）中，除了汉语是笔画文字外，其余都是字母文字。前面说到 ASCII 以及扩展 ASCII 编码可以表示的最大字符数是 256，其实英文字符并没有那么多，一般只用前 128 个（最高位为 0），其中包括了控制字符、数字、大小写字母和其他一些符号。但是面对中文等复杂的文字，255 个字符显然不够用。于是，各个国家纷纷制定了自己的文字编码规范。

据德国出版的《语言学及语言交际工具问题手册》，世界上查明的语言有 5651 种。2009 年 2 月 19 日联合国教科文组织发布的《世界濒危语言图谱（第三版）》显示，全世界约有 7000 种语言，但是全世界 80% 的人只讲其中 83 种主要语言，剩下 6000 多种语言绝大多数没有过文字记载。使用人数超过一亿的语言有 12 种：汉语、英语、印地语、西班牙语、阿拉伯语、孟加拉语、葡萄牙语、法语、俄语、印度尼西亚语、德语、日语，使用这十几种语言的人占世界人口的近 60%。

汉语是全球第一使用语言，以汉语为主语言的人大约有 14 亿（3000 万人将其作为第二语言）。据 2010 年第六次全国人口普查主要数据公报（第 1 号）（2011 年 4 月 28 日发布）的内容，全国总人口为 1370536875 人（含港、澳、台地区）；2011 年 11 月 30 日在上海举行的第二届中国侨务论坛公布的研究成果表明，当时海外华人约为 5000 万人（也有一些华人使用的语言不是汉语）；2011 年 10 月 26 日联合国人口基金发表的《2011 年世界人口状况报告》中提到，世界人口将达到 70 亿。除此之外，还有很多国家针对母语为非汉语的人员、留学生等开设汉语课程。因此使用汉语言人群的数量约占世界人口的 1/5。

根据以英语作为母语的人数计算，英语是世界上最广泛的第二语言，但它可能是世界上第二大或第四大语言（据 1999 年统计，约 3.8 亿人使用英语）。世界上 60% 以上的信件是用英语书写的，50% 以上的报纸杂志是英语的。

印地语和乌尔都语加起来是世界上第二大语言，使用人口超过 5 亿人。

西班牙语是世界第三大语言，约有 3.52 亿人使用。

阿拉伯语使用人口 3 亿以上。

孟加拉语使用人口 2 亿以上。

葡萄牙语使用人口近 2 亿。

法语使用人口约 2 亿。

全球以俄语为母语的人数超过 1.4 亿，将其当作第二语言使用的则有近 4500 万人。

全世界有 1700 万～3000 万人将印度尼西亚语作为他们的母语，还有大约 1.4 亿人将印度尼西亚语作为第二语言。

德语使用人口超过 1.1 亿。

日语使用人口近 1.1 亿。

很显然由于汉语使用量巨大，因此涉及汉语的计算机信息交换、交流自然是个必须解决的大问题。

对于中文输入，由于历史原因，在 Unicode 之前，一共存在过 3 套中文编码标准。Big5 是中国台湾使用的编码标准，编码了中国台湾使用的繁体汉字，大概有 8000 多个。HKSCS 是中国香港使用的编码标准，字体也是繁体，但跟 Big5 有所不同。中国大陆使用的编码标准是 GB/T 2312—1980（以下简称 GB 2312）。

1979 年，原电子工业部华北计算技术研究所（现中国电子科技集团公司第十五研究所）根据国家标准总局下达的关于制定国家标准汉字信息交换码的任务，会同国内 15 个从事计算机研制、教学、生产、应用和文字研究的单位，在华北计算技术研究所已有工作的基础上，经过两年的努力，由陈耀星等人制定，于 1981 年 5 月 1 日公布了国家标准 GB/T 2312—1980《信息交换用汉字编码字符集 基本集》，又称 GB0。该项成果获 1985 年国家科技进步奖一等奖，它是汉字信息处理领域里最重要的基础标准，规定了汉字信息交换用的基本图形字符及其二进制编码表示，适用于一般汉字处理、汉字通信系统间的信息交换。GB 2312 编码通行于中国大陆，中国大陆几乎所有的中文系统和国际化的软件都支持 GB 2312，新加坡等地也采用此编码。该标准共收录 6763 个汉字，其中一级汉字 3755 个，二级汉字 3008 个；同时收录了包括拉丁字母、希腊字母、日文平假名及片假名字母、俄语西里尔字母在内的 682 个字符。GB 2312 的出现，基本满足了汉字的计算机处理需要，它所收录的汉字已经覆盖中国大陆 99.75%的使用频率。

GB 2312 是和 ASCII 兼容的一种编码规范，它利用扩展 ASCII 没有真正标准化这一点，把一个中文字符用两个扩展 ASCII 字符来表示。但是这个方法最大的问题就是中文文字没有真正属于自己的编码，因为扩展 ASCII 码虽然没有真正的标准化，但是 PC（个人计算机）里的 ASCII 码还是有一个事实标准的（存放着英文制表符），所以很多软件利用这些符号来画表格。这样的软件用到中文系统中，这些表格符就会被误认为中文字符，破坏版面。而且，统计中英文混合字符串中的字数也比较复杂，必须先判断一个 ASCII 码是否扩展，以及它的下一个 ASCII 是否扩展，然后才"猜"那可能是一个中文字符。

除了 GB 2312，其余两套编码标准也都采用了扩展 ASCII 的方法，但是这些编码互不兼容，而且编码区间也各有不同。因为不兼容，在同一个系统中同时显示 GB（国家标准）和 Big5 基本上是不可能的。在早期的一些计算机输入软件中能发现，它们在自动识别中文编码、自动显示正确编码方面都做了很多努力。

由于 GB 2312 只收录 6763 个汉字，有不少汉字如人名（"镕"）、古汉语等方面出现的罕用字、部分在 GB 2312 推出以后才简化的汉字（如"啰"）、中国台湾及香港使用的繁体字、日语及朝鲜语等，并未收录在内。

1993 年，Unicode 1.1 版本推出，收录中国、日本及韩国通用字符集的汉字，总共有 20902 个。中国大陆制订了等同于 Unicode 1.1 版本的"GB 13000.1—1993《信息技术 通用多八位编码字符集（UCS）第一部分：体系结构与基本多文种平面》"。

微软利用 GB 2312 未使用的编码空间，收录 GB 13000.1—1993 全部字符制定了 GBK 编码。根据微软资料，GBK 是对 GB 2312 的扩展，但是 GBK 自身并非国家标准，只是曾由国家技术监督局标准化司、电子工业部科技与质量监督司公布为"技术规范指导性文件"。

由于这些新的编码体系与当时多数操作系统和外部设备不兼容，所以它们的实现仍需要一个过程。考虑到 GB 13000 的完全实现有待时日，以及 GB 2312 编码体系的延续性和现有资源和系统的有效利用与过渡，1998 年 10 月，由信息产业部电子四所（现工业和信息化部电子第四研究院）、北京大学计算机技术研究所、北大方正集团、新天地公司、四通新世纪公司、中科院软件所、长城软件公司、中软总公司、金山软件公司和联想公司的技术人员组成标准起草组。在标准研制过程中，全国信息技术标准化技术委员会多次召集标准起草组和知名公司对标准草案进行充分的研究论证，并且特邀了微软、惠普、Sun 和 IBM 等公司参加，广泛征求意见。标准起草组经过反复斟酌和验证，提出了标准制定原则：与 GB 2312 信息处理交换码所对应的事实上的内码标准兼容，在字汇上支持 GB 13000.1—1993 的全部中、日、韩（CJK）统一汉字字符和全部 CJK 扩充 A 的字符，并且确定了编码体系和 27484 个汉字，形成兼容性、扩展性、前瞻性兼备的方案。原信息产业部（现工业和信息化部）和原国家质量技术监督局（现与出入境检验检疫局合并为国家质量监督检验检疫总局）于 2000 年 3 月 17 日联合发布了该标准，即 GB 18030—2000《信息技术信息交换用汉字编码字符集基本集的扩充》。现行版本由国家质量监督检验检疫总局和中国国家标准化管理委员会于 2005 年 11 月 8 日发布，2006 年 5 月 1 日实施。此规格为在中国境内所有软件产品支持的强制规格。它与 GB 2312 完全兼容，与 GBK 基本兼容，支持 GB 13000 及 Unicode 的全部统一汉字，共收录汉字 70244 个。GB 18030—2005 编码空间约为 160 万码位，已编码的字符约 2.6 万。随着我国汉字整理和编码研究工作的不断深入，以及国际标准 ISO/IEC 10646 的不断发展，GB 18030—2005 所收录的字符将在新版本中不断增加和完善。

有关这些编码发展历史、各种编码之间关系的详细内容可参阅由 Crifan Li 编写的《字符编码详解》，具体的编码规则读者可以从更多的渠道获取，这里略去不谈。另外，还有一些通信方面的编码，如摩斯电码、奇偶校验码等这里也未介绍，有兴趣的可以查阅相关材料。

1.1.11　逻辑代数

（1）布尔（Boole）代数也称为开关代数（布尔开关）或逻辑代数（布尔逻辑），和一般代数一样，可以写成这样的表达式：$Y = f(A,B,C,D\cdots)$。其中的变量 A、B、C 和运算结果 Y 均只有两种可能的数值：0 或 1。布尔代数变量和运算结果的数值并无大小之意，只代表事物的两个不同性质：如用于开关，则 0 代表关（断路）或低电位，1 代表开（通路）或高电位；如用于逻辑推理，则 0 代表错误（伪），1 代表正确（真）。逻辑有正负逻辑之分，若无特殊说明，本书采用正逻辑体制。除了与、或、非 3 种基本的逻辑运算外，还有 5 种常用的复合逻辑运算，分别是异或、同或、与非、或非、与或非。后面 5 种复合逻辑运算由 3 种基本逻辑运算组合而成。下面有关于它们逻辑符号、运算方程的表格。

更多相关的逻辑关系的逻辑符号图，可以查阅 GB/T 4728—2005《电气简图用图形符号》、GB/T 5465—2009《电气设备用图形符号》、GB/T 23371—2009《电气设备用图形符号基本规则》等一些电气设备用图形符号的系列国家标准。这些图形符号和一些平时使用的电气制图软件（altium designer、proteus、eplan、multisim 等）中的图形符号不同。国际组织美国电气和电子工程师协会（Institute of Electrical and Electronics Engineers，IEEE）开发出了一套国际标准图形符号（国内有人把这叫作特异形符号，相应的把国家标准的画法叫作矩形符号；由于各种原因，实际应用中还有一些旧符号、三角形符号等在使用）。这些符号只是样式不同，学习中应将着重点放在逻辑关系上。例如，与运算的特异形符号如下：

（2）逻辑代数的基本定律根据与、或、非三种运算关系的逻辑功能，可以很容易得到基本逻辑运算表，如表1-4所示。

表1-4　　　　　　　　　　　　　　**基 本 逻 辑 运 算 表**

与运算（有0出0，全1出1）	或运算（有1出1，全0出0）	非运算（有0出1，有1出0）
$0 \cdot 0 = 0$	$0+0=0$	$\overline{0}=1$
$0 \cdot 1 = 0$	$0+1=1$	
$1 \cdot 0 = 0$	$1+0=1$	$\overline{1}=0$
$1 \cdot 1 = 1$	$1+1=1$	

根据基本运算法则和变量与常量之间的关系可以推导出下面常用的逻辑代数的基本定律和恒等式，如表1-5所示。

表1-5　　　　　　　　　　　　　　**逻辑代数的基本定律**

名称	基本公式和定律		说明
0-1 律	$A \cdot 0 = 0$	$A+0=A$	
	$A \cdot 1 = A$	$A+1=1$	与、或、非运算的逻辑功能
重叠律	$A \cdot A = A$	$A+A=A$	
互补律	$A \cdot \overline{A} = 0$	$A+\overline{A}=1$	
还原律	$\overline{\overline{A}}=A$		
交换律	$A \cdot B = B \cdot A$	$A+B=B+A$	与普通代数相似的定律
结合律	$A \cdot B \cdot C = A \cdot (B \cdot C)$	$A+B+C=A+(B+C)$	
分配律	$A(B+C)=AB+AC$	$(A+B)(A+C)=A+BC$	注意：后者与普通代数不同
反演率（摩根定律）	$\overline{AB}=\overline{A}+\overline{B}$	$\overline{A+B}=\overline{A} \cdot \overline{B}$	广泛应用的逻辑代数特殊定律

表1-6列出了常见逻辑关系及图形符号，更详细的一些逻辑运算和定律，读者可以参阅相关教材。

表1-6　　　　　　　　　　　　　　**常见逻辑关系以及图形符号**

逻辑术语		逻辑符号（国家标准）	布尔方程
基本逻辑运算	与		$Y=A \cdot B$ 或者 $Y=A×B$ 或者 $Y=AB$
	或		$Y=A+B$

逻辑术语		逻辑符号（国家标准）	布尔方程
基本逻辑运算	非	A —[1]o— Y	$Y=\overline{A}$
常用逻辑运算	异或	A, B —[=1]— Y	$Y=A \oplus B=\overline{A} \cdot B+A \cdot \overline{B}$
	同或	A, B —[=1]o— Y	$Y=A \odot B=\overline{A} \cdot \overline{B}+A \cdot B$
	与非	A, B —[&]o— Y	$Y=\overline{A \cdot B}$
	或非	A, B —[≥1]o— Y	$Y=\overline{A+B}$
	与或非	A, B, C, D —[&][≥1]o— Y	$Y=\overline{A \cdot B+C \cdot D}$

本书是按照国家标准符号来进行的。

IEC 1131-3 是 IEC 1131 国际标准的第三部分，是第一个为工业自动化控制系统的软件设计提供标准化编程语言的国际标准。该标准得到了世界范围内众多厂商的支持，但又独立于任何一家公司。该标准中有关于使用指令表操作符（instruction list，IL）编写逻辑程序的内容，西门子把这种编程方法叫作语句表（statement list，STL）。比如：

AND N（与指令），OR N（或指令），XOR N（异或指令）

这种编程方法在形式上和逻辑运算如出一辙，当然这也是它存在的理论基础。如果掌握了这种编程方法，工程人员往往可以借用数字逻辑电路中的逻辑运算来编写程序，可大大提高编程的效率。

1.1.12　电气控制线路的逻辑代数表示法

布尔代数是一种解决逻辑问题的数学，变量和函数的取值只有 0 和 1 两种，分别表示两种逻辑状态，例如开关的接通和断开、线圈的通电和断电等。逻辑代数中的变量通常用字母表示，如按钮用 SB（$\overline{SB}$）表示动合（动断）触点。逻辑代数是阅读、分析和设计计算机、数控装置和继电、接触控制等逻辑线路的一种很好的数学工具。

1. 用继电、接触控制线路表示逻辑代数的基本运算

（1）"与"运算（逻辑乘）。如图 1-3 所示，触点的串联可以写成 KM = KA1 · KA2，只有触点 KA1 和 KA2 均接通时，接触器线圈 KM 才能通电。

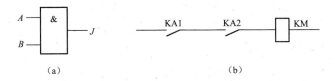

图 1-3 逻辑"与"

（a）逻辑符号；（b）控制线路实例

（2）"或"运算（逻辑加）。如图 1-4 所示，触点的并联可写成 KM = KA1 + KA2，当 KA1 或 KA2 接通时，接触器线圈 KM 就可通电。

（3）"非"运算（逻辑非）。如图 1-5 所示，通常称 KA 为原变量，$\overline{KA}$ 为反变量，它们是一个变量的两种形式，如同一个继电器的一对动合、动断触点，最终的状态相反。（但在向各自相反的状态切换时实际上不同步，往往动断触点先断开，动合触点后闭合）。图 1-5 中线圈 KM 的取值与触点 KA 的取值相同，而线圈 KM1 与动断触点 KA 的取值相反，所以 KM = KA，KM1 = $\overline{KA}$，故实现了非运算。

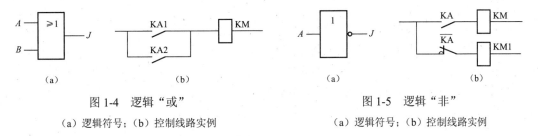

图 1-4 逻辑"或"　　　　　　　　图 1-5 逻辑"非"

（a）逻辑符号；（b）控制线路实例　　　（a）逻辑符号；（b）控制线路实例

2. 逻辑图和继电、接触控制线路图

在数字电路中，输入、输出关系可以用逻辑图或逻辑函数来表示。逻辑图是指用相应的逻辑符号表示逻辑单元电路和逻辑部件的图。可以将逻辑函数用逻辑图表示出来，也可以将逻辑图归结为一个逻辑函数。

在继电接触控制线路中是用触点和元器件的串联、并联和串并联复合结构进行逻辑运算的，同样也能用逻辑函数来描述。当然，给定一个逻辑函数也可用继电接触控制线路来表示。

（1）由继电接触控制线路图写出逻辑函数。由继电接触控制线路图写出逻辑函数方法：串联电路用逻辑乘表示，并联电路用逻辑加表示，动合触点用原变量表示，动断触点用反变量（逻辑非）表示。如图 1-6 是一个简单的控制线路，其中：

图 1-6（a）的逻辑函数：KM = $\overline{SB2}$ · (SB1 + KM)；

图 1-6（b）的逻辑函数：KM = SB1 + ($\overline{SB2}$ · KM)。

（2）由逻辑函数画出继电接触控制线路。由逻辑函数画出继电接触控制线路的方法：逻辑乘画成串联，逻辑加画成并联，原变量画成动合触点，反变量（逻辑非）画成动断触点。例如，据逻辑函数 KM1 = $\overline{SB2}$ · (SB1 + KM1) · $\overline{KM2}$ · $\overline{FR}$，可画出如图 1-7 的控制线路图。

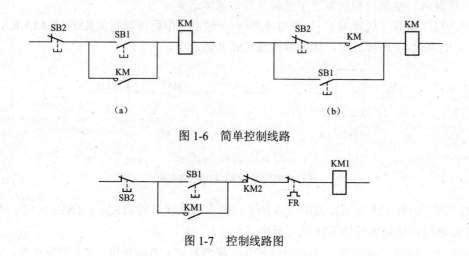

图 1-6 简单控制线路

图 1-7 控制线路图

1.2 常用元器件介绍

1.2.1 按钮

　　按钮是一种结构简单、应用广泛的主令电器。在低压控制电路中，用于手动发出控制信号，短时接通和断开小电流的控制电路。按钮也常作为可编程控制器件的输入信号元件。控制按钮的结构示意图和图文符号如图 1-8 所示，常为复合式，即同时具有动合、动断触点。按下按钮帽时动断触点先断开，然后动合触点闭合（先断后合）；去掉外力后，在复位弹簧的作用下动合触点断开、动断触点复位。

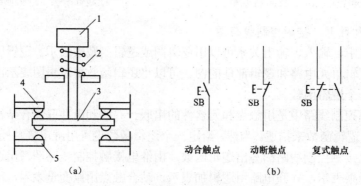

图 1-8 按钮的结构示意图和图文符号图

（a）结构示意图；（b）图文符号

1—按钮帽；2—复位弹簧；3—动触点；4—动断触点；5—动合触点

1.2.2 行程开关

　　行程开关又称为限位开关或位置开关，是一种利用生产机械某些运动部件的撞击来发出控制信号的小电流主令电器，主要用于生产机械的运动方向控制、行程大小控制或位置保护等。其结构和符号如图 1-9 所示。

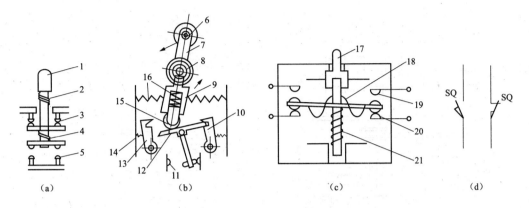

图 1-9　行程开关的结构和符号示意图

（a）直动式；（b）滚动式；（c）微动式；（d）符号

1—顶杆；2、8、14、16—弹簧；3、20—动断触点；4—触点弹簧；5、19—动合触点；6—滚轮；

7—上转臂；9、17—推杆；10、13—压板；11—触点；12—擒纵件；15—小滑轮；

18—弓形弹簧；21—复位弹簧

1.2.3　电磁式电器的工作原理行程开关

电磁式电器在电器控制系统中使用量很大，类型也较多，但其原理和结构基本相同，主要由检测部分（电磁机构）、执行部分（触点系统）、灭弧系统及其他缓冲机构等部分组成。其结构示意图如图 1-10 所示。

工作原理：利用电磁铁吸力及弹簧反作用力配合动作，使触头接通或断开。当吸引线圈通电时，铁芯被磁化，电磁铁产生吸引力，吸引衔铁向下运动，使得动断触头断开、动合触头闭合。当线圈断电时，磁力消失，在反力弹簧的作用下，衔铁回到原来位置，也就使触头恢复到原来状态。电磁式继电器的图形和文字符号如图 1-11 所示。

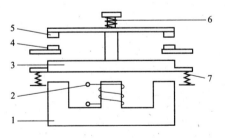

图 1-10　电磁机构结构示意图

1—铁芯；2—线圈；3—衔铁；4—静触点；

5—动触点；6—触点弹簧；7—释放弹簧

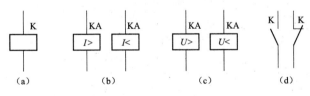

图 1-11　电磁式继电器的图形和文字符号

（a）线圈一般符号；（b）电流继电器线圈；

（c）电压继电器线圈；（d）触点

在感测元件获得信号后，执行元件延迟一段时间才动作的继电器称为时间继电器。JS7-A系列时间继电器的结构如图 1-12 所示。

时间继电器的图形和文字符号如图 1-13 所示。

利用电磁式电器原理制作而成的接触器有直流接触器和交流接触器，电磁式接触器的图形和文字符号如图 1-14 所示。

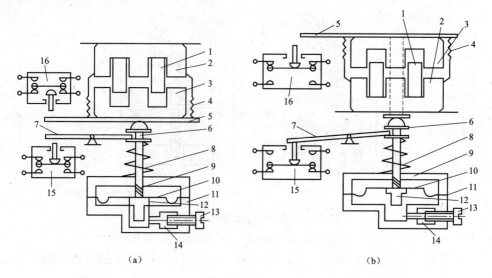

图 1-12　JS7-A 系列时间继电器结构示意图

（a）通电延时型；（b）断电延时型

1—线圈；2—铁芯；3—衔接；4—反力弹簧；5—推板；6—活塞杆；7—杠杆；8—塔形弹簧；9—弱弹簧；

10—橡皮膜；11—空气室壁；12—活塞；13—调节螺钉；14—进气孔；15、16—微动开关

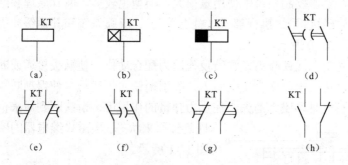

图 1-13　时间继电器的图形和文字符号

（a）线圈的一般符号；（b）通电延时线圈；（c）断电延时线圈；（d）延时闭合动合触点；（e）延时断开动断触点；

（f）延时断开动合触点；（g）延时闭合动断触点；（h）瞬时动作触点

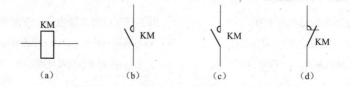

图 1-14　电磁式接触器的图形和文字符号

（a）线圈；（b）主触点；（c）动合触点；（d）动断触点

一个由继电器、接触器等元件组成的控制电路的内部结构示意图如图 1-15 所示。

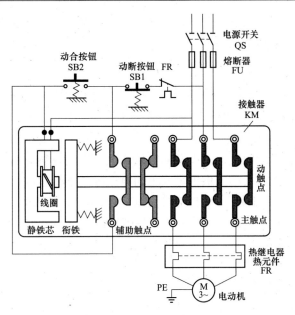

图 1-15 继电器、接触器等组成的控制电路示意图

1.3 电气控制基础知识

对于电气控制元件的组成、结构、工作原理、画法、标识等，读者可以参阅电气控制教材。本部分只以三相笼型异步电动机为例介绍与 PLC 编程密切相关的典型继电器、接触器控制线路。熟练掌握这些典型控制线路就能比较方便地灵活运用到梯形图的编写中。

三相笼型异步电动机由于结构简单、价格便宜、坚固耐用、电能获取方便等一系列优点，得到了广泛的应用。它的控制电路大都由继电器、接触器和按钮等有触点电器组成。

三相笼型异步电动机直接启动最简单的方法是用三极隔离开关控制，其电源的接通和断开是通过人们用手工操作开关直接控制的，如图 1-16 所示。

但是，各种生产机械的动作要求是不同的，单用上述控制方式远远不能达到所需的控制要求，因此实际中是要用各种不同的控制电路来实现的。三相笼型异步电动机启动控制有全压启动和减压启动两种方式。

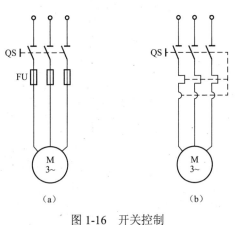

图 1-16 开关控制

（a）开启式负荷开关控制；（b）自动空气开关控制

1.3.1 三相笼型异步电动机全压启动控制电路

三相笼型异步电动机的全压启动（又称直接启动）是一种简单、可靠且经济的启动方法。由于直接启动瞬间电流可达电动机额定电流的 4～7 倍，过大的启动电流会造成电网电压显著下降，会影响到电动机自身的启动转矩（$T \propto U^2$），严重的时候会导致电动机无法启动。

同时由于电压降落也会直接影响同一电网中其他设备的工作。一般情况下，若满足式（1-1）经验公式，则电动机可以直接启动。

$$\frac{I_{ST}}{I_N} \leq \frac{1}{4}\left(3 + \frac{电源容量（kVA）}{电动机额定功率（kW）}\right) \quad\quad\quad (1-1)$$

式中　I_{ST} ——电动机全压启动电流，A；

　　　I_N ——电动机额定电流，A。

　　各地电力部门根据启动的次数、电网的容量和电动机的容量，对于一台电动机是否允许直接启动有相关规定。一般启动时供电母线上的电压降落不得超过额定电压的 10%～15%；启动时变压器的短时过载不超过最大允许值，即电动机的最大容量不超过变压器容量的 20%～30%。还有一些地方规定：电源容量在 180kVA 以上，电动机容量在 7kW 以下的三相异步电动机可采用直接启动方式。一般直接启动的电动机容量小于 10kW。总之，直接启动适用于电动机容量比较小的情况下。

　　1. 电动机单向控制电路

　　三相异步电动机的单向控制线路是继电-接触器控制电路中最简单而又最常用的一种。它包括点动与连续运行控制电路、混合控制、多地点控制电路、顺序启停控制电路和步进控制电路等。

　　（1）电动机的点动控制电路。在生产实际中，有的生产机械需要点动控制，还有些生产机械在进行调整工作时采用点动控制，图 1-17 为点动控制电路的原理图。它是一个最简单的控制电路，由隔离开关 QS、熔断器 FU1、接触器 KM 的动合主触点与电动机 M 构成主电路，其中 FU1 作为电动机的短路保护；启动按钮 SB、熔断器 FU2、接触器 KM 的线圈构成控制电路，其中 FU2 作控制电路的短路保护。

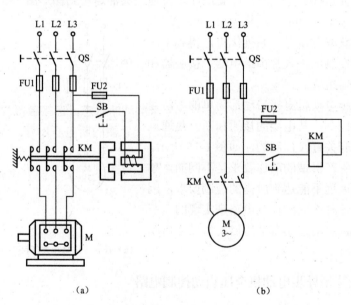

图 1-17　单向点动控制电路

（a）接线图；（b）原理图

电路的工作原理：启动时，合上隔离开关 QS，引入三相电源，按下按钮 SB，接触器 KM 线圈得电吸合，主触点 KM 闭合，电动机 M 因接通电源便启动运转。松开按钮 SB，按钮就在自身弹簧的作用下回到原来断开的位置，接触器 KM 线圈失电释放，接触器主触点 KM 断开，电动机失电停止运转。可见，按钮 SB 兼作停止按钮。

这种"一按（点）就动，一松（放）就停"的电路称为点动控制电路。点动控制电路常用于调整机床、对刀操作等。此电路因短时工作，所以电路中不需设热继电器。

（2）电动机的连续运行控制电路。单向点动控制电路只适用于机床调整、刀具调整。而机械设备工作时要求电动机连续运行，即要求按下按钮后，电动机就能启动并连续运行直至加工完毕为止，单向自锁控制电路（即连续运行控制电路）就是具有这种功能的电路。因此，它是一种简单而常用的控制电路，如图 1-18 所示。

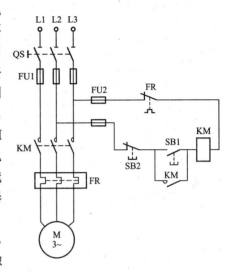

图 1-18　电动机连续运行控制电路

该电路由隔离开关 QS、熔断器 FU1、接触器 KM 的主触点、热继电器 FR 的热元件及电动机 M 构成主电路；由启动按钮 SB1、停止按钮 SB2、接触器 KM 的线圈、动合辅助触点、热继电器 FR 的动断触点和熔断器 FU2 构成控制电路。

电路的工作原理：启动时合上 QS，引入三相电源。按下启动按钮 SB1，接触器 KM 线圈通电，接触器主触点闭合，电动机接通电源启动运转。同时与 SB1 并联的动合触点 KM 闭合，使接触器的线圈经两条路径通电。当 SB1 复位时，接触器 KM 的线圈仍可通过 KM 自身的辅助触点继续通电，从而保持电动机的连续运行。这种依靠接触器自身的辅助触点而使其线圈保持通电的现象称为自锁（或自保持），这一对起自锁作用的动合辅助触点，则称为自锁触点。

要使电动机 M 停止运转，只要按下停止按钮 SB2，将控制电路断开即可。这时接触器 KM 断电释放，KM 的动合主触点将三相电源切断，电动机停止旋转。当手松开按钮后，SB2 的动断触点在复位弹簧的作用下，虽又恢复到原来的动断状态，但接触器线圈已不再能依靠自锁触点通电了，因为原来闭合的自锁触点已随着接触器的断电而断开。此电路又称启-保-停电路或者自锁电路。

在这种电路中，如果换用隔离开关或者断路器来代替启动按钮，那么这种自锁电路完全可以换为上述点动控制电路。说明这一点的主要原因是提醒读者以后写梯形图程序的时候需要结合硬件来写。如果项目中用的是可以自动复位的按钮，那么自锁电路就用连续运行控制电路；如果是隔离开关，则使用点动控制电路一样实现连续控制。除此之外，这类按钮和其他设备还有电路的保护功能：

1）熔断器 FU1、FU2 作为短路保护，但不能实现过载保护。

2）热继电器 FR 作为过载保护。当电动机长时间过载时，FR 会断开控制电路，使接触器断电释放，电动机停止工作，实现电动机的过载保护。

3）欠压保护与失压保护。当电源电压由于某种原因而欠电压或失电压时，接触器的衔铁自动释放，电动机停止工作。而电源电压恢复正常时，接触器线圈也不能自动通电，只有在操作人员再次按下启动按钮 SB1 后电动机才会启动（隔离开关设备无法实现此功能）。

（3）电动机的点动和连续运行混合控制电路。在生产实践中，常会要求某些生产机械既能正常启动，又能实现位置调整的点动工作。这就产生了单向点动、连续运行混合控制电路，如图 1-19 所示。

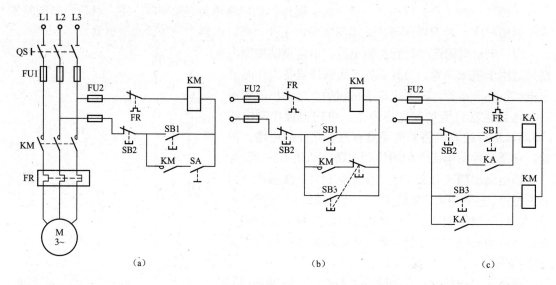

图 1-19　点动与连续运行控制电路
（a）转换开关 SA 实现的混合控制电路；（b）用点动按钮实现的混合控制电路；（c）用中间继电器实现的混合控制电路

图 1-19（a）为采用转换开关 SA 实现的混合控制电路。该电路可实现连续控制和点动控制，由开关 SA 选择。当 SA 合上时为连续控制，SA 断开时为点动控制。

图 1-19（b）为用点动按钮实现的混合控制电路。SB1 为连续运行启动按钮，SB2 为连续运转停止按钮，SB3 为点动按钮。当按下复合按钮 SB3 时，动断触点先将自锁回路切断，随后动合触点才闭合，使 KM 线圈通电，动合主触点闭合，电动机启动旋转；当松开 SB3 时，SB3 动合触点先断开，KM 线圈断电，KM 动合主触点断开，电动机停转，而后 SB3 动断触点才闭合，但 KM 动合辅助触点已断开，KM 线圈无法通电，实现点动控制。此种电路又称为复合按钮实现点动的控制电路。

图 1-19（c）为采用中间继电器 KA 实现的混合控制电路。点动控制时，按下启动按钮 SB3，KM 线圈通电，电动机 M 实现点动控制。需要连续控制时，按下启动按钮 SB1，中间继电器 KA 线圈通电并自锁，其动合触点闭合，KM 线圈通电，电动机 M 实现连续控制。此电路多了一个中间继电器，从而提高了工作的可靠性。

（4）多地点控制电路。有些机械设备为了操作方便，常需要在两个或两个以上的地点进行控制，如重型龙门刨床有时在固定的操作台上控制，有时需要站在机床四周、用悬挂的按钮控制；又如自动电梯，人在梯厢里可以控制，人在梯厢外也能控制；有些场合为了便于集中管理，由中央控制台进行控制，但每台设备调整、检修时，又需要就地进行控制。这样就形成了需要多地控制的控制电路。图 1-20 所示为三地启停控制的控制电路，把各地的启动按钮并联起来，各地的停止按钮串联起来，就可实现两地或多地启停控制。

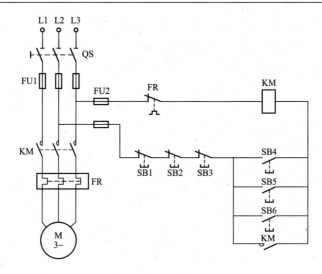

图 1-20 三地启停控制的控制电路

实际中还有另外一种多地点共同操作的启停控制电路，如图 1-21 所示。

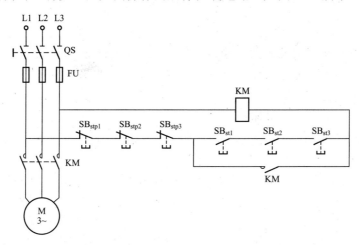

图 1-21 另一种三地启停控制的电路

和上面的控制方式不同，这种电路中三个启动按钮是串联的：只有三个按钮同时按下才能使电动机启动。有些重要的特殊设备，为了保证操作安全，可采用上述控制电路，有几个操作者共同操作才能启动。相同的是三个停止按钮可以独立操作，以保证发生紧急情况时的安全。

（5）顺序工作控制电路。具有多台电动机拖动的机械设备，在操作时为了保证设备的安全运行和工艺过程的顺利进行，对电动机的启动、停止等，必须按一定顺序来控制，这种情况在机械设备中是常见的。例如，某机床的油泵电动机要先于主轴电动机启动，主轴电动机又先于切削液泵电动机停止等。这称为电动机的顺序控制，顺序工作控制电路有顺序启动、同时停止控制电路，有顺序启动、顺序停止控制电路，还有顺序启动、逆序停止控制电路等。

图 1-22 中，接触器 KM1 控制电动机 M1 的启动、停止；接触器 KM2 控制电动机 M2 的启动、停止。其工作过程是：合上电源开关 QS，按下启动按钮 SB1，接触器 KM1 通电并自锁，其主触点闭合，电动机 M1 启动。KM1 动合辅助触点闭合，按下启动按钮 SB3，接触器

KM2 通电，主触点闭合，电动机 M2 启动运转。从图 1-22 可以看出，只有 KM1 先动作后 KM2 才能启动，达到了顺序启动的目的。按下 SB2，两台电动机同时停止；按下 SB4，只能 停止 M2 电动机。若将上述电路中 SB4 去掉改为导线，则变成顺序启动、同时停止控制电路。

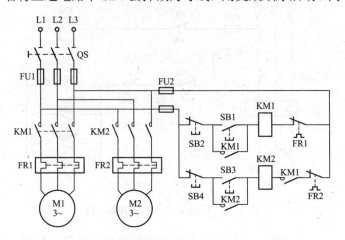

图 1-22   顺序工作控制电路

图 1-23 为两台电动机顺序启动、逆序停止控制电路。顺序启动工作过程读者可以自行分 析。此控制电路停车时，必须先按下 SB3 按钮，切断 KM2 线圈的供电，电动机 M2 停止运 转；其并联在按钮 SB1 下的动合辅助触点 KM2 断开，此时再按下 SB1，才能使 KM1 线圈断 电，电动机 M1 停止运转。

由此可以得到顺序控制的要求：

1）当要求甲接触器工作后方允许乙接触器工作，则在乙接触器线圈电路中串入甲接触 器的动合触点。

2）当要求乙接触器线圈断电后方允许甲接触器线圈断电，则将乙接触器的动合触点并 联在甲接触器的停止按钮两端。

还有一种按时间原则顺序启动（利用时间继 电器实现）的控制电路。电动机 M1 启动时间 t 后，电动机 M2 自行启动，如图 1-24 所示。

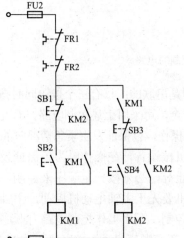

图 1-23   两台电动机顺序启动、逆序停止控制电路

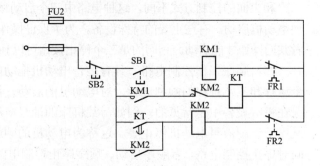

图 1-24   按时间原则顺序启动的控制电路

（6）不允许单独工作。某些工作机械中有两台或者多台电动机相互配合，必须同时运

转，不允许单独运转，否则会造成事故。图 1-25 所示是这种控制的一个电路。这种控制的特点是将两个接触器的自锁触点相串联。

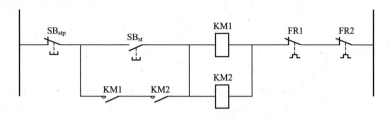

图 1-25　两台电动机不允许单独工作电路

（7）步进控制电路。在步进控制电路中，程序是依次自动转换的，即第一步工序完成后自动启动第二步工序，并停止第一步工序；第二步工序完成后自动启动第三步工序，并停止第二步工序，依此类推，如图 1-26 所示。

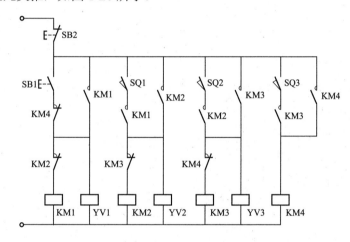

图 1-26　步进控制电路

用每一个中间继电器线圈的"得电"和"失电"来表征某一工序的开始和结束，电磁阀 YV1、YV2、YV3 为第一至第三步工序的执行电器；行程开关 SQ1、SQ2、SQ3 用于检测前三步工序动作完成。电路的工作原理如下。

按下启动按钮 SB1，中间继电器 KM1 线圈得电吸合且自锁，执行电器电磁阀 YV1 线圈也得电吸合，执行第一步工序。这时，中间继电器 KM1 的另一个动合触点也闭合，为继电器 KM2 线圈得电做好准备。当第一步工序执行完毕时，行程开关 SQ1 动作，其动合触点闭合，使中间继电器 KM2 线圈得电吸合且自锁，同时 KM2 的动断触点断开，切断中间继电器 KM1 和电磁阀 YV1 线圈通电回路，使 KM1、YV1 线圈失电，即第一步工序结束，这时电磁阀 YV2 线圈得电吸合，使程序转到第二步工序。中间继电器 KM2 的动合触点闭合，为 KM3 线圈通电做好准备……当第三步工序执行完毕时，行程开关 SQ3 动作，使中间继电器 KM4 线圈得电吸合且自锁，切断 KM3，YV3 线圈通电回路，第三步工序结束。

在上述控制过程中，每一时刻保证只有一个工序在工作。每个工序均包含工序的开始（或工序的转移）、工序的执行、工序的结束三个阶段。

按下停止按钮 SB2，所有中间继电器线圈断电，为下一步工作做好准备。

2. 电动机双向控制电路

（1）电动机的可逆运行控制。在实际生产中常需要运动部件实现正反两个方向的运转。例如，机床工作台的前进与后退、主轴的正转与反转、电梯的升降等。从电动机的工作原理可知，只要改变电动机三相电源相序，就能改变电动机的旋转方向。按钮控制的电动机正反转控制电路如图 1-27 所示。

KM1、KM2 分别为正、反转接触器，主触头串联在主电路中，实现改变相序的操作。控制电路中 SB1 为正转启动按钮，SB3 为反转启动按钮，SB2 为停止按钮。当电动机已进行正转后按下反转按钮 SB3 时，由于正、反转接触器 KM1、KM2 线圈同时通电，其主触点闭合，将造成电源两相短路。因此，上面的电路在实际中一般不采用（这一思路在后面的 Y-Δ 启动电路中亦有体现）。为此将 KM1、KM2 正、反转接触器的动断触点串接在对方线圈电路中，形成相互制约的控制，改造成如图 1-28 所示电路，从而避免发生电源短路的故障。这种利用接触器动断辅助触点相互制约的控制，称为电气互锁。在这一电路中，欲使电动机由正转直接变反转或由反转直接变正转控制都必须先按下停止按钮 SB2，然后再进行反方向的启动控制，即正-停-反或反-停-正控制。

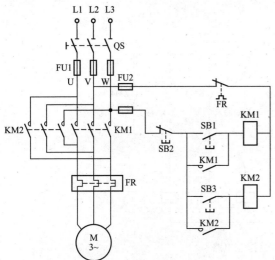

图 1-27　按钮控制的电动机正反转控制电路
（不互锁，实际中一般不用）

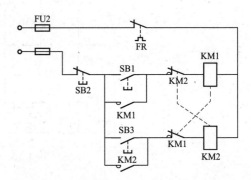

图 1-28　按钮控制的电动机正反转控制电路
（仅接触器互锁，实际中有采用）

这种利用接触器互锁正、反转控制电路特点是在正反转切换时必须先按停止按钮 SB3，再按反方向启动按钮才能实现，显然在操作上不方便。

如果采用按钮互锁正、反转控制电路，那么可直接按动正转和反转启动按钮来实现正反转的切换，操作方便；但如果接触器失灵，使主触点不能断开，会造成短路，因此这种互锁不可靠。

为了解决上面这些问题，可利用复合按钮进行控制，将启动按钮的动断触点串联接入到对方接触器线圈的电路中，如图 1-29 所示。

其工作过程分析如下：

假定电动机正在正转，此时接触器 KM1 线圈吸合，主触点 KM1 闭合。欲将电动机切换为反转，只需按下反转启动按钮 SB3 即可。按下复合按钮 SB3 后，其动断触点先断开接触器 KM1 线圈回路，接触器 KM1 释放，主触点断开正向电源；复合按钮 SB3 的动合触点后闭合，接通接触器 KM2 的线圈回路，接触器 KM2 通电吸合且自锁，接触器 KM2 的主触点闭合，反向电源送入电动机绕组，电动机做反向启动并运转，从而实现正、反转直接切换。欲使电动机由反转直接切换成正转，操作过程与上述类似。可见，正反转的切换过程不需要通过按下停止按钮即可实现。

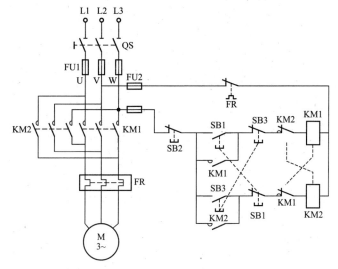

图 1-29　电动机的正-反-停控制电路（按钮、接触器双重互锁控制电路，实际中大量采用）

　　图 1-29 所示电路既采用了接触器辅助动断接点的电气互锁，又采用了复合按钮的按钮互锁，即双重互锁手段，从而顺利完成电动机的正-停-反控制。这种电路操作方便，安全可靠。因此，实际中的应用最为广泛。但是它也有一个缺陷，即未考虑正反转切换的时间。请读者自行考虑并完善。

　　在生产控制电路中，凡是有相反动作（即电动机正反转），都需要互锁控制。

　　（2）自动停止控制电路。图 1-30 所示为具有自动停止功能的正反转控制电路。它以行程开关作为控制元件来控制电动机的自动停止。在正转接触器 KM1 的线圈回路中，串联接入正向行程开关 SQ1 的动断触点，在反转接触器 KM2 线圈回路中，串联接入反向行程开关 SQ2 动断触点，就成为具有自动停止功能的正反转控制电路。这种电路能使生产机械每次启动后自动停止在规定的位置，也常用于机械设备的行程极限保护。

　　电路的工作原理：当按下正转启动按钮 SB1 后，接触器 KM1 线圈通电吸合并自锁，电动机正转，拖动运动部件做相应的移动，当移至规定位置（或极限位置）时，安装在运动部件上的挡铁（撞块）便压下行程开关 SQ1，切断 KM1 线圈回路，KM1 断电释放，电动机停止运转。这时即使再按 SB1 按钮，KM1 也不会吸合，只有按下反转启动按钮 SB3，电动机反转，使运动部件退回，挡铁脱离行程开关 SQ1，其动断触点复位，为下次正向启动做准备。反转自动停止的控制原理与正转相同。

　　这种选择运动部件的行程作为控制变量的控制方式称为行程原则。

　　（3）自动往返控制电路。生产实践中，有些生产机械的工作台需要自动往返控制，如机床的工作台、自动输料机构、高炉加料设备。它是采用复合行程开关 SQ1、Q2 往返控制的。在图 1-30 所示电路的基础上，将 SQ1 的动合触点并联在 SB3 两端，SQ2 的动合触点并联在 SB1 的两端，即成自动往返控制电路。电路工作原理与自动停止控制相同，只是反向时不用按反向按钮，而是利用行程开关的动合触点自动切换。图 1-31（b）中行程开关 SQ3、SQ4 安装在工作台往返运动的极限位置上，以防止行程开关 SQ1、SQ2 失灵，工作台继续运动不停止而造成事故，起到极限保护的作用。行程开关 SQ1、SQ2、SQ3、SQ4 的安装位置如图 1-31（a）所示。

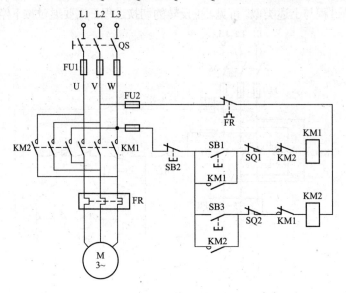

图 1-30　自动停止控制电路

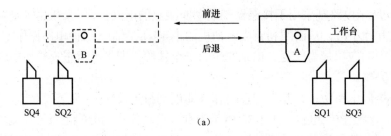

（a）

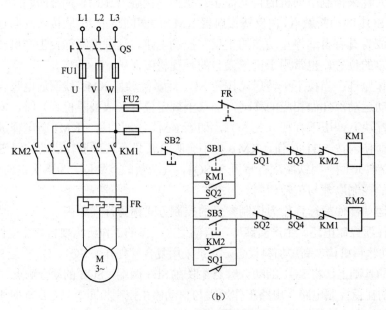

（b）

图 1-31　自动往返控制电路

1.3.2 三相笼型异步电动机减压启动控制电路（也有写为降压启动）

当电动机的启动电流很大，引起电网电压降低，使电动机转矩减小，甚至启动困难，而且还影响同一供电网络中其他设备的正常工作时不允许直接启动,可以采用减压启动的方法。对于鼠笼型异步电动机可采用如下几种降压启动控制线路：定子串电阻（电抗）降压启动、星形—三角形降压启动、自耦变压器降压启动等方式；而对于绕线型异步电动机，还可采用转子串电阻启动或转子串频敏变阻器启动等方式来限制启动电流。

1. 定子绕组串电阻减压启动控制

定子串电阻（电抗）降压启动是指启动时，在电动机定子绕组上串联电阻（电抗），启动电流在电阻上产生电压降，使实际加到电动机定子绕组中的电压低于额定电压，待电动机转速上升到一定值后，再将串联电阻（电抗）短接，使电动机在额定电压下运行。定子绕组串电阻减压启动不受电动机接线形式的限制，控制电路简单。图 1-32 所示为时间继电器的控制的串接电阻减压启动电路，它按时间原则控制各电气元件的先后顺序动作。

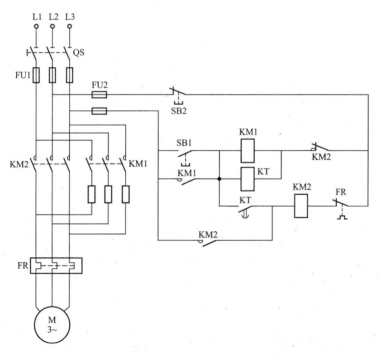

图 1-32　时间继电器的控制的串接电阻减压启动电路

启动过程：合上电源开关 QS，按下启动按钮 SB1，接触器 KM1 和时间继电器 KT 线圈（注意：KT 的设定时间与启动时间相同）通电，电动机 M 串电阻启动。当时间继电器 KT 延时时间到，其延时动合触点闭合，KM2 线圈通电并自锁，KM2 动断辅助触点断开，使 KM1，KT 线圈先后断电，电动机 M 全压启动运行。它的缺点是电动机全压运行时，KM1、KM2、KT 线圈均处于工作状态，电能浪费较大。可以设法在全压运行时让 KM1、KT 线圈失电不工作，这样的电路更节能，请读者自行分析设计。

还有一种接触器控制的串接电阻启动电路，启动时三相定子绕组串接电阻 R，降低定子绕组电压，以减小启动电流。启动结束应将电阻短接。如图 1-33 所示，启动时串接电阻 R 降压启动，启动完毕后，KM2 主触头将 R 短路，电动机全压运行。

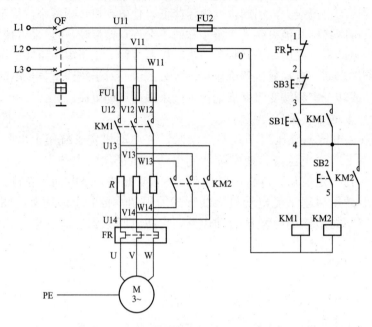

图 1-33　接触器控制的串接电阻启动电路

具体工作原理如下：

降压启动操作：

按下SB1→KM1线圈得电 { KM1 主触点闭合→电动机串接R降压启动
KM1 自锁触点闭合→自锁

按下SB2→KM2线圈得电 { KM2 主触点闭合，电阻R被短路，电动机全压运行
KM2 自锁触点闭合→自锁

停机操作：

按下 SB3→KM1、KM2 线圈断电释放→电动机 M 失电停机。

由工作原理可发现，接触器控制的串接电阻启动电路是顺序启动的一个应用实例，只不过是把电动机 M2 换成了电阻 R，不同的是电阻 R 与 M1 串联，而顺序控制 M1、M2 是并联关系。

2. 星-三角减压启动控制（Y-△，Y/△，Y/D）

采用上述串电阻运行的控制电路，在启动过程中会有一部分能量损失在电阻上，因此对于正常运行时三相定子绕组接成三角形运转的三相笼型感应电动机，可以采用星-三角减压启动来达到限制启动电流的目的。启动时定子绕组先接成星形（见图 1-34），接入三相交流电源，星形启动时每相绕组的承受电压为正常时绕组电压的$1/\sqrt{3}$，星形启动时每一路电源中电流是三角形运转时的 1/3。需要注意的是，启动力矩也变为了 1/3（在其他条件不变的情况下，三相异步电动机转矩与绕组电压的平方成正比，因此星形启动力矩也只有三角形运转时的 1/3）。当转速上升到接近额定转速时，将电动机定子绕组改成三角形连接（见图 1-35），电动机进入全压正常运行。图 1-36 所示为星-三角减压启动控制电路。

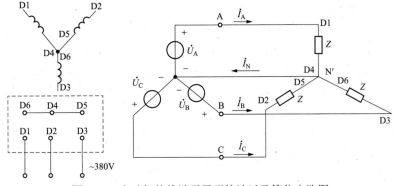

图 1-34　电动机接线端子星形接法以及简化电路图

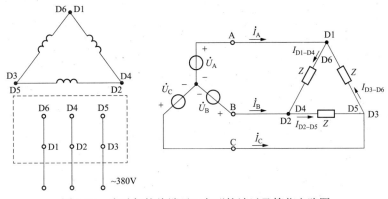

图 1-35　电动机接线端子三角形接法以及简化电路图

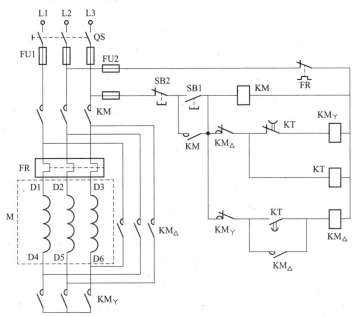

图 1-36　星-三角减压启动控制电路

　　用时间继电器控制 Y/△减压启动是一种自动控制的方法。首先测出电动机星形启动达到切换成三角形运行所规定的速度需要的时间，然后控制时间继电器的延时时间使其等于电动机转速上升到规定速度所需要的时间来实现自动控制。图 1-36 中使用了三个接触器 KM_Y、

29

KM△、KM 和一个通电延时型的时间继电器 KT，当接触器 KMY、KM 主触点闭合时，电动机成星形连接；当接触器 KM△、KM 主触点闭合时，电动机成三角形连接。

其工作过程是：合上电源开关 QS，按下启动按钮 SB1，KM 线圈通电并自锁，其主触点闭合，M 接通电源。同时 KMY 线圈与 KT 时间继电器线圈通电，电动机按 Y 形连接启动。当时间继电器 KT 延时时间到时，其动断延时触点断开，KMY 断电，动合延时触点闭合，使 KM△通电并自锁，电动机 M 按三角形连接运行。

图 1-35 中 KMY、KM△动断辅助触点构成电气互锁，防止主电路电源短路。

SB2 按下时，电动机停机。

3. 自耦变压器减压启动控制

自耦变压器减压启动同样不受电动机接线形式的限制。电动机启动时，定子绕组加上自耦变压器的二次电压；启动结束后，切除自耦变压器，定子绕组加上额定电压，使电动机全压运行。图 1-37 所示为自耦变压器减压启动控制电路，启动过程：合上电源开关 QS，按下启动按钮 SB1，KM1 线圈通电，主触点闭合，电动机定子串入自耦变压器减压启动，同时 KT 线圈通电延时，当 M 运行达到 KT 整定时间时，其延时动断触点先断开，KM1 线圈断电，自耦变压器 T 被切除，KT 的延时动合触点后闭合且 KM1 动断辅助触点复位时，KM2 线圈通电并自锁，KM2 主触点闭合，电动机全压运行。

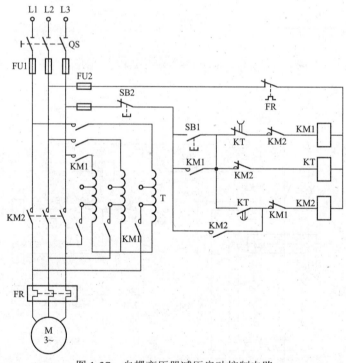

图 1-37　自耦变压器减压启动控制电路

该控制电路对电网的电流冲击小，损耗功率小，但由于自耦变压器价格较贵，所以主要用于启动较大容量的电动机。

1.3.3　电动机的制动控制电路

前面介绍了电动机的启动控制，实际中还会遇到电动机制动的情况。由于惯性的关系，三相异步电动机从切断电源到完全停止旋转，总要经过一段时间，这往往不能适应某些生产机械工艺的要求，如万能铣床、卧式镗床、电梯等。为提高生产效率及准确定位，要求电动机能迅速停车，因此需对电动机进行制动控制。制动方法一般有两种：机械制动和电气制动。机械制动是利用电磁铁或液压操纵机械抱闸机构使电动机快速停转的方法；电气制动实质是使电动机产生一个与原转子的转动方向相反的制动转矩。本小结只介绍电气制动。常用的电气制动有能耗制动、反接制动、发电制动和电容制动等。

1. 能耗制动

能耗制动是指电动机断开三相交流电源后，迅速给定子绕组加入直流电源，以产生静止磁场，起阻止旋转的作用，待转子转速接近零时再切断直流电源，以达到制动的目的。

能耗制动控制电路如图 1-38 所示。其工作过程：合上电源开关 QS，按下启动按钮 SB1，KM1 线圈通电并自锁，电动机 M 启动并运行。当需要停车时，按下停止按钮 SB2，KM1 线圈断电，切断电动机电源；同时，KM2、KT 线圈同时通电并自锁，将两相定子绕组接入直流电源进行能耗制动。转速迅速下降，当接近零时，KT 延时时间到，其延时动断触点动作，使 KM2、KT 先后断电，制动结束。

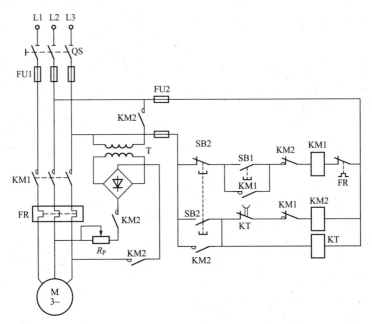

图 1-38　能耗制动控制电路

能耗制动的效果与通入直流电流的大小及电动机转速有关，在同样的转速下，电流越大，其制动时间越短。一般取直流电流为电动机的空载电流的 3～4 倍，电流过大会使定子过热。直流电源串接的 R_P 用于调节制动电流的大小。能耗制动具有制动准确、平稳，能量消耗小等优点，但制动转矩小，故适用于制动准确、平稳的设备，如磨床、组合机床的主轴制动。

2. 反接制动

反接制动是指通过改变电动机的三相电源相序，使电动机定子绕组产生的旋转磁场与转子旋转方向相反，产生制动，使电动机转速迅速下降。当电动机转速降低到接近零时应迅速切断三相电源，否则电动机将反向启动。为此采用速度继电器来检测电动机的转速变化，并将速

度继电器调整为 $n>120r/min$ 时，速度继电器触点动作；而当 $n<100r/min$ 时，触点复位。

图 1-39 所示为电动机单向旋转反接制动控制电路。图中 KM1 为单向旋转接触器，KM2 为反接制动接触器，KS 为速度继电器，R 为反接制动电阻。其工作过程：按下启动按钮 SB1，KM1 线圈通电并自锁，电动机 M 启动运转，当转速升高后，速度继电器的动合触点 KS 闭合，为反接制动做准备。停车时，按下停止复合按钮 SB2，KM1 线圈断电，同时 KM2 线圈通电并自锁，电动机反接制动。当电动机转速迅速降低到接近零时，速度继电器 KS 的动合触点断开，KM2 线圈断电，制动结束。

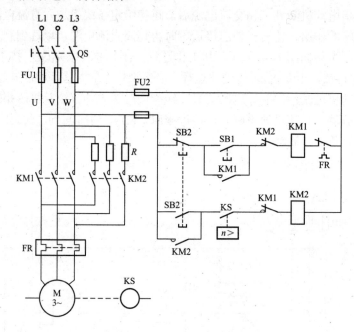

图 1-39 反接制动控制电路

反接制动时，由于制动电流很大，因此制动效果显著，但在制动过程中有机械冲击，故适用于不频繁制动、电动机容量不大的设备，如铣床、镗床和中型床的主轴制动。

3. 电容制动

电容制动是指在切断三相异步电动机的交流电源后，在定子绕组上接入电容器，转子内剩磁切割定子绕组产生感应电流，向电容器充电。充电电流在定子绕组中形成磁场，磁场与转子感应电流相互作用，产生与转向相反的制动力矩，使电动机迅速停转。电容控制电路如图 1-40 所示。

工作过程：按下启动按钮 SB1，接触器 KM1 通电并自锁，KM1 主触点闭合，电动机启动运行。时间继电器 KT 线圈通电，其延时打开的动合触点闭合，为 KM2 通电做准备。停车时，按下停止按钮 SB2，KM1 线圈断电，触点复位，KM2 线圈通电，主触点闭合，电容器接入定子电路，进行制动；同时时间继电器线圈断电进行延时，KT 延时时间到，KT 延时打开的动合触点断开，KM2 断电，电容器断开，制动结束。

前面所介绍的启动、制动等电路从自动控制的角度来讲属于静态（只关注开始、终了）、开环、简单控制。例如，电动机启动的时候按下启动按钮，电动机开始运转，至于运行多长时间就能达到稳态值，上述电路一般情况下不是十分关注，而往往只关心最终能否接通和断开。

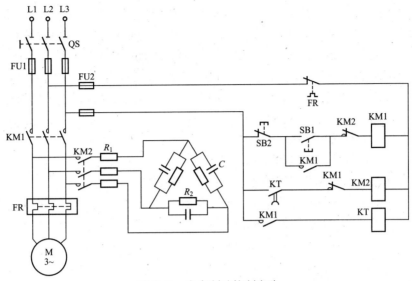

图 1-40　电容制动控制电路

为了克服这些困难，工程师想了很多办法，最粗略的方法是将其中的启停开关做成复合开关（开关组合），前面有讲述，这里不再赘述。其次是利用集成电路、CPU 等芯片做成智能型控制器，比如异步电动机软启动控制器 JDRQ-A 系列等。有关这一部分的新型实用电路、设备等，本书不再阐述，有兴趣的读者可以参阅相关著作。再次是将上述智能控制器的功能进一步扩大，做成通用性控制器。近些年比较流行的是控制异步电动机的变频器，如西门子的 MM440。这种设备有上升时间、加速度等指标，因此可以在一定程度上控制电动机的动态过程，而且其通用性较好，在如今的工厂、企业已经有广泛应用。但是，一些比较简单的变频器的功能其实和智能型软启动控制器一样是开环控制（有些变频器有反馈端子，具备闭环控制功能），对于一些精度要求比较高的场合，比如数控机床等，人们希望有更好的控制设备。为了解决这个问题，随着电动机、某些环节数学模型的准确化，人们想到了自动控制的负反馈原理，负反馈原理不仅可以用在交流调速中，也能用在直流调速中。负反馈原理用到了很多控制理论和应用，有静态、动态分析、控制线路、设备等。有兴趣的读者可以参阅有关电力拖动自动控制系统等书籍。

　　根据 PLC 的特点，在 PLC 控制领域常规的电动机控制方法是 PLC 负责逻辑运算，而让变频器来负责驱动电动机。因此，下一节主要讲述变频器的工作情况。

1.4　变频器基础知识

　　异步电动机有一种调速方法是变压变频调速。由 $n_1=60f_1/p$ 可知，当极对数 p 不变时，同步转速 n_1 和电源频率 f_1 成正比。连续地改变供电电源频率，可以平滑地调节电动机的转速，这样的调速方法叫变频调速。从发明异步电动机的那天起，人们就已经知道改变频率可以调速的道理，但是大功率的电力电子开关器件应用技术问题限制了变频调速技术的发展。电力电子技术、微电子技术及现代控制理论的发展，以及高电压、大电流的新型电力电子器件的产生，极大促进了高电压、大功率变频器的产生和应用，使得交流变频调速广泛应用于代工业和经济生活的各个领域。

交流变频调速技术是强弱电混合、机电一体的综合性技术，既要处理巨大电能的转换（整流、逆变）问题，同时又要处理信息的收集、变换和传输问题。在巨大电能转换的功率部分，要解决高电压、大电流的技术问题及新型电力电子器件的应用技术问题；而在信息的收集、变换和传输的控制部分，则主要解决控制的硬件、软件问题。可见，大功率的开关器件是实现变频调速的关键。除此之外，变频器的功率单元开关器件必须满足以下要求：

（1）能承受足够大的电压和电流。

（2）允许长时间频繁地接通和关断。

（3）能十分方便地控制接通和关断。

在电力拖动领域，广泛推广变频调速具有十分重要的现实意义：

（1）能够提高生产设备的工艺水平、加工精度和工作效率，从而提高产品的质量。

（2）能够大大减小生产机械的体积和质量，减少金属耗用量。

（3）对风机和水泵类负载，采用变频调速技术，可显著地节约电能。

1.4.1 转速和频率的关系

三相交流异步电动机的旋转磁场转速和转子转速分别为

$$n_1 = \frac{60 f_1}{p} \tag{1-2}$$

$$n = n_1 (1 - s) \tag{1-3}$$

式中　n ——电动机转速，r/min；

　　　n_1 ——旋转磁场转速，r/min；

　　　f_1 ——定子交流电源的频率，Hz；

　　　p ——磁极对数；

　　　s ——转差率。

由式（1-2）和式（1-3）可知：旋转磁场的转速和输入电流的频率成正比。当改变电流频率时，可以改变旋转磁场的转速，转子转速也随之改变，从而达到调速的目的。

1.4.2 电动机要求主磁通不变的原因

在电动机调速过程中，希望保持电磁力矩不变。电动机的电磁转矩是磁通和电流相互作用的结果，如果主磁通太小，没有充分利用电动机的铁芯是一种浪费，同时还会影响输出转矩的大小，使电动机拖动负载的能力减弱；反过来如果主磁通过分增大，又会使铁芯饱和，使得励磁电流过大；但是电动机的电流大小要受到温升的限制（不允许超过其额定电流），过大的励磁电流会使绕组过热而损坏电动机。

磁通是定子和转子磁动势合成产生的，在变频调速过程中，保持磁通恒定是非常重要的。由电机学可知，三相异步电动机定子每相电动势的有效值为

$$E_g = \sqrt{2} \pi f_1 N_1 k_{N_1} \Phi_m \approx 4.44 f_1 N_1 k_{N_1} \Phi_m \tag{1-4}$$

式中　E_g ——气隙磁通在定子每相绕组中感应电动势的有效值，V；

　　　f_1 ——定子电源频率，Hz；

　　　N_1 ——定子每相绕组串联匝数；

　　　k_{N_1} ——基波绕组系数；

Φ_m——每极气隙磁通量，Wb。

由式（1-4）可知，在 N_1、k_{N_1} 确定的条件下，只要控制好 E_g 和 f_1，便可达到控制磁通量 Φ_m 的目的。

1.4.3 变频器的控制电路

变频器控制电路的主要作用是为主电路提供所需要的驱动信号。不同品牌的变频器控制电路差异较大，但其基本结构大致相同，主要由主控板、键盘与显示板、控制电源板等构成，如图 1-41 所示。

1. 主控板

变频器主控板的中心是一个高性能的微处理器。它通过 A/D、D/A 等接口电路接收检测电路和外部接口电路送来的各种检测信号和参数设定值，利用事先编制好的软件进行必要的处理，并为变频器的其他部分提供各种必要的控制信号或显示信息。

2. 键盘与显示屏

键盘的主要功能是向主控板发出各种指令或信号，而显示屏的主要功能则是接受主控板提供的各种数据进行显示，但两者总是组合在一起的。图 1-42 为西门子 MM440 系列变频器键盘面板外观。

不同品牌变频器的键盘设置和符号是不一样的。这里以西门子 MM440 为例，见表 1-7。

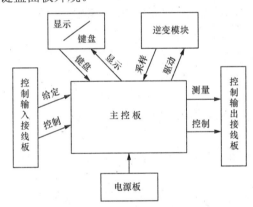

图 1-41 通用变频器的控制电路组成

图 1-42 西门子 MM440 系列变频器键盘面板外观

表 1-7 基本操作面板 BOP 上的按钮

显示/按钮	功能	功能说明
r0000	状态显示	LCD 显示变频器当前的设定值
I	启动电动机	按此键启动变频器，默认值运行时此键是被封锁的；为了使此键的操作有效，应设定 P0700=1
0	停止电动机	OFF1：按此键，变频器将按选定的斜坡下降速率减速停车；默认值运行时此键被封锁；为了允许此键操作，应设定 P0700=1。OFF2：按此键两次（或一次，但时间较长）电动机将在惯性作用下自由停车。此功能总是"使能"的
◠	改变电动机的转动方向	按此键可以改变电动机的转动方向；电动机的反转用负号"－"表示或用闪烁的小数点表示；默认值运行时此键是被封锁的，为了使此键的操作有效，应设定 P0700=1
jog	电动机点动	在变频器无输出的情况下按此键，将使电动机启动，并按预设定的点动频率运行；释放此键时变频器停车；如果变频器和电动机正在运行，按此键将不起作用

续表

显示/按钮	功能	功 能 说 明
(Fn)	功能	此键用于浏览辅助信息。变频器运行过程中，在显示任何一个参数时按下此键并保持不动 2 秒钟，将显示以下参数值： 　直流回路电压（用 *d* 表示，单位：V）； 　输出电流（A）； 　输出频率（Hz）； 　输出电压（用 *o* 表示，单位：V）； 　由 P0005 选定的数值 [如果 P0005 选择显示上述参数中的任何一个（3、4 或 5），这里将不再显示]。 连续多次按下此键，将轮流显示以上参数。 在显示任何一个参数（r××××或 P××××）时，短时间按下此键，将立即跳转到 r0000；如果需要的话，用户可以接着修改其他的参数，跳转到 r0000 后，按此键将返回原来的显示点。 在出现故障或报警的情况下，按此键可以将操作板上显示的故障或报警信息复位
(P)	访问参数	按此键即可访问参数
(▲)	增加数值	按此键即可增加面板上显示的参数数值
(▼)	减少数值	按此键即可减少面板上显示的参数数值

例如，可以通过这样的操作将变频器恢复到出厂默认值：合上主电源开关，设置参数 P0010=30，再设置参数 P0970=1，然后按下 P 键（复位过程大约需要 10s 才能完成）。

开环快速调试（QC）步骤如下：

（1）P0010=1。

（2）P0003 用户访问级：3。

（3）P0004 过滤参数：0。

（4）P0304 额定电动机电压：400V。设定值的范围：10～2000V。根据铭牌输入电动机额定电压（V）。

（5）P0305 电动机的额定电流。设定值的范围：0～2 倍变频器额定电流（A）。根据铭牌输入电动机额定电流（A）。

（6）P0307 电动机的额定功率：0.75kW。根据铭牌输入电动机额定功率（kW）（设定值的范围：0～2000kW）。如果 P0100=1，功率单位应是 hp（马力，1hp=745.699872W≈0.75kW）。

（7）P0308 电动机的额定功率因数。根据铭牌输入电动机额定功率因数（设定值的范围：0.000～1.000），只有在 P0100=0 或 2 的情况下（电动机的功率单位是 kW 时）才能看到。

（8）P0309 电动机的额定效率。根据铭牌输入以百分数表示的电动机额定效率（设定值的范围：0.0%～99.9%），只有在 P0100=1 的情况下（电动机的功率单位是 hp 时）才能看到。

（9）P0310 电动机的额定频率：50Hz。根据铭牌输入电动机额定频率（Hz，设定值的范围：12～650Hz）。

（10）P0311 电动机的额定速度。根据铭牌输入电动机额定速度（r/min，设定值的范围：0～40000r/min）。

（11）P0700 选择命令源：2。0 为工厂设置值；1 为基本操作面板（BOP）；2 为端子（数字输入）。如果选择 P0700=2，数字输入的功能决定于 P0701～P0708。P0701～P0708=99 时，各个数字输入端按照 BICO 功能进行参数化。

（12）P1000 选择频率设定值：1。1 为电动电位计设定值；2 为模拟设定值 1；3 为固定频率设定值；7 为模拟设定值2。如果 P1000=1 或 3，频率设定值的选择决定于 P0700～P0708 的设置。

（13）P3900=3。

（14）P1031=1。

（15）结束快速调试，启动运行。

编码器模板的调试步骤如下：

（1）P400=2。

（2）P408=67。

（3）观察 r0021 给定值。r0061 编码器反馈值应与给定值相差不多。

（4）P1910=1。

（5）启动运行。变频器提示 a0541。

（6）P1300=21。

（7）启动运行。变频器提示 a0542。

（8）结束调试。

1.4.4 变频器的额定数据

1. 输入侧的额定数据

（1）输入电压 U_{IN}：即电源侧的电压。在我国低压变频器的输入电压三相交流电通常为380V，单相交流电为220V。此外，变频器还规定了输入电压的允许波动范围，如±10%、−15%～+10%等。

（2）相数：单相、三相。

（3）频率 f_{IN}：即电源频率。我国为 50Hz，频率的允许波动范围通常规定为±5%。

2. 输出侧的额定数据

（1）额定电压 U_N：因为变频器的输出电压要随频率而变，所以额定电压 U_N 定义为输出的最大电压。通常额定电压 U_N 总是和输入电压 U_{IN} 相等。

（2）额定电流 I_N：变频器允许长时间输出的最大电流。

（3）额定容量 S_N：额定线电压 U_N 和额定线电流 I_N 的乘积决定：$S_N = \sqrt{3} U_N I_N$。

（4）配用电动机容量 P_N：在连续不变的负载中，允许配用的最大电动机容量。在生产机械中，电动机的容量主要是根据发热状况来决定的：只要不超过允许的温升值电动机是允许短时间过载的，而变频器则不允许。所以在选用变频器时应充分考虑负载的工况。

（5）过载能力：变频器的输出电流允许超过额定值的倍数和时间。大多数变频器的过载能力规定为 150%，1min。

3. 输出频率指标

（1）频率范围：变频器能输出的最小频率和最大频率，如 0.1～400Hz 等。

（2）频率精度：频率的准确度，由变频器在无任何自动补偿时的实际输出频率与给定频率之间的最大误差与最高频率的比值来表示。频率精度与给定的方式有关，数字量给定时的频率精度比模拟量给定时的频率精度约高一个数量级。

（3）频率分辨率：输出频率的最小改变量。频率分辨率的大小和最高工作频率有关。

1.4.5 变频器的发展

低压通用变频的控制方式经历了以下四代。

第一代：$U/f=C$ 正弦脉宽调制（SPWM）控制方式（VVVF 控制）。

第二代：电压空间矢量（SVPWM）控制方式。

第三代：矢量控制（VC）方式。

第四代：直接转矩控制（DTC）方式（矩阵式交-交控制方式、VVC 控制方式）。

据 2012 年 4 月中旬的一份文件显示：外资品牌在我国变频器市场的占有率约为 7 成，主要有 ABB、西门子、富士电机、三菱电机、安川电机、施耐德、艾默生、LG、丹佛斯等。国内供应商有安邦信、浙江三科、欧瑞传动、森兰、英威腾、汇川、合康亿盛、蓝海华腾、迈凯诺、易驱、伟创、新时达、四方电气、普传、台湾台达等。

1.4.6　MM440 通用型变频器

MICRO MASTER 440 变频器简称 MM440 变频器，是用于控制三相交流电动机速度的变频器系列，本系列有多种型号供用户选用。

MM440 变频器由微处理器控制，采用具有现代先进技术水平的绝缘栅双极型晶体管（IGBT）作为功率输出器件，因此具有很高的运行可靠性和功能多样性。其脉冲宽度调制的开关频率是可选的，因而降低了电动机运行的噪声，具有全面而完善的保护功能，为变频器和电动机提供了良好的保护。MM440 变频器具有默认的工厂设置参数，是简单电动机控制系统的理想变频驱动装置。由于 MM440 变频器具有全面而完善的控制功能，在设置相关参数以后，它也可用于更高级的电动机控制系统，既可用于单机驱动系统，也可集成到自动化系统中。

1. MM440 变频器的主要特性

（1）易于安装，易于参数设置和调试。

（2）具有牢固的 EMC 设计。

（3）可由 IT（中性点不接地）电源供电。

（4）对控制信号的响应是快速和可重复的。

（5）参数设置的范围很广，确保变频器可对广泛的应用对象进行配置。

（6）电缆连接简便。

（7）具有多个继电器输出。

（8）具有多个模拟量输出（0～20mA）。

（9）有 6 个带隔离的数字输入，并可切换为 NPN/PNP 接线。

（10）有 2 个模拟输入：

AIN1：0～10V，0～20mA 和–10～+10V。

AIN2：0～10V，0～20mA。

（11）2 个模拟输入可以作为第 7 和第 8 个数字输入。

（12）BiCo（二进制互联连接）技术。

（13）采用模块化设计，配置非常灵活。

（14）脉宽调制的频率高，因而电动机运行的噪声低。

（15）具有详细的变频器状态信息和全面的信息功能。

（16）有多种可选件供用户选用：用于与 PC 通信的通信模块，基本操作面板（BOP），高级操作面板（AOP），用于进行现场总线通信的 PROFIBUS 通信模块。

2. MM440 变频器的接线图（如图 1-43 所示）

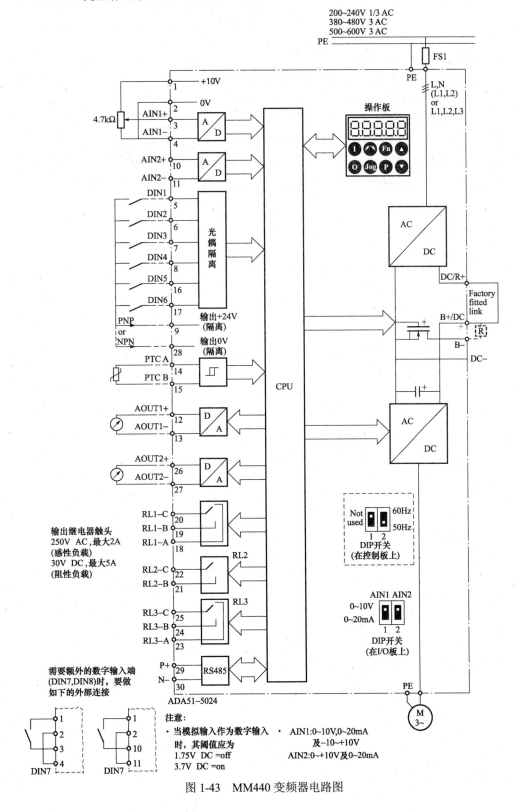

图 1-43　MM440 变频器电路图

思 考 题

1. $(123)_{10}=(\quad)_2$，$(27.2)_8=(\quad)_{10}$。

2. 写出与、或、非门的逻辑符号和表达式。

3. 画出"启-保-停"控制电路并分析其工作情况。

4. 画出互锁控制电路，并分析其工作情况。

5. 本章中，主电路中有两种接触器的电路有几个？试着区分并加以总结。

6. 在电动机正反转和星-三角启动控制电路中为什么要设置互锁？互锁有哪些？

7. 查阅西门子 MM440 变频器的使用说明书，对照实物进行电动机控制。

第2章

PLC 基 础

2.1 PLC 概 述

可编程序控制器（programmable controller，PC），又称为可编程序逻辑控制器（programmable logic controller，PLC），本书在不引起误解的情况下简写为PLC。它是以微处理器为核心，融合大规模集成电路技术、自动控制技术、计算机技术、通信技术为一体的新型工业自动化电子系统装置。近些年来，PLC在国内得到迅速推广，已被广泛应用于生产机械和生产过程的自动控制领域，已经改变并且正在继续改变着工厂自动控制的面貌，对传统的技术改造、发展新型工业具有重大意义。

由于可编程序控制器一直在发展中，因此人们对它的认识也在不断发展中。国际电工委员会（International Electrotechnical Commission，IEC）曾先后于1982年11月、1985年1月和1987年2月发布了可编程序控制器标准草案的第一、二、三稿。在第三稿中，对PLC做了如下定义："可编程序控制器是一种数字运算操作电子系统，专为在工业环境下应用而设计。它采用了可编程序的存储器，用来在其内部存储执行逻辑运算、顺序控制、定时、计数和算术运算等操作的指令，并通过数字式和模拟式的输入和输出，控制各种类型的机械或生产过程。可编程序控制器及其有关的外围设备，都应按易于与工业控制系统形成一个整体、易于扩充其功能的原则来设计"。

2.1.1 PLC 的产生和发展

20世纪60年代，计算机技术已开始应用于工业控制，但由于当时计算机技术本身的复杂性、编程难度高、难以适应恶劣的工业环境以及价格昂贵等原因，未能在工业控制中得到广泛应用。因此，当时的工业控制主要还是以继电-接触器为主。另一方面，在制造业和生产过程等环节中，除了以模拟量为被控对象的系统外，还存在着大量的以开关量为主的逻辑顺序控制，这一点在以改变几何形状和机械特性为特征的制造加工业尤为明显。这种控制系统要求按照逻辑条件和一定的顺序、时序产生控制动作，并能够对来自现场大量的开关量、脉冲量、计时、计数以及模拟量的越限报警等数字信号进行监控。因此，早期的工业中仍然大量使用这种控制电路体积大、功耗大、升级改造成本高、可靠性低、不易维护的继电器电路。

1968年，美国最大的汽车制造商——通用汽车制造公司（General Motors，GM），为适应汽车型号的不断翻新，试图寻找一种新型的工业控制器，以尽可能避免重新设计和更换继电器控制系统的硬件及接线，减少时间，降低成本。因而设想把计算机的功能完备、灵活及通用等优点和继电器控制系统的简单易懂、操作方便、价格便宜等优点结合起来，制成一种适合于工业环境的通用控制装置，并把计算机的编程方法和程序输入方式加以简化，用"面向控制过程，面向对象"的"自然语言"进行编程，使不熟悉计算机的人也能方便地使用，即硬件要减少并且尽可能少地调整，软件要灵活、简单。针对上述设想，通用汽车公司提出了这种新型控制器所必须具备的十大条件，即"GM10 条"，并以此公开在社会上招标。

（1）编程简单，可在现场修改程序。

（2）维护方便，最好是插件式。

（3）可靠性高于继电器控制柜。

（4）体积小于继电器控制柜。

（5）可将数据直接送入管理计算机。

（6）在成本上可与继电器控制柜竞争。

（7）输入可以是交流 115V。

（8）输出可以是交流 115V、2A 以上，可直接驱动电磁阀、接触器等。

（9）在扩展时，原有系统只要很小变更。

（10）用户程序存储器容量至少能扩展到 4KB。

1969 年，美国数字设备公司（Digital Equipment Corporation，DEC）根据这 10 项条件成功研制出世界上第一台可编程序控制器（PDP-14），并在通用汽车公司的自动装配线上试用成功，从而开创了工业控制的新局面。它的开创性意义在于引入了程序控制功能，为计算机技术在工业控制领域的应用开辟了新的空间。

此时的 PLC 还主要是用来取代继电器控制线路，以存储程序指令、完成顺序控制（执行逻辑判断、计时、计数等）等功能而设计的。控制器的硬件是标准的、通用的。根据实际应用对象，将控制内容写入控制器的用户程序内，控制器和被控对象连接也很方便。

美国莫迪康（Modular Digital Controller，Modicon，作为一家美国本土的公司于 1997 年并入法国施耐德，其属下的 PLC 品牌 Quantum 一直具有很强的市场竞争力）公司的 PLC 之父迪克·莫利（Dick Morley）博士在 1968 年 1 月 1 日提出了可编程控制器。1970 年，他的新公司莫迪康（Modicon）在通用汽车公司的奥兹莫比尔部（Oldsmobile）和宾夕法尼亚州兰迪斯的兰迪斯公司安装了第一个 084 PLC 模型。

1971 年，日本从美国引进了这项新技术，很快研制出了日本第一台可编程序控制器 DSC-8。1973 年，西欧国家也研制出了欧洲的第一台可编程序控制器。我国从 1974 年开始研制，1977 年开始在工业上应用。

PLC 自问世以来，经过多年的发展，在美、德、日等工业发达国家已成为重要的产业之一。世界总销售额不断上升，生产厂家不断涌现，品种不断翻新，产量产值大幅度上升，而价格则不断下降。世界上已有 200 多个 PLC 生产厂家，美国是 PLC 生产大国，著名的有罗克韦尔自动化（AB）、通用电气（GE）、德州仪器（TI）、西屋等。其中 AB 公司是美国最大的 PLC 制造商，其产品约占美国 PLC 市场的一半。

德国西门子（SIEMENS）、法国的施耐德（1988 年收购法国 TE 电器，其旗下有 Premium、Micro 品牌）、瑞士的 ABB 等公司是欧洲著名的 PLC 制造商。

日本的 PLC 制造商有三菱（Mitsubish）、欧姆龙、松下电工、富士电机、日立、东芝等公司。

韩国的 PLC 制造商有的三星、LG 等公司。

我国研制与应用 PLC 起步较晚，于 1973 年开始研制，1977 年投入应用。20 世纪 80 年代初以前，我国 PLC 发展较慢。20 世纪 80 年代，随着成套设备或专业设备的引进，引进了不少 PLC，如宝钢一期工程整个生产线上就使用了数百台的 PLC。近年来，国外 PLC 产品大量进入我国市场，我国已有许多单位在消化吸收 PLC 技术的基础上仿制或研制了 PLC 产品，如北京机械自动化研究所、上海起重电器厂、上海电力电子设备厂、无锡电器厂等。20 世纪 80 年代中后期，我国开发应用 PLC 技术发展迅速。有资料介绍，东风汽车公司装备系统从 1986 起，全面采用 PLC 对老设备进行更新改造，截至 1991 年，共改造设备 1000 多台，并取得了明显的经济效益。1995 年，广州第二电梯厂已把 PLC 成功应用于技术要求更加复杂的高层电梯控制上，并投入批量生产。广东佛山市中联自动控制工程公司近几年来已为多个厂家设计制造了几十套 PLC 控制装置，并成功应用于陶瓷、窑炉、瓷砖输送线等生产线和其他自动控制生产设备上。根据近几年召开的学术会议及有关文献介绍，我国 PLC 研制技术日益成熟，其应用越加广泛。

我国 PLC 产品的研制和生产经历了三个阶段：

1973～1979 年——顺序控制器；

1979～1985 年——1 位处理器为主的工业控制器；

1985 年以后——8 位微处理器为主的可编程序控制器。

现在的 PLC 生产和相关应用都已经如火如荼。一方面，大规模和超大规模集成电路的飞速发展、微处理器性能和其他相关技术的不断提高，为 PLC 的发展奠定了良好的基础。20 世纪 70 年代以来，随着微电子技术的发展，PLC 采用了通用微处理器，这种控制器就不再局限于当初的逻辑运算，它同时具有数据处理、调节和数据通信功能。至 20 世纪 80 年代，随大规模和超大规模集成电路等微电子技术的发展，以 16 位和 32 位微处理器构成的 PLC 得到了惊人的发展。微处理器执行速度达到微秒级，极大提高了 PLC 的数据处理能力，高档的 PLC 可以进行复杂的浮点数运算，并增加了许多特殊功能，如高速计数、脉宽调制、位置控制、闭环控制等，PLC 的程序存储容量大大扩充，多以 MB 为单位。PLC 在概念、设计、性能、价格及应用等方面都有了新的突破，控制功能增强，功耗和体积减小，成本下降，可靠性提高，编程和故障检测更为灵活方便，从而在以模拟量为主的过程控制领域也占有了一席之地。随着远程 I/O 和通信网络、数据处理以及图像显示的发展，PLC 向用于连续生产过程控制的方向发展，在一定程度上具备了组建集散控制系统（distributed control systems，DCS）、现场总线控制系统（fieldbus control system，FCS）的能力，成为实现工业生产自动化的一大支柱。另一方面，企业要提高生产效率、提高生产水平、节约成本，对于高性能、高可靠性的控制器就有了更高的需求，PLC 得以发展。此外，PLC 生产厂家的竞争等因素也促进了 PLC 的生产和应用。

在组成结构上，PLC 有一体化和模块化结构两种模式。一体化结构的 PLC 追求功能的完善、性能的提高。而模块化结构的 PLC 则利用单一功能的各种模块组织成一台完整的 PLC，用户在设计 PLC 系统时拥有极大的灵活性，同时有利于系统的维护、升级改造，使系统的扩展功能大大增强。

在控制规模上，PLC 朝着小型化和大型化两个方向发展。小型 PLC 由整体结构向小型模块化结构发展，使配置更加灵活，体积减小，成本下降，功能齐全，性能提高。小型化的主要目标是替换还在使用的小规模继电器系统以及需要采用逻辑控制的小型应用。它的特点是安装方便、可靠性高、开发和改造周期短。为了迎合市场需要，现已开发了各种简易、经济的超小型微型 PLC，最小配置的 I/O 点数为 8～16 点，以适应单机及小型自动控制的需要。

大型 PLC 是基于满足大规模、高性能控制系统的要求而设计的。在规模上可带的 I/O 点数达到数千乃至上万。高性能主要体现在以下两点：

（1）网络化。现代企业面临着网络化日新月异的发展，PLC 技术的生产控制功能和网络技术的应用可以融合在一起。

（2）发展智能模块。每个模块都以微处理器为核心，完成专一功能，大量节省了主 CPU 的时间和资源。对于提高用户程序的扫描速度和完成特殊控制要求非常有利。智能模块有通信模块、高速计数模块、过程控制模块、伺服控制模块等。

2.1.2 可编程控制器的特点

PLC 是基于工业控制的需要而产生的，因此具有面向工业控制领域的鲜明特点。

（1）可靠性高，抗干扰能力强。各 PLC 的生产厂商采取了多种措施，使 PLC 除了本身具有的较强自诊断能力，能及时给出出错信息，停止运行等待修复外，还具有了很强的抗干扰能力。

PLC 采用了大规模集成电路（large scale integration，LSI）芯片，组成 LSI 的电子组件和半导体电路都是由半导体电路组成的。以这些电路充当的"软继电器"等电子开关都是无触点的，最大限度地取代了传统继电器电路中的硬件线路，大量减少了机械触点和连线的数量。为了保证 PLC 能在恶劣的工业环境下可靠地工作，在其设计和制造过程中采取了一系列硬件和软件方面的抗干扰措施。如果出现了偶发性故障，只要不引起系统部件的损坏，一旦环境条件恢复正常，系统也随之恢复正常。但对 PLC 而言，受外界影响后，内部存储的信息可能被破坏。如果能使 PLC 在恶劣环境中不受影响或能把影响的后果限制在最小范围，使 PLC 在恶劣条件消失后自动恢复正常，就能提高平均无故障运行时间（mean time between failures，MTBF，又称平均故障间隔时间）。如果能在 PLC 上增加一些诊断措施和适当的保护手段，在永久性故障出现时，能很快查出故障发生点，并将故障限制在局部，就能降低 PLC 的平均故障修复时间（mean time to repair，MTTR）。

在硬件方面，首先对元器件进行了严格的筛选。其次，对电源变压器、CPU、编程器等主要部件，采用导电、导磁良好的材料进行屏蔽，以防外界干扰。再者，对供电系统及输入线路采用多种形式的滤波，如 LC 或 π 型滤波网络，以消除或抑制高频干扰，从而削弱各种模块之间的相互影响。此外，对微处理器这个核心部件所需的+5V 电源，采用多级滤波，并用集成电压调整器进行调整，以适应交流电网的波动和过电压、欠电压的影响。同时，在微处理器与 I/O 电路之间，采用光电隔离措施，有效地隔离 I/O 接口与 CPU 之间电的联系，减少故障和误动作，各 I/O 口之间亦彼此隔离。最后，采用故障情况下短时修复技术的模块式结构。一旦查出某一模块出现故障，能迅速更换，使系统恢复正常工作，同时也有助于加快查找故障原因。

在软件方面有极强的自检及保护功能。软件可定期地检测外界环境，如掉电、欠电压、锂电池电压过低及强干扰信号等，以便及时进行处理。当偶发性故障条件出现时，PLC 内部的信息不被破坏；一旦故障条件消失，就可恢复正常，继续原来的程序工作。所以，PLC 在检测到故障条件时，立即把现状态存入存储器，软件配合对存储器进行封闭，禁止对存储器的任何操作，以防存储信息被冲掉。如果程序每循环执行时间超过了看门狗（Watch Dog Timer，WDT）规定的时间，则程序进入死循环，立即报警。运行中一旦程序有错，立即报警，并停止执行。停电后，利用后备电池供电，有关状态及信息就不会丢失。

PLC 的出厂试验项目中，有一项就是抗干扰试验。它要求能承受幅值为 1000V、上升时间为 1ns、脉冲宽度为 1μs 的干扰脉冲。一般平均故障间隔时间可达几十万到上千万小时，整机的平均故障间隔时间可高达 3 万～5 万小时甚至更长。

（2）通用性强，使用方便。PLC 以及各种硬件装置可以组成能满足不同要求的控制系统，用户不必自己再设计和制作硬件装置。硬件确定以后，在生产工艺流程改变或生产设备更新时，不必大幅改变 PLC 的硬件设备，只需改变程序或者对外围电路进行局部调整就可以满足要求。因此，PLC 除应用于单机控制外，在工厂自动化中也被大量采用。另外，PLC 产品已经标准化、系列化和模块化，针对不同的控制要求、不同的控制信号，都有相应的 I/O 接口模块与工业现场器件和设备直接连接。

（3）功能完善，适应面广。现代 PLC 不仅有逻辑运算、计时、计数、顺序控制等功能，还具有数字和模拟量的输入输出、功率驱动、通信、人机对话、自检、记录显示等功能，既可控制一台生产机械、一条生产线，又可控制一个生产过程。

（4）编程简单，容易掌握。大多数 PLC 仍采用继电控制形式的"梯形图编程方式"。它既继承了传统控制线路的清晰直观，又考虑到大多数工厂企业电气技术人员的读图习惯及编程水平，所以非常易于接受和掌握。梯形图语言的编程元件的符号和表达方式与继电器控制电路原理图相当接近。通过阅读 PLC 的用户手册或进行短期培训，电气技术人员很快就能学会用梯形图编制控制程序。同时，PLC 还提供了功能图、语句表等编程语言和梯形图的转换工具。用户在购买到所需 PLC 后，只需按说明书的提示，做少量的接线和简易的用户程序的编制工作，就可灵活方便地将 PLC 应用于生产实践。

PLC 在执行梯形图程序时，用解释程序将它翻译成汇编语言然后执行（PLC 内部增加了解释程序）。与直接执行汇编语言编写的用户程序相比，执行梯形图程序的时间要长一些，但对于大多数机电控制设备来说是微不足道的，完全可以满足控制要求。

（5）减少了控制系统的设计及施工的工作量。由于 PLC 采用了软件来取代继电器控制系统中大量的中间继电器、时间继电器、计数器等器件，因此控制柜的设计安装接线工作量大为减少。同时，PLC 的用户程序可以在实验室模拟调试，更减少了现场的调试工作量。并且，由于 PLC 具有低故障率及很强的监视功能、模块化等特点，维修也极为方便。

（6）体积小、质量轻、功耗低、维护方便。PLC 是将微电子技术应用于工业设备的产品，其结构紧凑，坚固，体积小，质量轻，功耗低。如西门子 S7-200 CPU221 型 PLC 的外形尺寸仅为 90mm×80mm×62mm，易于装入设备内部，是实现机电一体化的理想控制设备。对于复杂的控制系统，采用 PLC 后，一般可将开关柜的体积变为原来的 1/10～1/2。

2.1.3　PLC 的性能指标和分类

PLC 产品种类繁多，其规格和性能也各不相同，一般选取常用的主要性能指标进行介绍。对于 PLC 的分类，通常根据结构形式的不同、功能的差异和 I/O 点数的多少进行分类。

1. PLC 的主要性能指标

PLC 的性能指标较多，不同厂家产品的技术性能各不相同，通常可以用以下几种性能指标进行描述。

（1）存储容量。PLC 的存储器包括程序存储器、用户程序存储器和数据存储器三部分。其中可供用户使用的是后面两个存储器，合称为用户存储器。通常用 K 字（KW）、K 字节（KB）或 K 位（Kb）来表示（1K=1024）。有的 PLC 直接用所能存放的程序量表示。在一些文献中称 PLC 中存放程序的地址单位为步，一步占用一个地址单元，一个地址单元一般占用两个字节（Byte，计量存储容量和传输容量的一种计量单位，一个字节等于 8 位二进制数）。例如，存储容量为 1000 步的 PLC，其存储容量为 2KB。一条基本指令一般为一步。功能复杂的指令，特别是功能指令，往往有若干步。

（2）扫描速度。扫描速度是指 PLC 执行用户程序的速度，是衡量 PLC 性能的重要指标。一般以扫描 1K 字用户程序所需的时间来衡量扫描速度，通常以 ms/K 字为单位。有的文献中以执行 1000 条基本指令所需的时间来衡量，单位为 ms/千步。从 PLC 采用的 CPU 的主频考虑，扫描速度比较慢的为 2.2ms/K 逻辑运算程序、60ms/K 数字运算程序；较快的为 1ms/K 逻辑运算程序、10ms/K 数字运算程序；更快的为 0.75ms/K 逻辑运算程序。也有以执行一步指令时间计的，如 μs/步。一般逻辑指令与运算指令的平均执行时间有较大的差别，因而大多场合扫描速度往往需要标明是执行哪类程序。PLC 用户手册一般给出执行各条指令所用的时间，可以通过比较各种 PLC 执行相同的操作所用的时间来衡量扫描速度的快慢。

（3）输入/输出点数（I/O 点数）。输入/输出点数是 PLC 组成控制系统时所能接入的输入/输出信号的最大数量，表示 PLC 组成系统时可能的最大规模。需要注意的是，在总的点数中往往是输入点数大于输出点数，且二者不能相互替代。

（4）指令的功能与数量。指令功能的强弱、数量的多少也是衡量 PLC 性能的重要指标。衡量指令能强弱可看两个方面：一是指令条数多少，二是指令中有多少综合性指令。一条综合性指令一般就能完成一项专门操作，如查表、排序及 PID 功能等，相当于一个子程序。编程指令的功能越强、数量越多，PLC 的处理能力和控制能力也越强，用户编程也越简单和方便，越容易完成复杂的控制任务。

（5）内部元件的种类与数量。在编制 PLC 程序时，需要用到大量的内部元件、寄存器来存放变量、中间结果、保持数据、定时计数、模块设置和各种标志位等信息。这些元件的种类与数量越多，表示 PLC 的存储和处理各种信息的能力越强。

（6）编程语言。不同厂家的 PLC 编程语言不同，互不兼容。一台机器能同时使用的编程方法越多，则越容易被更多的人使用。常见的编程语言有梯形图（LAD）、布尔助记符（STL）、功能模块图（SFC），除此之外还有菜单图、语言描述等编程语言。IEC 曾于 1994 年 5 月公布了 PLC 标准（IEC 1131），其中第三部分（IEC 1131-3）是 PLC 的编程语言标准。已有越来越多的 PLC 生产厂家提供了符合 IEC 1131-3 标准的产品。

（7）特殊功能单元。特殊功能单元种类的多少与功能的强弱是衡量 PLC 产品的一个重要指标。近年来，各 PLC 厂商非常重视特殊功能单元的开发，特殊功能单元种类日益增多，如位置控制、通信等模块的功能也越来越强，使 PLC 的控制功能日益扩大。

（8）可扩展能力。PLC 的可扩展能力包括 I/O 点数的扩展、存储容量的扩展、联网功能的扩展、各种功能模块的扩展等。在选择 PLC 时，经常需要考虑 PLC 的可扩展能力。

另外，PLC 的可靠性、易操作性及经济性等到性能指标也是用户在选用 PLC 时需要注意的指标。

2．PLC 的分类

20 世纪 90 年代以来，世界 PLC 市场形成了三大巨头：欧洲的西门子、美国的罗克韦尔（Rockwell Automation）、亚洲的三菱。除此之外，其他的排名不断变化，有施耐德、欧姆龙、GE 等品牌。国产品牌的 PLC 在国内 PLC 市场份额所占比例很小，一直没有形成产业化规模，中国市场上 95% 以上的 PLC 产品来自国外，主要供应商为西门子、三菱、欧姆龙、罗克韦尔、施耐德、GE 等国际大公司。

PLC 类型很多，可从不同的角度进行分类：

（1）按照控制规模分。控制规模主要指控制开关量的入、出点数及控制模拟量的模入、模出，或两者兼而有之（闭路系统）的路数，但主要以开关量计。模拟量的路数可折算成开关量的点，大致一路相当于 8～16 点。PLC 大致可分为微型机、小型机、中型机、大型机及超大型机。

微型机控制点仅几十点，典型的是西门子的 LOGO，仅 10 点。

小型机控制点一般在 256 点以下，功能以开关量控制为主，单 CPU、8 位或 16 位处理器，用户程序存储容量在 4K 字以下，如美国 GE 的 GE-I 型、德国西门子公司的 S7-200、美国德州仪器公司的 TI100。

国内：从金额上看，西门子份额超过 30%，三菱约为 25%，欧姆龙约为 11%，台达则略超过 8%。据统计，2011 年中国的小型 PLC 市场销售额约为 27.3 亿（去税）。

国外：小型 PLC 以西门子为主。

中型机控制点数在 256～2048 点之间，双 CPU，用户存储器容量 2～8K 字。如德国西门子公司的 S7-300、SU-5、SU-6，GE 公司 GE-III。

在中型 PLC 领域，西门子占全球份额的主导地位。在中国市场中，西门子占中型 PLC 65% 的市场份额，主导地位明显。本土产品中，和利时及台达都相继推出了中型 PLC 产品，代表性产品分别是和利时的 lk 系列与台达的 ah500 系列。

大型机的控制点数一般大于 2048 点，多 CPU，16 位、32 位处理器，用户存储器容量为 8～16K 字，如西门子公司的 S7-400、GE 公司 GE-IV。

2011 年，罗克韦尔大型 PLC 业务市场占有率为 33.63%，施耐德大型 PLC 市场占有率为 23.53%，西门子大型 PLC 市场占有率为 21.70%。

超大型机控制点数可达万点至数万点。例如，美国 GE 公司的 90-70 机，其点数可达 24 000 点，另外还可有 8000 路的模拟量。美国莫迪康公司的 PC-E984-785 机，其开关量总点数为 32K，模拟量有 2048 路。西门子的 SS-115U-CPU945，其开关量总点数可达 8K，另外还可有 512 路模拟量。

在实际应用中，一般 PLC 的控制规模和其功能的强弱是相互关联的，即 PLC 的功能越强，其可配置的 I/O 点数越多。

（2）按结构划分。PLC 可分为整体式及模块式两大类。整体式 PLC 把电源、CPU、内存、I/O 系统都集成在一个小箱体内，具有结构紧凑、体积小、价格低廉的特点。微型机、小型机多为整体式的。整体式 PLC 由基本单元和扩展单元组成。基本单元和扩展单元之间一般用扁平电缆连接。整体式 PLC 一般还配备特殊功能单元，如模拟量单元、位置控制单元等，使其功能得以扩展。

模块式的 PLC 是按功能分成若干模块，如 CPU 模块、输入模块、输出模块、电源模块等。各个模块功能独立、外形尺寸统一，可以根据需要灵活配置所需的模块。其最大的特点就是配置灵活、装配方便，便于扩展、维修。中大型以上 PLC 一般使用这种结构。

2.1.4 PLC 的应用

PLC 在国内外已广泛应用于冶金钢铁、采矿、水泥、石油、化工、电力、机械制造、汽车、装卸、数控机床、机械制造、交通运输、造纸、轻工纺织、环保等各行各业。其应用范围大致可归纳为以下几种。

（1）开关量的逻辑控制。这是 PLC 最基本、最广泛的应用领域。它取代传统的继电器控制系统，实现逻辑控制、顺序控制，如机床电气控制、电动机控制、电梯控制等。开关量的逻辑控制可用于单机控制，也可用于多机群控，亦可用于自动生产线的控制等。

（2）运动控制。PLC 可用于直线运动或圆周运动的控制。早期直接用开关量 I/O 模块连接位置传感器和执行机械，现在一般使用专用的运动模块。制造商已提供拖动步进电动机或伺服电动机的单（或多）轴位置控制模块，即把描述目标位置的数据送给模块，模块移动一轴或多轴到目标位置。有的情况需要考虑速度和加速度的控制，如电梯的控制。当每个轴运动时，位置控制模块保持适当的速度和加速度，确保运动平滑。运动的程序可用 PLC 的语言完成，可通过编程器输入。

（3）模拟量过程控制。PLC 通过模拟量的 I/O 模块实现模拟量与数字量的 A/D、D/A 转换，可实现对温度、压力、流量等连续变化的模拟量的 PID 控制。若使用专用的 PID 模块，还可以实现对模拟量的闭环过程控制。

（4）现场数据采集与处理。PLC 具有数学运算（包括矩阵运算、函数运算、逻辑运算）、数据传递、排序和查表、位操作等功能，因此由 PLC 组成的监控系统可以方便地对生产现场的数据进行采集、分析和加工。数据处理通常应用于柔性制造系统、机器人和机械手的控制等大中型控制系统中，具有 CNC（computer numerical control，数控机床）功能，即把支持顺序控制的 PLC 与数字控制设备紧密结合。

（5）通信联网、多级控制。PLC 的通信包括 PLC 与 PLC 之间、PLC 与上位计算机之间以及其智能设备之间的通信。PLC 和计算机之间具有 RS-232 接口，可用双绞线、同轴电缆或光缆将它们连成网络，以实现信息的交换；还可以构成"集中管理，分散控制"的分布控制系统。I/O 模块按功能各自放置在生产现场分散控制，然后利用网络联结构成集中管理信息的分布式网络系统。

当然并不是所有的 PLC 都具有上述的全部功能，有的小型 PLC 只具备上述部分功能。

2.2 PLC 的组成

2.2.1 PLC 的结构及各部分的作用

PLC 的类型繁多，功能和指令也不尽相同，但都是一种以微处理器为核心的用于控制的特殊计算机，因此其结构与工作原理与一般的计算机系统相似，通常都由中央处理单元（CPU）、存储器、输入/输出接口、电源、通信接口、编程器扩展器接口和外部设备接口等部分组成。PLC 的硬件系统结构如图 2-1 所示。

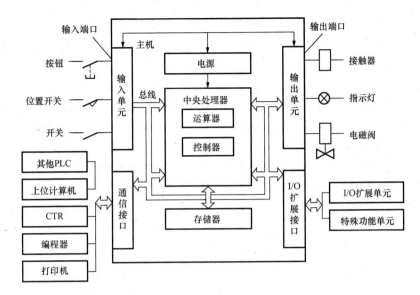

图 2-1 PLC 的硬件结构

1. 中央处理器

中央处理器（CPU）是 PLC 的核心，一般由控制器、运算器和寄存器组成。它用来执行用户程序、监控输入/输出接口状态、做出逻辑判断和进行数据处理，即读取输入变量，完成用户指令规定的各种操作，将结果送到输出端，并响应外部设备（如编程器、计算机、打印机等）的请求以及进行各种内部逻辑判断等。这些都集成在一个芯片上，通过控制总线、数据总线和地址总线与存储单元、输入/输出等电路连接。当 PLC 运行时，CPU 按循环扫描方式执行用户程序：控制用户程序和数据的接收与存储；用扫描的方式通过 I/O 部件接收现场的状态或数据并存入输入映像寄存器或数据存储器中；诊断电源、PLC 内部电路的工作故障和编程中的语法错误；从存储器逐条读取用户指令，经过编译、解释后按指令规定的任务进行数据传送、逻辑或者算术运算；根据运算的结果，更新有关标志位的状态和输出寄存器的内容，再经过输出单元实现输出控制、制表打印或数据通信等功能。

不同型号的 PLC 所采用的 CPU 芯片是不同的。小型 PLC 大多采用 8 位通用微处理器（如 Z80、8086、80286 等）或单片微处理器（如 8031、8096 等）；中型 PLC 大多采用 16 位微处理器或单片微处理器；大型 PLC 大多采用高速片式微处理器（如 AMD29W 等）。也有的 PLC 采用的是厂家自行设计的专用 CPU。CPU 芯片的性能关系到 PLC 处理控制信号的能力和速度，CPU 位数越多，系统处理的信息量越大，运算速度也越快。为了提高 PLC 的性能，一台 PLC 可以采用多个 CPU 来完成用户要求的控制功能。小型 PLC 为单 CPU 系统，而中、大型 PLC 大多为双 CPU 系统，甚至有些 PLC 的 CPU 多达 8 个。

2. 存储器

PLC 的内部存储器有两类。

一类是系统程序存储器，主要存放 PLC 生产厂家编写的系统程序，并固化在 ROM、PROM、EPROM 中，用户不能直接修改。它使 PLC 具有基本的功能，能够完成 PLC 设计者规定的各种工作。系统程序效率的高低在很大程度上决定了 PLC 的性能，其主要包含三个部分：系统管理程序，主要用来控制 PLC 的运行，使整个 PLC 能够按部就班地工作；用户指令解释程序，主要用来将 PLC 的编程语言变为机器指令语言，再由 CPU 执行这些指令；标准程序模块与系统调用，它包含许多不同功能的子程序及其调用管理程序，如完成输入/输出以及特殊模块等的子程序，PLC 的具体工作都是由这部分来完成的，它也决定了 PLC 性能的高低。

另一类是用户程序及数据存储器，主要存放用户编制的应用程序及各种暂存数据和中间结果。用户程序一般存于 CMOS 静态 RAM 中，用锂电池为后备电源，以免掉电时丢失信息。为了防止干扰对 RAM 中程序的破坏，当用户程序经过调试、运行正常且不需要改变时，可将其固化在 EPROM 中。现在有许多 PLC 直接采用 EEPROM 作为用户存储器。用户数据用来存放用户程序中使用器件的状态、数值等信息，一般存放在 RAM 中，以适应随机存储的要求。在数据区，各类数据存放的位置都有严格的划分，每个存储单元都有不同的地址编号。

PLC 产品手册中所列存储器的形式以及容量是指用户程序存储器。当 PLC 自带的用户存储容量不够时，有的 PLC 还提供存储器的扩展功能。

3. 输入/输出（I/O）接口

I/O 接口是 PLC 与输入/输出设备连接的部件。输入接口接受输入设备（如按钮、传感器、触点、行程开关等）的控制信号。输出接口是将主机经处理后的结果通过功率放大电路去驱动输出设备（如接触器、电磁阀、指示灯等）。I/O 接口一般采用光电耦合电路，以减少电磁干扰，提高可靠性。I/O 点数即输入/输出端子数，是 PLC 的一项主要技术指标。另外，I/O 接口上还有状态指示。I/O 接口的主要类型有数字量输入（DI）、数字量输出（DO）、模拟量输入（AI）、模拟量输出（AO）、智能输入/输出接口等。

（1）数字量输入。数字量输入模块与外部接线方式可以分为汇点式输入和隔离式输入，如图 2-2 所示。

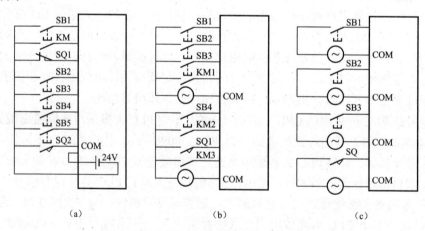

(a)   (b)   (c)

图 2-2 DI 模块的外部接线方式

在汇点式输入接线方式中，各个输入回路有一个公共端（COM），可以是全部输入点为一组，共用一个电源和公共端，如图 2-2（a）所示；也可以是全部输入点分为几组，每组有一个单独电源和公共端，如图 2-2（b）所示。汇点式输入接线方式既可以用于直流输入模块，也可以用于交流输入模块。直流输入模块的电源一般由 PLC 内部电源提供，交流输入模块的电源则由用户提供。

隔离式输入接线方式如图 2-2（c）所示，每一个输入回路有两个接线端子，由单独的一个电源供电。对于电源来说，各个输入点之间是相互独立的。这种接线方式一般用于交流输入模块，电源也由用户提供。

数字量输入接口（DI）是把现场的开关量信号变成 PLC 内部处理的标准信号。为防止各种干扰信号和高电压信号进入 PLC，影响其正常工作或造成设备损坏，现场输入接口电路一般都有滤波电路及耦合隔离电路。滤波有抗干扰作用，耦合隔离有抗干扰及产生标准信号的作用。耦合隔离电路的关键器件是光耦合器，一般由二极管和光敏晶体管组成。数字量输入有多种形式，能分别适用于直流和交流数字输入量。在直流数字量的输入电路中，根据其具体电路又分为漏型输入（sink in）和源型输入（source in）。这种分类与直流电源是在 PLC 内部还是外部无关。从电流究竟是从 PLC 公共端 COM（COMMON，有的型号使用 M 表示公共端）流入还是流出角度来理解如下。

漏型输入是指电流经过外部开关，经 PLC 接线端子向 PLC 内部流（灌）入，再经过内部电路从 PLC 公共端 COM 流出形成回路的接线方式。在漏型输入中，公共端 COM 为电源负极（共阴极）。

在图 2-3 中，回路的电流从公共端流出。电阻 R_2 和电容 C 组成 RC 滤波电路，光耦将现场信号与 PLC 内部电路隔离，并且将现场信号的电平（图 2-3 中的 DC）转换为 PLC 内部可以接收的电平。发光二极管 LED 用来指示当前数字量输入信号的高低电平状态。

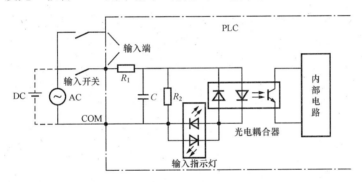

图 2-3　漏型输入图（共阴极）

源型输入是指电流从 PLC 的公共端 COM 流入，经 PLC 内部向 PLC 接线端子流（拉）出形成回路的接线方式。在源型输入中，公共端作为电源正极（共阳极），如图 2-4 所示。

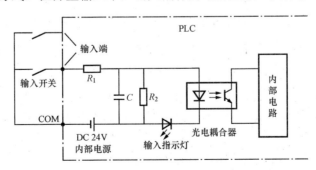

图 2-4　源型输入图（共阳极）

源型输入电路的形式与漏型输入电路基本相似，不同之处在于光耦、发光二极管、DC

51

电源均反向。电流流向是从公共端流入。

数字量输入模块通道的内部有光耦合电路及防止短路的电路，不用担心开关闭合会造成短路。

典型直流数字量输入接口电路如图 2-5 所示。

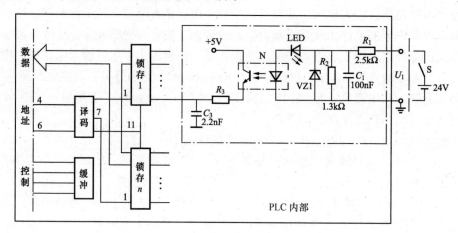

图 2-5   典型直流数字量输入接口图

很多 PLC 采用双向光电耦合器，并且使用两个反向并联的发光二极管，这样电源的极性可以任意连接，电流的流向也可以是任意的，这种输入电路称为混合型输入电路，其电路形式如图 2-6 所示。

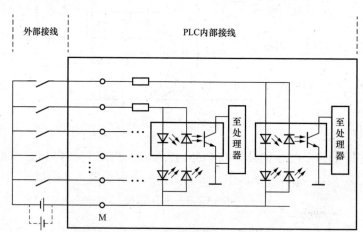

图 2-6   混合型输入电路

交流数字输入也有多种形式，有些采用桥式整流电路将交流信号转化成直流，然后再经过光耦隔离输入内部电路，如图 2-7 所示；有些直接使用双向光电耦合器和双向发光二极管，从而省去了桥式整流电路。

典型交流数字量输入接口电路如图 2-8 所示。

读者要结合 PLC、传感器、输出驱动器的特点和实际工况灵活选用、使用各个器件，并适当进行搭配，以保证硬件的正确连接。

（2）数字量输出。数字量输出模块与外部接线方式可以分为汇点式输出和隔离式输出，如图 2-9 所示。

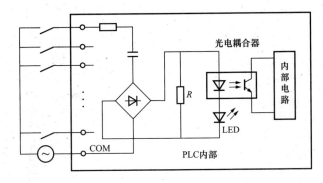

图 2-7 带整流桥的交流输入示意图

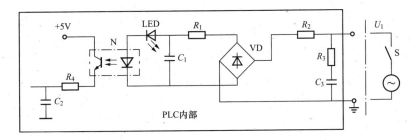

图 2-8 典型交流数字量输入接口图

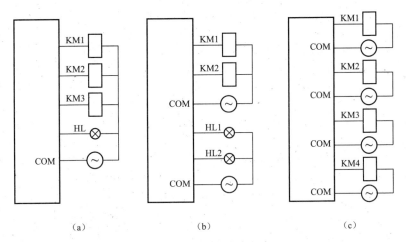

图 2-9 DO 模块接线方式

在汇点式输出接线方式中，各个输入回路都有一个公共端（COM），可以是全部输出点为一组，共用一个电源和公共端，如图 2-9（a）所示；也可以是全部输出点分为几组，每组有一个单独电源和公共端，如图 2-9（b）所示。隔离式输出接线方式如图 2-9（c）所示，每一个输出回路有两个接线端子，由单独的一个电源供电，相对电源来说，各个输出点之间是独立的。

数字量输出接口（DO）是把 PLC 内部的标准信号转换成现场执行机构所需的开关量信号。在考虑外接电源时，必须考虑输出器件的类型。直流输出电路中同样也有漏型（sink out）和源型（source out）之分。

漏型输出的电流是从公共端流出，具有 NPN 晶体管输出特性，如图 2-10 所示。

源型输出的电流是从公共端流进，具有 PNP 晶体管输出特性，如图 2-11 所示。

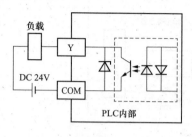 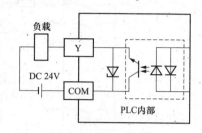

图 2-10　漏型输出（NPN）　　　　图 2-11　源型输出（PNP）

数字量输出接口按 PLC 内所使用的器件可分为继电器输出型、晶体管输出型和晶闸管输出型。每种输出电路都采用电气隔离技术，输出接口本身不带电源，由外部提供。

继电器式的输出接口利用了继电器的触点和线圈将 PLC 的内部电路与外部负载电路进行电气隔离，交、直流负载均可接，负载能力在这三种输出类型中最强，每点电流为 2A，个别型号的 PLC 每点负载电流高达 8～10A。缺点是接通断开的动作频率低，响应时间长。继电器式输出应用较为广泛，如图 2-12 所示。

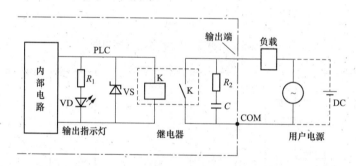

图 2-12　继电器式输出

继电器式输出的具体电路如图 2-13 所示。

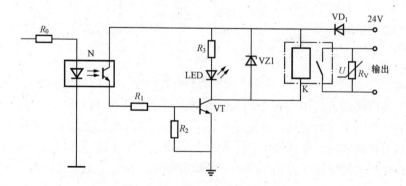

图 2-13　继电器式输出的具体电路

晶体管式的输出接口通过光电耦合器使晶体管截止或导通以控制外部负载电路，同时 PLC 内部电路和晶体管输出电路进行电气隔离，有较高的通断频率，响应速度快，但是只适合于直流驱动的场合，每点的负载限流 0.75A，如图 2-14 所示。

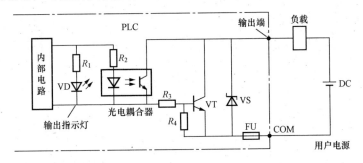

图 2-14　晶体管式输出

晶体管式输出的具体电路如图 2-15 所示。

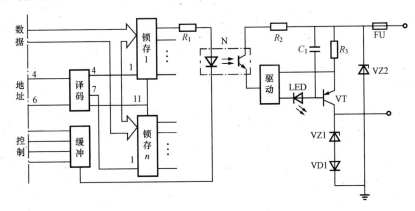

图 2-15　晶体管式输出的具体电路

双向晶闸管式的输出接口仅适用于交流驱动场合，每点的负载限流 0.3A，如图 2-16 所示。

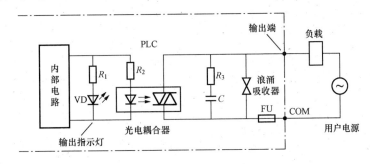

图 2-16　双向晶闸管式输出

双向晶闸管式输出的具体电路如图 2-17 所示。

为了使 PLC 避免因受瞬间大电流的作用而损坏，输出端外部接线必须采用保护措施。一是输入和输出公共端接熔断器；二是采用保护电路，对交流感性负载一般采用阻容吸收电路，对直流感性负载采用续流二极管。由于输入、输出端是光耦合的，在电气上完全隔离，因此输出端的信号不会反馈到输入端，也不会产生地线干扰或其他串扰，故 PLC 具有很高的可靠性和极强的抗干扰能力。

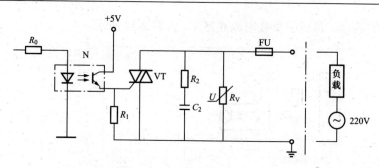

图 2-17　双向晶闸管输出具体电路

（3）模拟量输入。模拟量输入接口（AI）是把现场连续变化的模拟量标准信号转化为适合于 PLC 内部处理的由若干位二进制数字表示的信号。模拟量输入信号可以是电压，也可以是电流，在选型时要考虑输入信号的范围及系统要求的 A/D 转换精度。常见的输入范围有直流–10～10V、1～5V、0～10V、 4～20mA 等。转换精度有 8、10、11、12、16 位等。PLC 生产厂家的相关技术手册都会提供这些指标的参考值。此外，在选型时还要考虑接线形式是否与传感器匹配。如图 2-18 所示。

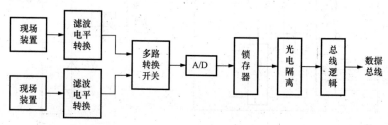

图 2-18　模拟量输入接口

（4）模拟量输出。模拟量输出接口（AO）是将 PLC 运算处理后的若干位数字量信号转化为相应的模拟量并输出至现场的执行机构，以满足生产过程现场连续控制信号的要求。它的核心部件是 D/A 转换器。模拟量输出单元的主要技术指标同样包含输出信号形式（电压或电流）、输出信号范围（如 0～10V、4～20mA 等）以及接线形式。在选型时，主要考虑这些因素与现场的执行机构相互结合的问题。如图 2-19 所示。

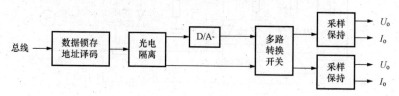

图 2-19　模拟量输出接口

（5）智能输入/输出接口。是为了适应较为复杂的控制工作而设计的，如高速计数器、温度控制单元等。

4. 电源

电源是指为 CPU、存储器、I/O 接口等内部电子电路工作所配置的直流开关稳压电源，通常也为输入设备提供直流电源。PLC 的电源一般采用开关电源，输入电压范围宽，抗干扰能力强，电源的输入和输出之间有可靠的隔离，以确保外界的扰动不会影响到 PLC 的正常工作。

对于整体结构式 PLC 而言，电源通常封装到机箱内部，只需要引入外部电源即可，扩展单元的用电可通过扩展电缆馈送。对于模块式 PLC，有的采用单独电源模块，有的将电源与 CPU 封装到一个模块中。

电源还提供掉电保护电路和后备电池电源，以保证部分 RAM 存储器的数据在外界电源断电后不会丢失。PLC 面板上通常有发光二极管指示电源的工作状态。

电源的容量是各个模块的功耗总和加上裕量。在有些 I/O 单元驱动传感器和负载能力需由 PLC 电源提供的情况下，这一部分功耗也应考虑在内。

5. 编程器

编程器是 PLC 的一种主要的外部设备，用于手持编程，用户可用来输入、检查、修改、调试程序或监视 PLC 的工作情况。除手持简易型编程器外，还可通过适配器和专用电缆线将 PLC 与计算机连接，并利用工具软件进行计算机编程和监控。

6. 输入/输出扩展单元

当主机的 I/O 通道数量不能满足系统要求时，可以增加扩展单元。这时需要用到 I/O 扩展接口将扩展单元与主机连接起来。

7. 通信接口

为了实现"人-机"或者"机-机"对话，PLC 配有多种通信接口。此接口可将编程器、打印机、条码扫描仪等外部设备与主机相连，以完成相应的操作。

2.2.2　PLC 的配置

PLC 种类繁多，其结构形式、性能、容量、指令系统和编程方法等各有特点，适用场合也各有不同。选型时，首先需要考虑的是设备容量与性能是否与任务相适应，其次要看 PLC 的运行速度是否能够满足实时控制的要求。对于纯开关量控制的系统，如果控制速度要求不高，如单台机械的自动控制，可选用小型一体化的 PLC，如西门子 LOGO。对于以开关量控制为主、带有部分模拟量控制的应用系统，如工业中遇到的温度、压力、流量、液位等，应选择运算功能较强的小型 PLC，并且配备模拟量 I/O，如西门子的 S7-200。对于比较复杂、控制功能要求较高的系统，如 PID 调节、高速计数、通信联网等，应选用中大型 PLC，这类 PLC 多为模块式结构，除了基本的模块外，还提供专用的特殊功能模块，当系统的各个部分分布在不同的地域时，可以利用远程 I/O 组成分布式控制系统，如西门子的 S7-300/400 等。

PLC 的输出控制相对于输入的变化总是有滞后的，最大可滞后 2～3 个循环周期，这对于一般的工业控制而言是允许的，但有些实时控制要求较高，要求时间滞后小，此时应选择高性能、模块式结构的 PLC。这类 PLC 指令执行的速度很快，如西门子的 S7-300/400，其浮点运算指令的执行时间可以达到微秒级；另一方面可以配备专门的智能模块，这些模块都自带 CPU，能独立完成操作，可大大提高控制系统的实时性。

2.3　PLC 的工作原理

继电器控制系统是一种"硬件逻辑系统"，采用的是并行工作方式。PLC 是一种为了克服继电器控制系统的不足才推出的、建立在计算机工作原理基础之上的工业控制器。因此，可以参照继电器控制系统来学习 PLC 的工作原理。

2.3.1　PLC 的等效电路

PLC 控制系统的等效电路可以分为三个部分：输入部分、内部控制电路和输出部分，如图 2-20 所示。

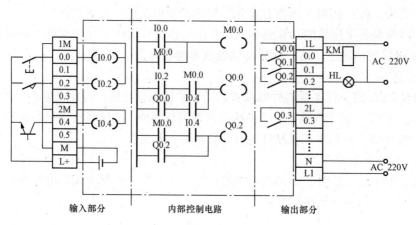

图 2-20　PLC 的等效工作电路

1. 输入部分

输入部分的主要作用是采集输入信号。它由外部输入电路、PLC 输入接线端子和输入继电器组成。外部输入信号经 PLC 输入端子驱动输入继电器的线圈，每个输入端子与其相同编号的输入继电器有着唯一确定的对应关系。输入回路要有电源，这个电源可以用 PLC 内部提供的 24V 直流电源，也可以由 PLC 外部的独立交流或直流电源供电。需要强调的是，输入继电器的线圈只能来自现场的输入元器件（如控制按钮、行程开关的触点、各种检测及保护器的触点）的驱动，而不能用编程的方式去控制。因此，在梯形图中，只能使用输入继电器的触点，不能使用输入继电器的线圈。

2. 内部控制电路

所谓内部控制电路就是由用户程序形成的用"软继电器"来代替真实继电器的控制逻辑电路。它的作用是按照用户程序规定的逻辑关系，对输入信号和输出信号的状态进行检测、判断、运算和处理，然后得到相应的输出。

一般用户程序是用梯形图语言完成的，它看起来很像继电器控制线路图。在继电器控制线路图中，继电器的触点可以瞬时动作，也可以延时动作，而 PLC 梯形图中的触点只能瞬时动作。如果需要延时，可由 PLC 提供的定时器完成。延时时间根据需要在编程时设定，其定时精度及范围远远高于时间继电器。PLC 中还提供了计数器、辅助继电器及某些特殊功能的继电器。PLC 的这些器件所提供的逻辑控制功能可在编程时根据需要选用，并且只能在 PLC 的内部控制电路中使用。

3. 输出部分

在 PLC 内部，由内部控制电路隔离的输出继电器的外部动合触点、输出端子和外部驱动电路组成的整体称为输出部分。PLC 的内部控制电路有许多输出继电器，有些输出继电器除了有为内部控制电路提供编程用的任意数量的动合、动断触点外，还为外部输出电路提供了一个实际的动合触点与输出端子相连。驱动外部负载电路的电源必须由外部电源提供，在 PLC 允许的范围内，电源种类及规格可根据负载要求去配置。

因此，可对 PLC 的等效电路做进一步的简化，即将输入等效为一个个继电器的线圈，将输出等效为继电器的一个个动合触点。

2.3.2　PLC 的工作过程

PLC 采用"顺序扫描，不断循环"的方式进行工作。即在 PLC 运行时，CPU 根据用户按控制要求编制好并存于用户存储器中的程序，按指令步序号（或地址号）做周期性循环扫描，如无跳转指令，则从第一条指令开始逐条执行用户程序，直至程序结束。然后重新返回第一条指令，开始下一轮新的扫描。在每次扫描过程中，还要完成对输入信号的采样和对输出状态的刷新等工作。每一次扫描所用的时间称为扫描周期或工作周期。

PLC 的扫描一个周期必须经过输入采样、程序执行和输出刷新三个阶段。

输入采样阶段：首先以扫描方式按顺序将所有暂存在锁存器中的输入端子的通断状态或输入数据逐个扫描读入，并将其写入各自对应的输入状态寄存器中，即刷新输入。随即关闭输入断口，进入程序执行阶段，输入状态寄存器被刷新后将一直保存，直至下一个循环才会被重新刷新。所以，当输入采样结束后，如果输入设备的状态发生变化，也只能在下一个周期才能被 PLC 接收到。

程序执行阶段：按用户程序指令存放的先后顺序扫描执行每条指令，经相应的运算和处理后，其结果再写入输出状态寄存器中，输出状态寄存器中所有的内容随着程序的执行而变化。

输出刷新阶段：当所有指令执行完毕，输出状态寄存器的通断状态在输出刷新阶段送至输出锁存器中，并通过一定的方式（继电器、晶体管或晶闸管）输出，驱动相应输出设备工作。输出锁存器一直将状态保持到下一个循环周期，而输出映像寄存器的内容在程序执行阶段是动态的。PLC 工作的全过程可以用图 2-21 来表示。

PLC 工作过程有以下几个特点：

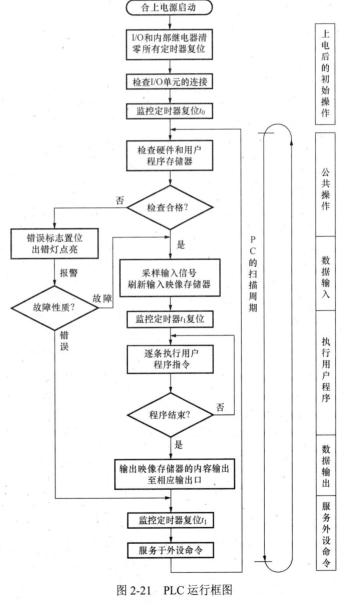

图 2-21　PLC 运行框图

（1）PLC 采用集中采样、集中输出的工作方式，减少了外界的干扰。

（2）PLC 采用的是循环扫描，扫描时间的长短取决于指令执行速度、用户程序的长短。

（3）对一般的开关量输入而言，可以认为其采样是连续的。PLC 扫描周期一般仅几十毫秒，因此两次采样之间的间隔时间很短。考虑到程序的大小、输入电路滤波时间、输出电路的滞后等时间，一般仍可以认为输出是及时的。

（4）输出映像寄存器的内容取决于用户程序扫描执行的结果。

（5）输出锁存器的内容由上一次输出刷新器件输出映像寄存器的内容决定。

（6）输出端子的实际状态，由输出锁存器的内容决定。

2.4 PLC 的软件基础

2.4.1 PLC 的软件分类

PLC 的软件包含系统软件和应用软件两大部分。

系统软件包括系统的管理程序（监控程序）、用户指令的解释程序（编译程序），还有一些供系统调用的专用标准程序块（包括系统诊断程序）等。系统的管理程序用来完成机内运行相关时间分配、存储空间分配管理及系统自检等工作。用户指令的解释程序用以完成用户指令变换为机器时间的工作。系统软件在用户使用 PLC 之前就已经装入机内并永久保存，在控制过程中一般不需要做调整。

应用软件也叫用户程序，是用户采用 PLC 厂家提供的编程语言来编制程序以达到某种控制目的和控制要求。

2.4.2 PLC 的编程语言

应用程序的编制需要使用 PLC 厂家提供的编程语言。IEC 1131-3 编程语言详细地说明了句法、语法和下述 5 种编程语言的表达方式。

（1）顺序功能图（sequential function chart，SFC）。

（2）梯形图（ladder diagram，LAD、LD），在第 4、5 章中有介绍。

（3）功能块图（function block diagram，FBD）。

（4）指令表编程语言（instruction list，IL），类似于汇编语言的助记符。西门子把这种编程方式叫作语句表（statement list，STL）。

（5）结构文本（structured text，ST）。

1. 顺序功能图

顺序功能图是一种位于其他编程语言之上的图形语言，也称功能图，类似于计算机编程时用到的流程图。它提供了一种组织程序的图形方法，在其中可以分别用别的语言嵌套编程，主要用来编写顺序控制程序。步、转换和动作是它的三个要素。它能将一个复杂的控制过程分解为一些小的过程或者步骤，然后按照顺序连接组合成整体的控制程序。因此，可以使用这种编程语言对具有并发、选择等复杂性的系统进行编程，根据它可比较容易画出梯形图程序，如图 2-22 所示。

2. 梯形图语言

梯形图是一种从继电接触控制电路图演变而来的图形语言。它是借助类似于继电器的动合触点、动断触点、线圈以及串、并联等术语和符号,根据控制要求连接而成的表示 PLC 输入和输出之间逻辑关系的图形,直观易懂。表 2-1 所示为梯形图与继电器的图形符号对照。

将在 PLC 中参与逻辑组合的元件看成是和继电器一样的元件,具有动合、动断触点及线圈,且触点的得电和失电将导致线圈的相应动作。再用母线代替电源线,用能量流概念来代替继电器电路中的能流概念,用与绘制继电器电路图类似的思路绘出梯形图。但是需要注意的是,PLC 中的继电器等编程元件并不是实际的物理元件,而是计算机存储器中一定的位,它的接通是将相应的存储单元置 1。

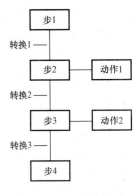

图 2-22　顺序功能图

表 2-1　　　　　　　　　　　梯形图与继电器图形符号对照表

符号名称	继电器电路图符号	梯形图符号
动合触点	—／—	—| |—
动断触点	—⟋—	—|／|—
线圈	—▭—	—{ }—

梯形图由触点、线圈和用方框图表示的功能块组成。触点代表逻辑输入条件,线圈代表逻辑输出结果,功能块用来表示定时器、计数器等附加指令。梯形图中编程元件的种类用图形符号及标注的字母或数字加以区别,和继电器电路一样,文字符号相同的图形符号是属于同一个元件的,如图 2-23 所示。

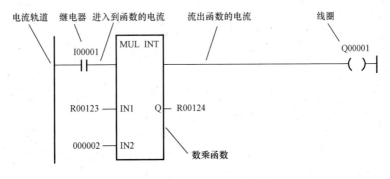

图 2-23　GE PAC 中的梯形图

梯形图的设计应注意以下三点:

(1)梯形图按从左到右、自上而下的顺序排列。每一逻辑行(或称梯级)起始于左母线,然后是触点的串、并连接,最后是线圈与右母线相连。

(2)梯形图中每个梯级流过的不是物理电流,而是假想的"能流"(power flow),从左流向右。这个"能流"只是用来形象地描述用户程序执行中应满足的线圈接通的条件。

（3）输入继电器用于接收外部输入信号，而不能由 PLC 内部其他继电器的触点来驱动。因此，梯形图中只出现输入继电器的触点，而不出现其线圈。输出继电器则将输出程序执行结果给外部输出设备。当梯形图中的输出继电器线圈得电时，就有信号输出，但不直接驱动输出设备，而要通过输出接口的继电器、晶体管或晶闸管才能实现。输出继电器的触点也可供内部编程使用。

使用编程软件可以直接编辑梯形图，梯形图是最常见的一种编程语言。

3. 功能块图

功能块图有些类似于数字逻辑电路的编程语言，有数字电路基础的人比较容易掌握。如图 2-24 所示，方框的左侧为逻辑运算的输入变量，右侧为输出变量，输入、输出端的小圆圈表示"非"运算，信号自左向右流动。

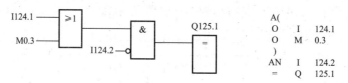

图 2-24　功能块图与语句表

这种编程语言有利于程序流的跟踪，但是使用较少。

4. 语句表

语句表又称为指令语句表，是一种用指令助记符来编制 PLC 程序的语言，它类似于计算机的汇编语言，但比汇编语言易懂易学。若干条指令组成的程序就是指令语句表。一条指令语句是由步序、指令语和作用器件编号三部分组成。在使用简易编程器时，常常需要将梯形图转换成语句表才能输入 PLC。

5. 结构文本

使用梯形图来表示一般、简单的功能比较容易，但是若要实现很多复杂的高级功能会很不方便。为了增强 PLC 的数学运算、图标显示、报表打印等功能，许多大、中型 PLC 都配备了一种叫作结构文本的专门高级编程语言。与梯形图相比，它能实现复杂的数学运算，编写的程序非常简捷和紧凑，且编制逻辑运算程序也很容易。

6. 编程语言的相互转换和选用

梯形图程序中输入信号和输出信号之间的逻辑关系直接、简单，因此一般情况下用梯形图就可以了。

语句表程序较难阅读，其中的逻辑关系很难一目了然，但是语句表输入方便，还可以为语句表加上注释，便于复杂程序的阅读。因此，在涉及高级应用程序时建议使用语句表语言，更为关键的是语句表可以处理梯形图不能处理的问题。

思　考　题

1. PLC 输入、输出接线中的源型和漏型是怎样区分的？对比一下二者在实际中的接线方式。思考一下，如果 PLC 的源、漏与项目中的传感器不匹配，应怎么处理？

2. 将梯形图和实际电流流向、PLC 内部的运行做一个对比，从而加深对梯形图的理解。

PAC RX3i 硬件

本章主要介绍 PAC RX3i 的硬件，先介绍 PAC 的相关概念，再介绍 GE 的 PAC，最后介绍 GE PAC 中 RX3i 的各种硬件。

3.1 PAC 概 述

3.1.1 PAC 概念

可编程自动化控制器（programmable automation controllers，PAC）的概念是由 ARC 咨询集团（成立于 1986 年，是一家专注于工业领域的咨询顾问公司，提供有关自动化系统、企业和工厂 IT 解决方案、资产生命周期管理、供应链管理、运营管理等领域的技术、市场和战略方面的咨询服务）的高级研究员 Craig Resnick 提出的。他认为"PLC 在市场相当活跃，而且发展良好，具很强的生命力。然而，PLC 也正在许多方面不断改变，不断增加其魅力。自动化供应商正不断致力于 PLC 的开发，以迎合市场与用户需求。功能的增强促使新一代系统浮出水面。PAC 基于开放的工业标准，具有多领域功能、通用的开放平台以及其他高级功能。ARC 创造了这个词，以帮助用户定义应用需要，帮助制造商在谈到其产品时能更清晰。"基于此，他给出的 PAC 概念为：控制引擎的集中，涵盖 PLC 用户的多种需要，以及制造业厂商对信息的需求。PAC 包括 PLC 的主要功能和扩大的控制能力，以及 PC-based 控制中基于对象的、开放数据格式和网络连接等功能。

因此，可将 PAC 理解为融合了 PLC 和个人计算机（personal computer，PC）的优点，将 PC 强大的计算能力、通信处理、广泛的第三方软件与 PLC 可靠、坚固、易于使用等特性结合在一起，而且采用 IEC 61131-3 开放式且高弹性的软件架构。

3.1.2 PAC 的发展历史

自 1969 年算起，使用 PLC 作为控制系统已有 50 多年的历史，PLC 为工业控制应用提供了快速可靠的解决方案，其设计满足了工厂对于使用环境和可靠性的要求。多年来，PLC 为用户提供了高可靠性控制系统。但是传统 PLC 遇到了下面的一些问题。

（1）为实现越来越多的功能、工业企业中各层次的数据通信需求和不断提高网络通信（设备层、控制层和管理层）性能，PLC 工程师不得不考虑进行系统硬/软件的更新换代和重新设计。

（2）PLC 建立在各厂家专有架构基础上，其编程和程序执行的实现是针对特定应用设计的。同时，由于使用不同供应商的多种平台，控制系统实施并不是一件轻松和迅速的事。对于逻辑控制、过程控制和运动控制都需编制不同的程序。

（3）当考察实施价值和新自动化控制技术时，用户可能会犹豫是否要采用这些技术和产品，因为他们害怕技术会很快过时。

（4）升级系统性能所带来的好处可能并不能补偿对一个已存在系统重新设计所花费的时间和开支。

（5）现行自动化系统在容纳不断增长的数据量方面仍有待改进。

（6）开发数量、用户、设计的工具、平台会导致在定义和实施自动化平台时大规模不可逆转的延迟。

（7）一旦实施完毕并运行，一个专门控制系统可能在一种应用中表现良好，但是想把它成功地迁移到其他应用中却很困难。

由于技术等方面的原因，传统控制解决方案中某些设备未能提供开放式接口，从而导致这些设备和系统间实现信息交换非常困难。但是随着社会的发展、技术的进步，企业大量平台和系统也需要不断升级，就必须重新部署整个企业的自动化架构。

可喜的是，很多组织已开始寻找与过去完成不同的工厂底层设备和网络系统，并把它们连接到操作和企业级的系统流程中。这种集成化程度预示了更多商业利益，包括：①更优越的操作性能有助于公司生产更高级产品、获得利润和扩展业务；②赋予制造业更多灵活性，以减少浪费和对多变的市场做出迅速回应；③加强和提高核心竞争力，以更加清晰地定义市场和业务；④在任何地点设计和生产，以扩展产品流程的全球化；⑤采用通用和标准化架构来降低成本；⑥使资产保值。

一种全新概念的控制系统 PAC 的出现，提高了控制系统的灵活性、开放性和整体性能。PAC 可使客户无需重新设计整个系统，就可不断获得递升的系统性能。PAC 操作系统上设计了一个通用、适合于多平台（包括硬件平台和操作系统平台）、便于移植用户应用程序、轻便的控制引擎，这样保证使用 PAC 系统的用户可使其编制的应用程序获得较大应用收益，且能不断优化其自动化平台。

3.1.3 PAC 的特征

PAC 系统应该具备以下一些主要的特征和性能：

（1）提供通用开发平台和单一数据库，以满足多领域自动化系统设计和集成的需求。

（2）一个轻便的控制引擎，可以实现多领域的功能，包括逻辑控制、过程控制、运动控制和人机界面等。

（3）允许用户根据系统实施的要求在同一平台上运行多个不同功能的应用程序，并根据控制系统的设计要求，在各程序间进行系统资源的分配。

（4）采用开放的模块化的硬件架构，以实现不同功能的自由组合与搭配，减少系统升级带来的开销。

（5）支持 IEC 61158 现场总线规范，可以实现基于现场总线的高度分散性的工厂自动化环境。

（6）支持事实上的工业以太网标准，可以与工厂的 EMS、ERP 系统轻易集成。

（7）使用既定的网络协议、程序语言标准来保障用户的投资及多供应商网络的数据交换。

PAC 控制解决方案可实现工厂和供应商都需要如下优点：

（1）提高生产率和操作效率：一个通用轻便控制引擎和综合工程开发平台允许快速地开发、实施和迁移；且由于它的开放性和灵活性，确保了控制、操作、企业级业务系统的无缝集成，优化了工厂流程。

（2）降低操作成本：使用通用、标准架构和网络，降低了操作成本，让工程师们能为一个体现成本效益、使用现货供应的平台选择不同的系统部件，而不是专有产品和技术；只要求用户在一个统一平台和开发环境上培训，而不是几种；且为用户提供了一个无缝迁移路径，保护在 I/O 的应用开发方面的投资。

（3）使用户对其控制系统拥有更多控制力：使用户拥有更多灵活性来选择适合每种特殊应用的硬件和编程语言，以他们自己的时间表来规划升级，并且可在任何地方设计、制造产品。

3.1.4　PAC 的开发和功能优势

从 PAC 的定义可以看出 PAC 具备的特性，即可以完成复杂的功能，并且系统的硬件和软件无缝集成，提高了控制系统的性能。而要完成这些功能，PLC 需要额外的扩展卡。

编程时，集成的硬件和软件也是一个优势，用于 PAC 编程的集成开发环境（IDE）包括一个所有开发工具共享的标签名数据库。PAC 使用同一个软件包来满足现有的和未来的自动化要求，而不是使用来自不同供应商的多个软件包。

PAC 结合了 PC 的处理器、内存及软件，并且拥有 PLC 的稳定性、坚固性和分布式本质，PAC 采取开放式结构，使用 COTS（commercial of the shelt，商品现货供应），即选用市面上已经成熟可用的产品组合成 PAC 平台，如此一来有如下几个好处：①产品彼此兼容性高，整合性强；②这些已经上市的产品技术都已相当成熟，无论是用户或组装者都容易上手；③市面上已经成熟的产品在价格上都已相当低廉，在成本控制方面效果十分明显；④使用这些市面上已有的产品，将来升级时也较容易；⑤市场已有的现成产品，各种规格、标准都相当齐全，用户可视本身需求，快速开发出产品。

PAC 的人机接口。PAC 系统不需要额外的内嵌控制器即可在 HMI 中显示图形，与大部分控制系统（尤其是在混合和过程控制业界）需要连接至控制系统的人机界面相比，更具竞争优势。

3.1.5　PAC 与 PLC 的区别

虽然 PAC 的形式与传统 PLC 很相似，但性能却广泛全面得多。PAC 是一种多功能控制器平台，它包含多种用户可按照自己意愿组合、搭配和实施的技术和产品。与其相反，PLC 是一种基于专有架构的产品，仅仅具备了制造商认为的必要性能。

PAC 与 PLC 最根本的不同在于它们的基础不同。PLC 性能依赖于专用硬件，应用程序的执行依靠专用硬件芯片实现，硬件的非通用性会导致系统的功能前景和开放性受到限制，由于是专用操作系统，其实时可靠性与功能都无法与通用实时操作系统相比，这样就导致了 PLC 整体性能的专用性和封闭性。

PAC 的性能是基于其轻便控制引擎，标准、通用、开放的实时操作系统，嵌入式硬件系统设计以及背板总线。

PLC 的用户应用程序执行是通过硬件实现的，而 PAC 设计了一个通用、软件形式的控制引擎用于应用程序的执行，控制引擎位于实时操作系统与应用程序之间，这个控制引擎与硬件平台无关，可在不同平台的 PAC 系统间移植。因此，对于用户来说，同样的应用程序不需修改即可下载到不同 PAC 硬件系统中，用户只需根据系统功能需求和投资预算选择不同性能的 PAC 平台。这样，根据用户需求的迅速扩展和变化，用户系统和程序无需变化即可无缝移植。

PAC 操作系统采用通用实时操作系统，如 GE Fanuc 的 PAC Systems 系列产品即采用通用、成熟的 WindRiver 公司 VxWorks，PAC 系统硬件结构采用标准、通用嵌入式系统结构设计，这样其处理器可使用最新的高性能 CPU，如 PAC Systems 系列产品的 CPU 即采用 Pentium III 300/700MHz 处理器。

PAC 系统通常采用标准、开放的背板总线，如 PAC Systems 系列 RX7i 采用 VME64 总线；RX3i 采用 cPCI 总线，这两种总线是嵌入式控制领域中流行的总线标准，均可支持多 CPU 并行处理功能，且由于采用标准开放背板总线，PAC Systems 系列产品可支持大量第三方模块集成到 PAC Systems 产品中，如 CPU 模板、通信模板、I/O 模板等，体现了系统的开放性、优越性。例如，PAC Systems 系列可支持 2.1Gbit/s 的通信速率，使用光纤映射内存技术。

PAC 系统编程软件为统一平台，集成了多领域功能，如 Proficy Machine Edition 软件。数据点 Tags 使用统一数据库，且在一个工程中支持多个 PAC 目标编程，既适合过程控制系统的应用，也适合工厂生产线多设备统一编程。

PLC 基于专有技术建立，而 PAC 的软件和硬件由于采用标准通用部件，可使用 COTS 产品和技术，这样：①有助于确保系统的可靠性和可用性，因为可保证硬/软件迅速、方便地维护；②降低了系统价格、减少了停机时间，因为随时可得到现货；③提高了开放性、灵活性、可扩展性。

本书在不引起误解的情况下，PAC 和 PLC 可以混用。

3.1.6 PAC 与 PC Control 的区别

同样作为可利用先进计算机技术高性能控制系统，PAC 与 PC Control 也有着本质区别。PAC 使用实时操作系统，所有系统硬/软件功能控制由控制引擎和应用程序负责，是实时、确定性控制系统。PC Control 使用普通商业操作系统，系统控制功能属于操作系统任务的一部分，所有系统硬/软件功能控制属于操作系统的一部分，属于非实时、非确定性控制系统。

在可预见的未来几年内，开放型、标准化、可移植性等特征对于用户越来越重要，且由于对最新嵌入式系统和软件技术的快速融合，PAC 会逐步取代 PLC 成为控制系统的主流产品，将在广泛领域内给用户提供领先技术。

3.1.7 GE 智能平台自动化设备一览

GE 从事自动化产品的开发和生产已有数十年的历史，其产品包括在全世界已有数十万套安装业绩的 PLC 系统，包括 90-30、90-70、Versamax 系列等。近年来，GE 在世界上率先推出 PAC 系统，作为新一代控制系统，PAC 系统以其优越的性能和先进性引导着自动化产品的发展方向。如图 3-1 所示。

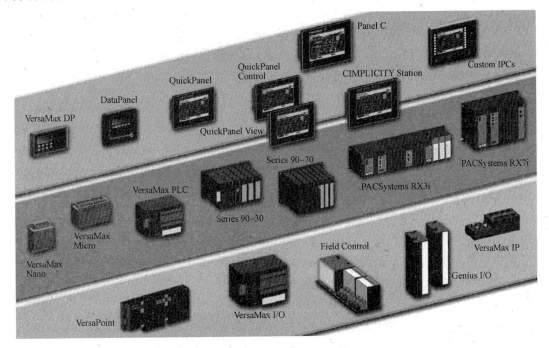

图 3-1   GE 智能平台自动化设备一览

3.1.8   PAC Systems 解决方案

GE 智能平台（intelligence platform，IP）的 PAC Systems 系列，是定位于工业领域的 PAC 产品。对于不同硬件平台，PAC 系统提供了一个通用的控制引擎和编程软件，使用户在选择硬件系统时具有一定的灵活性。

GE IP 的 PAC Systems 产品系列，作为世界上第一代 PAC 产品，2004 年曾荣获三项国际公认权威业界出版物颁发的创新大奖。PAC Systems 以一个基于标准嵌入式商品化运行系统架构的控制引擎为特征，使引擎对多种平台都十分轻便灵活，并使用户可选择适合特殊应用的硬件和编程语言。系统通过标准通信机制如以太网、Profibus、DeviceNet 和智能网支持分布式 I/O。

PAC Systems 编程开发使用 Proficy Machine Edition（PME）软件。这个开发软件为开发、配置和诊断提供了统一、通用的工程开发环境。用户可通过基于 Windows 的软件开发控制软件，把它应用到控制系统中。它具有标记式开发语言、可重用代码库和用于改善在线故障分析的测试编辑环境。

PAC Systems 系列常用中高端产品有 RX3i 和 RX7i 两个系列。其中 RX7i 为 90-70 的升级产品，RX3i 为 90-30 的升级产品。2012 年又发布了 RXi 系列。

高性能 RX7i 于 2003 年 4 月面世。它拥有 4 倍于已有 PLC 底板的速度和 10MB 可用来编程和文件存储的内存。RX7i 基于 VME64，支持各种标准 VME 模块（包括 90-70 系列 I/O 和多 CPU 结构，可进行并行运算处理），包含嵌入式系统技术，使用 Pentium III 300 或 700MHz CPU，内置 PMC 子板的 10/100MHz 以太网卡，并通过光纤影像内存技术支持冗余系统。

RX3i 于 2004 年面世，使用 PCI 总线底板，支持高速 PCI 数据传输速率。支持标准底板使第三方可方便地开发 I/O、通信、动作控制、可视和其他模块。第三方可购买一个开发工具箱来修改配合 RX3i 使用的标准 PCI 总线卡。RX3i 底板也可匹配 90-30 系列 I/O 模块。RX3i 模块使用 Pentium III 处理器。

本书主要针对 PAC Systems RX3i 进行介绍。

3.2　PAC Systems RX3i 硬件

同 PAC Systems 家族的其他成员一样，PAC Systems RX3i 拥有一个单一的控制引擎和一个统一的编程环境，能够在多种硬件平台方便地应用，并提供控制选择的真正融合。与 PAC Systems RX7i 拥有同样的控制引擎，这个全新的 PAC Systems RX3i 控制器以更简洁、低成本的组合提供了高水平的自动化功能。PAC Systems 轻便的控制引擎能在多个不同的平台都有出色的表现，使 OEM 和最终用户都能从众多应用选择方案中找到最适合他们需要的控制系统硬件。PAC Systems RX3i 的外形示意如图 3-2 所示。

图 3-2　PAC Systems RX3i 的外形示意图

PAC Systems RX3i 的性能如下。

（1）高速处理器和专利技术使得从输入到输出的时间更快，避免了信息瓶颈。

（2）每个模块插槽都有双重背板总线支持：高速度，基于 PCI，提供全新的改进版 I/O 的快速产出，背板 PCI 总线速率：27MB/s=216Mbit/s。

（3）拥有将现存的系列 90-30I/O 轻松升级的串行背板：赛扬（Pentium III 处理器）300MHz 的 CPU，支持高级编程和高性能，10MB 用户编程内存、10MB 闪存（用于程序永久存储），5MW 的中间寄存器。

（4）能在控制器中存储逻辑文本和机器文本（Word、Excel、PDF、CAD 等其他文件），减少停机时间并改善故障检测过程。

（5）开放的通信功能，包括对 Ethernet、Profibus、DeviceNet、Genius 网络和串行通信的支持。

（6）支持高密度的离散 I/O 模块，通用模拟量模块（每个通道都可以组态成热电偶、热电阻、应变片、电压和电流），隔离模拟量模块、高密度模拟量模块、高速计数器以及运动模块。

（7）扩展的 I/O 模块新增了更快速的输入/输出处理、高级诊断以及多种可配置的中断功能。

（8）对于新的模块和升级模块都有热插拔功能。

（9）I/O 模块的隔离 24V DC 端子以及接地棒能简化用户配线。支持 32Kb DI、32Kb DO、32KW AI、32KW AO；CPU 支持中文变量名、中文注释下载和上传、文档存储（ME5.5 支持）。

（10）支持多种编程语言：梯形图、C 语言（效率为梯形图的 6～10 倍，32 位 C 语言）、FBD 功能块图（DCS）用户定义功能块、ST 结构化文本指令表、符号变量编程、以太网编程（易于进行远程编程和维护，可在异地对 RX3i 进行编程和修改）。

Rx3i 控制系统结构图如图 3-3 所示。

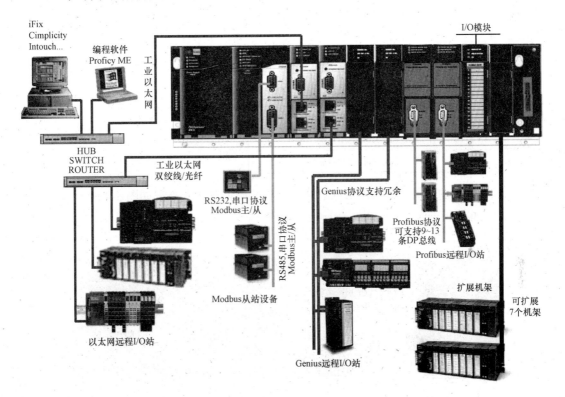

图 3-3　Rx3i 控制系统结构图

需要了解更多有关 RX3i 产品的信息，可以参阅下列 PDF 手册，如表 3-1 所示。

表 3-1　　　　　　　　　　参 考 手 册 列 表

名　　称	代码	发布时间	语言种类
PAC Systems RX3i 系统手册	GFK-2314-CN	2004 年 6 月	中文
PAC Systems RX3i System Manual	GFK-2314 C	2005 年 10 月	英文
RX3i Module Workshop	GFS-356 A	2005 年 3 月	英文

续表

名　称	代码	发布时间	语言种类
PAC Systems CPU 参考手册	GFK-2222B-CN	2005 年 4 月	中文
PAC Systems CPU Reference Manual	GFK-2222 K	2007 年 11 月	英文
PAC System 的 TCP/IP 以太网通信	GFK-2224 H	2008 年 11 月	英文
PAC Systems 站管理用户手册	GFK-2225E	2007 年 8 月	英文

需要说明的是，如果 GE 的各种语言资料在内容上有出入，以最新英文版为准。

3.2.1　PAC Systems RX3i 的背板

背板（backplane），又称母板（motherboard）、主板（mainboard）、导轨（rail）、导槽（slot），在 RX3i 中也称为机架（frame，framework，rack）。适用于 PAC Systems RX3i 的通用背板如表 3-2 所示。

表 3-2　　　　　　　　　　　　PAC Systems RX3i 的通用背板

序号	名　称	目　录　号
1	RX3i 16-Slot 通用背板	IC695CHS016
2	RX3i 12-Slot 通用背板	IC695CHS012

本章以 12 槽的通用背板（IC695CHS012）为基础说明，其外形如图 3-4 所示。

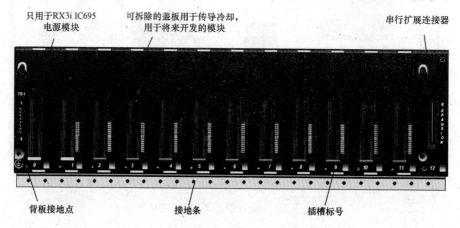

图 3-4　12 槽的通用背板（IC695CHS012）

RX3i 的通用背板正面图尺寸和间距如图 3-5 所示。

注意：12 槽 RX3i 通用背板的固定孔和 10 槽 Series90-30 背板固定孔精确相符，方便升级。

侧面尺寸（模块门关闭时的尺寸，不包括电缆和连接器所要求的额外深度）如图 3-6 所示。

通用背板的特征如下：

（1）左侧末端的接线条用于将来的风扇连接和隔离+24V 电压输入。

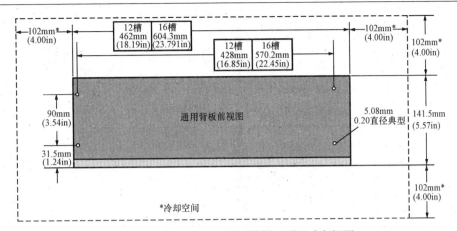

图 3-5　IC695CHS012 通用背板正面尺寸和间距

（2）可拆卸的封盖可以提供模块传导制冷（用于未来）。

（3）串行扩展连接器用于连接串行扩展和远程背板。

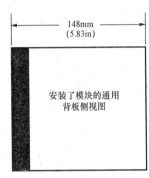

（4）插槽标号印在背板上，用于供 PME 的配置参考。绝大多数的模块占用一个插槽，一些模块例如 CPU 模块以及交流电源，两倍宽，占用两个插槽。

如果模块数量超过通用背板所能提供的数量或者一些模块必须安装在其他区域，那么必须在通用背板的最后一个插槽安装一个 RX3i 串行总线传输模块（IC695LRE001），从该模块引出的电缆能将附加的串行扩展（图 3-7 为 5 槽版本的 IC694CHS398）或远程背板连接到 RX3i 系统。PAC Systems RX3i 的扩展背板见表 3-3。

图 3-6　IC695CHS012 通用
背板侧面尺寸和间距

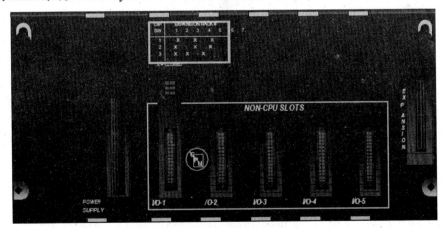

图 3-7　RX3i 5 槽串行扩展背板 IC694CHS398

表 3-3　　　　　　　　　　　PAC Systems RX3i 的扩展背板

序号	名　称	目　录　号
1	RX3i 10 槽串行扩展背板	IC694CHS392
2	RX3i 5 槽串行扩展背板	IC694CHS398
3	Series 90-30 10 槽扩展背板	IC693CHS392

序号	名　　称	目　录　号
4	Series 90-30 5 槽扩展背板	IC693CHS398
5	Series 90-30 10 槽远程扩展背板	IC693CHS393
6	Series 90-30 5 槽远程扩展背板	IC693CHS399

RX3i 的串行背板正面图尺寸和间距如图 3-8 所示。

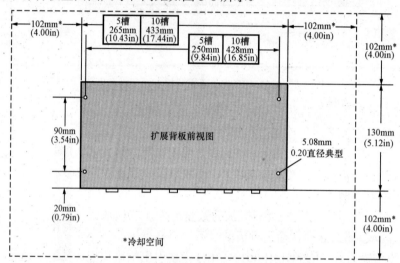

图 3-8　IC694CHS398 串行背板正面尺寸和间距

图 3-9　IC694CHS398
串行背板侧面尺寸和间距

侧面尺寸（模块门关闭时的尺寸，不包括电缆和连接器所要求的额外深度）如图 3-9 所示。

RX3i 通用背板是双总线背板，既支持 PCI 总线的（IC695），也支持串行总线的（IC694）的 I/O 和可选智能模块，还支持 90-30 I/O 及可选智能模块。所支持的模块见 PAC Systems RX3i System Manual（GFK-2314C 的 PDF 文档）。RX3i 模块（IC695 目录号）可以通过背板的 PCI 的总线进行通信。RX3i 模块（IC694 目录号）以及系列 90-30 模块（IC693 目录号）可以通过背板的串行总线进行通信。

RX3i 系统中可以包括高达 7 个 RX3i 串行扩展背板和/或系列 90-30 扩展/远程背板的组合。RX3i 串行扩展背板可以是 5 个 I/O 插槽（IC694CHS398，如图 3-7 所示）或者 10 个 I/O 插槽（IC694CHS392）。

（1）RX3i 串行扩展背板最左边的模块必须是如表 3-4 所示的串行扩展电源。

表 3-4　　　　　　　　　　　　　　　　　RX3i 串行扩展电源

目录号	名　　称	描　　述
IC694PWR321	串行扩展电源	120/240V AC，125V DC
IC694PWR330		120/240V AC，125V DC，高容量
IC694PWR331		24V DC，高容量

（2）在扩展背板中，模块的热拔插是不允许的。

（3）每个扩展模块都有一个机架号选择 DIP 开关，它必须在模块安装之前设置，表 3-5 有说明。

（4）每个扩展背板的右侧末端都有一个用于连接可选扩展电缆的总线扩展连接器。扩展背板与通用背板互连的电缆不超过 15m。

图 3-10 是一个背板连接示意图。

（1）如果系统只包含扩展背板，从 CPU 到最后一个背板的总距离不能超过 15m。

（2）如果系统包含任何远程背板，从 CPU 到最后一个背板的总距离不能超过 213m。

远程背板可以跨越很长距离提供和扩展背板相同的功能。当背板间相互距离很远或者不能共享相同的接地系统时，远程背板有极佳的隔离电路降低不平衡接地的影响。

CPU 和远程背板的通信时间可能比 CPU 和扩展背板的通信时间略长一些。这种延迟和 CPU 的总扫描时间相比通常比较小。

一个通用背板和一个扩展背板或者远程背板就可以组成一个扩展系统。

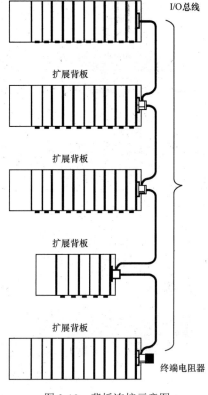

图 3-10　背板连接示意图

如图 3-11 所示的例子中包含了一个通用背板 IC695CHS012 和一个扩展背板 IC694CHS392。每个背板都有一个 DC 电源，它们总共能支持 19 个离散、模拟和特殊模块。这些背板间的电缆距离是 15m。它们是被一条具有内置终端电阻的扩展电缆 IC693CBL302 连接的。如果第二个背板的安装位置和通用背板的距离超过 15m，则可以采用一个 Series 90-30 远程背板配合一个自定长度的电缆和外置终端电阻。

对于使用多个扩展和远程背板，图 3-12 所示的两个系统示例是相似的，区别在于背板间的距离不同。图 3-12（a）包括两个 RX3i 扩展背板和一个 Series 90-30 扩展背板。这些扩展背板可以是 RX3i（IC694）和 Series 90-30（IC693）扩展背板的任意组合。系统中的 I/O 模块可以是任何 RX3i 和 Series 90-30 模块的组合。两个背板安装的距离必须超过扩展系统所限制的 15m。在这些位置使用了两个 Series 90-30 远程背板。两个系统示例中的其他特征是相同的，包括 I/O 模块。

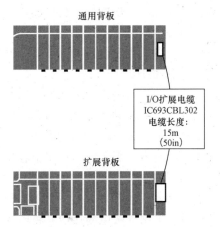

图 3-11　带有一个扩展或者远程背板的扩展系统示例

除以上所述外，在安装这些背板时，还需要注意以下几点。

1. 系统布局

一个好的布局可以将系统操作人员触电的可能性降到最低，使维护技师能够轻易地进行组件测算、装载软件、检测指示灯、移动或更换模块等，进行故障排除时易于查线和定位组件。另外，良好的系统布局促进散热并帮助消除来自系统的电子干扰，而过度的发热和干扰是电子元件故障的两个主要原因。

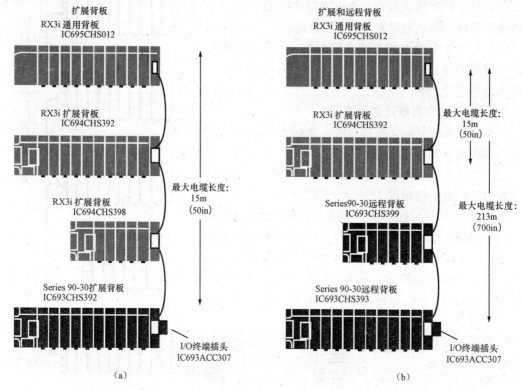

图 3-12 使用多个扩展和远程背板示例

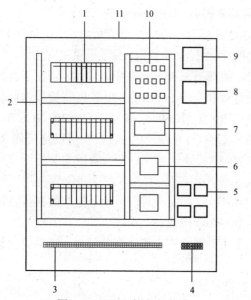

图 3-13 RX3i 的参考布局

1—RX3i；2—走线槽（线路管道）；3—现场设备接线端子排；
4—电动机接线端子排；5—电动机启动器；6—电路板；7—电源；
8—控制变压器；9—熔断器或者断路器；
10—控制继电器；11—保护柜

（1）使 RX3i 设备远离严重发热的其他组件，如变压器、电源或电阻。

（2）使 RX3i 设备远离产生电子干扰的组件，如继电器和接触器。

（3）使 RX3i 设备远离高电压的组件和线路，如断路器、熔断器、变压器、电动机配线等。

（4）将设备放置于合理的高度，方便技师进行设备维护。

（5）敏感的输入线路应远离具有电子干扰的线路，如离散输出和 AC 线路。如果对 I/O 模块进行分组，使输出模块和敏感的输入模块分开，那么这一点将很容易做到。

（6）所有模拟量模块，包括 RTD 和热电偶模块，采用屏蔽电缆接线并将电缆一端屏蔽接地（在源极）。

参考布局如图 3-13 所示。

一般认为，RX3i 系统及其组件都是开放的设备（有一些用户容易触及的带电部分），所以必须安装在具有保护性的柜里或者集成在其他装配组件中以保证安全。要求柜子或装配组件能够提供一定程度的保护。这将等同于一个 NEMA/UL Type1 柜子或者 IP20 防护等级（IEC 60529）。

当 RX3i 安装在欧洲标准 Class 1 Zone 2 指定的区域，应依照 ATEX 标准要求设置具有更高保护度的柜子。

柜子必须能使安装在其内部的所有组件充分散热，使任何组件都不会过热。散热性能也是一个决定是否需要柜体冷却选件的因素，如风扇和空调。在 RX3i 背板的所有侧面至少要留下 4in（102mm）的间隙以保证冷却。是否需要额外的间隙取决于设备运转时产生的热量。

例如，大学计划项目配备的 RX3i 背板的整体图如图 3-14 所示，又叫作 Demo 箱。

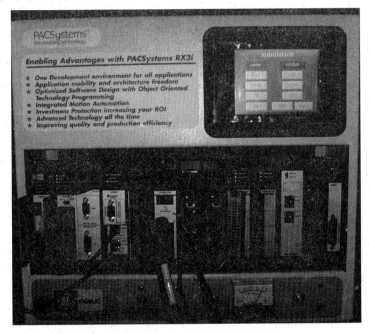

图 3-14　RX3i 背板的整体图

2. 接线标记

所有接线要标注记号（不论是通向 I/O 设备还是从 I/O 设备引出的配线），应将所有线路的识别号码或其他有关数据记录到插入模块面板门内的标签上。

3. 接线颜色

各国工业设备生产商都广泛采用彩色导线（色标），在实际使用中这种颜色标记可能和企业自身的规范或者国家标准不符，此时可以按照自身的需求来标记，但要做好记录。除了安全规范的要求，色标线还可以使调试和故障排除更加安全、高效并且容易。美国的颜色标记如下。

（1）绿色或者绿色条纹——地线。

（2）黑色——主要交流电。

（3）红色——次极交流电。

（4）蓝色——直流电。

（5）白色——公共或者零序线。

（6）黄色——不由主电源断开控制的第二电源。提醒维护人员即使设备和其主电源断开连接也有可能带电（来源于外部电源）。

4. 布线线路

为了降低 PLC 线路间的干扰耦合，有电子干扰的配线比如交流电源线和离散输出模块线路）应该远离低电平的信号线（如直流电源线和模拟输入模块线路或者通信电缆）。

实际应用场合，可以分为以下的几种线路。

（1）交流电源线：主要包括提供 PLC 电源的交流输入线路和控制柜上的其他交流设备。

（2）模拟输入或者输出模块线路：这些线路应该屏蔽起来，以更好地降低干扰耦合。

（3）离散输出模块线路：这些线路经常开关电感负载，当它们被切断时会产生干扰脉冲。

（4）直流输入模块线路：虽然从内部抑制了干扰，实际操作中还应该留心这些低电平的输入线路，避免其受到干扰。

（5）通信电缆：通信电缆如 Genius 总线或者串行电缆应该远离产生干扰的线路。

（6）模块分组以保证线路隔离：如果在实际操作中可行，将相似的模块在背板上安装在一起会有助于线路的隔离。例如，一个背板上只包含 AC 模块，同时另一个背板只包含 DC 模块，还可以进一步按输入和输出类型分组。

如果交流或者输出线捆须通过距离干扰敏感的线捆很近的地方，则应避免它们在一个方向上并行。如果需要交叉，也应使它们形成一个合适的角度，最大限度地降低它们之间的耦合。

5. 接地的问题

控制系统及其控制的设备的所有组件都必须有良好的接地。

（1）系统所有部分和接地间有一条低电阻的通路，能最大限度地降低由于短路或者设备故障造成触电事故的可能性。

（2）RX3i 系统需要良好的接地以保证正常运转。

（3）PLC 系统上所有的背板集合在一起必须有一个共同的接地。当背板不安装在相同的控制柜时，这一点尤其重要。

（4）除了注意系统接地接线、流程，还必须定期检查接地，以使系统保持良好的接地。

PLC 设备、其他控制设备和机器应相互连接，以保证有一个共同的接地参照电动势，这也叫作机器底盘接地。接地导体必须连成树形，所有分支都通向一个中心接地点。这能保证接地导体不会携带从其他分支传来的电流。接地示意图如图 3-15 所示。

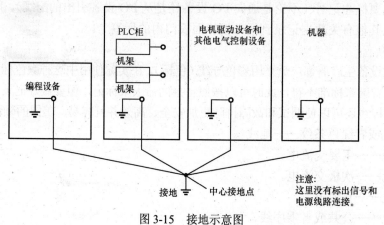

图 3-15　接地示意图

从系统所有部件到地面的一条低电感线路，可以将电磁发散最小化并提高其抗电磁干扰的能力。接地导体的尺寸应该尽量短、尽量粗。扎成麻花状的导体带子（推荐最大长宽比为10:1）或者接地电缆［典型的带黄色条纹的绿色绝缘线 AWG#12（3.3mm^2）或者更大尺寸］能将阻抗降到最低。导体必须始终足够大以传导设想到的最大短路电流。

背板的金属背底必须采用一个独立的导体接地（背板的固定螺钉不能提供足够的接地性能）。使用至少 AWG 12（3.3mm^2）的电线配合环形接线端和星形固定垫圈。使用机械螺钉、星形固定垫圈和平垫圈将这条地线的另一端连接到安装面板的一个螺纹孔上。此外，如果安装板有一个接地螺栓，可使用一个螺母和星形垫圈将每根接地线接到接地螺栓上，以保证足够的接地。如果用一个染色的接线板连接，应擦去颜料，这样干净裸露的金属可以暴露在连接点上。端子和硬件的使用必须在板材料上操作。如图 3-16 所示。

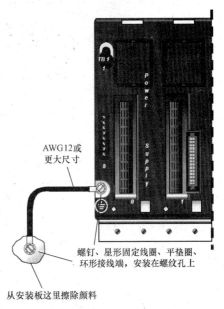

图 3-16 背板接地点

为了正确操作，运行 PLC 软件的计算机（编程器）必须和 CPU 有共同的接地。一般情况下，这种共同的接地连接是将编程器的电源线连接到和背板相同的电源上（具有相同的接地参照点）。如果编程器的接地和 PLC 的接地电动势不同，就存在触电的危险。另外，如果编程器和 PLC 通过串行电缆连接，则端口有可能被损坏。

一般情况下，使用铝质的 PLC 背板作为屏蔽接地。在一些模块上，连接到模块上用户端口连接器上的屏蔽接地是通过模块背板连接器连通的（如图 3-17 所示）。在其他模块上（如DSM314）需要一个独立的屏蔽接地（参见 PAC Systems RX3i System Manual，GFK-2314C 的 PDF 文档，P416～P418 或者 14-28～13-30）。

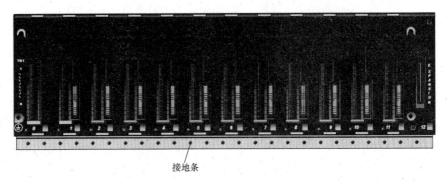

图 3-17 屏蔽接地的接地条

安装在通用背板上的模块，可以使用 M3 规格的螺钉连接屏蔽接地和背板底部的接地条。推荐的最大扭矩是 0.452N·m。

6. 背板的固定

（1）通用背板。使用 4 个优质的 8-32×1/2（4×12mm）机械螺钉/固定垫圈和平垫圈来固定一个通用背板。将螺钉装入 4 个固定孔，如图 3-18 所示。

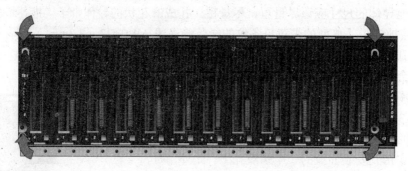

图 3-18　通用背板固定

首选垂直安装，有助于最大限度地散热。

1）IC695 电源模块可以安装在任何插槽中。DC 电源 IC695PSD040 安装在插槽 1 中。AC 电源 IC695PSA040 安装在 2 个插槽中。RX3i（IC694）和系列 90-30（IC693）电源不能安装在通用背板上。

2）RX3i CPU 模块可以安装在除了扩展插槽以外的任何插槽。CPU 模块占 2 个插槽。

3）I/O 和选择模块可以安装在任何可用的插槽（除了插槽 0 和扩展插槽），其中插槽 0 只能插 IC695 电源。每个 I/O 插槽有两个接口，所以无论是 RX3i PCI 总线的模块还是串行总线模块都能安装在任何 I/O 插槽上。

4）最右边的插槽是扩展插槽。只有串行总线传输模块 IC695LRE001 才能安装在上面。

5）通用背板接线端子（TB1）：通用背板左侧边缘的端子 1 到端子 6 是保留供外部风扇使用的，如图 3-19 所示。

RX3i PCI 电源不通过背板提供隔离的+24V 输出电源。如果需要隔离+24V DC 的模块安装在一个扩展背板上，则不需要外部的隔离+24V 电源。端子 7 和端子 8 可以用一根尺寸为 AWG22（$0.33mm^2$）～AWG14（$2.1mm^2$）的电线来连接外部的隔离+24V DC 电源，某些 IC693 和 IC694 模块需要这样的电源（本章中模块负载需求表中列举了这些模块）。

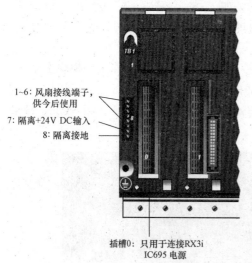

1~6：风扇接线端子，
供今后使用

7：隔离+24V DC 输入

8：隔离接地

插槽0：只用于连接RX3i
IC695 电源

图 3-19　通用背板接线端子（TB1）

（2）扩展背板。使用 4 个优质的 8-32×1/2（4×12mm）机械螺钉、固定垫圈和平垫圈来固定一个扩展背板。将螺钉装入 4 个固定孔，如图 3-20。

1）设定机架号的 DIP 开关。每个背板都有一个唯一的号码来标示，这个号码叫机架号。机架号 0 总是自动地分配给 CPU 所在的背板。在同一个系统中，机架号不能重复。背板不需要连续编号，但考虑到总体的连贯性，机架号不宜跳跃编制。扩展背板和远程背板的机架号使用背板上的 DIP 开关进行设置。表 3-5 列出了 DIP 开关的选用方法。

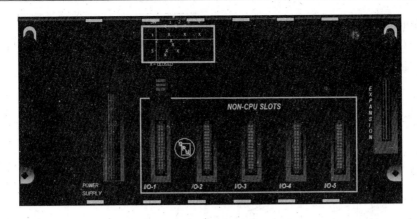

图 3-20 扩展背板固定

表 3-5 DIP 开关选用方法

DIP 开关	机架号						
	1	2	3	4	5	6	7
1	开	关	开	关	开	关	开
2	关	开	开	关	关	开	开
3	关	关	关	开	开	开	开

例如，图 3-21 的开关设置选择了机架号 2。

注意：请不要用铅笔来拨开关，铅笔上的石墨有可能损伤开关。

2）推荐的扩展背板安装方向。对于扩展和远程背板，电源的额定负载由背板安装的位置和周围的温度决定。垂直安装在面板上的扩展背板（如图 3-22 所示），其负载额定在 60℃是满载。

图 3-21 选择机架号示意

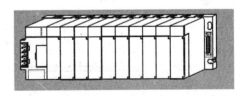

图 3-22 机架的垂直安装

水平安装的背板（如图 3-23 所示）的电源负载额定应是：25℃为满载；60℃为满载的 50%。

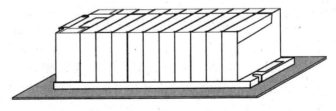

图 3-23 机架的水平安装

3）将背板安装在一个 19in（483mm）的架子上。扩展背板也可以采用一个安装托架固定在一个 19in（483mm）的架子上，如图 3-24 所示。

IC693ACC308 前安装适配托架可以用来将一个 12 槽通用背板（IC695CHS012）或者一个 10 槽扩展背板（IC694CHS392）安装到 19in（483mm）机架的正面。

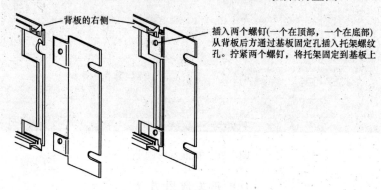

图 3-24 前安装适配托架

安装适配托架时，将适配托架上方和下方的翼片插入塑料背板盖上方、下方相应的插槽中。在安装托架时不必拆下背板盖。当托架到位后，通过背板背后的孔将两个螺钉插入托架的螺纹孔，并将它们拧紧。使用前安装适配托架将一个背板安装到机架上，其尺寸如图 3-25 所示。

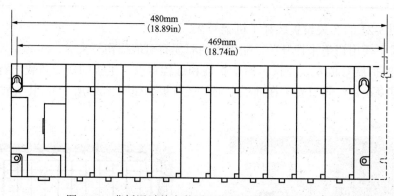

图 3-25 背板通过前安装适配托架安装到机架尺寸图

IC693ACC313 凹槽安装适配托架可以用来将一个 10 槽扩展背板安装到一个 19in（483mm）机架上，如图 3-26 所示。

注意：这种托架不能用来安装通用背板。

使用 4 个优质的 8-32（4mm）机械螺钉、螺母、固定垫圈和平垫圈将扩展背板安装到这种适配托架后面板上。使用合适的硬件（推荐使用固定垫圈）通过适配托架的 4 个槽形孔将其固定在 19in（483mm）机架的前面。

托架安装的扩展背板的接地：如果采用适配托架将扩展背板固定到 19in（483mm）机架上，机架要有良好的接地。另外，背板的接地必须使用从 PLC 背板中引出的独立地线。

①对于凹槽安装适配托架（IC693ACC313），地线可以安装在凹槽安装适配托架上的地，还需要安装一条地线连接托架和可靠的底盘地。

②对于前安装托架（IC693ACC308），地线必须从背板引到机架上的可靠底盘地上。

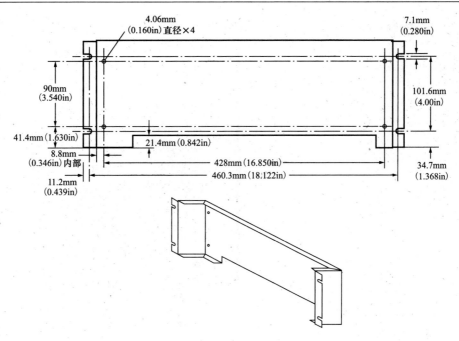

图 3-26　凹槽安装适配托架

7. 背板上面模块的安装和移除

通用背板上的模块可以在系统通电时安装或者移除。这包括背板电源和供给模块的现场电源。对于支持热插入的产品，模块必须合理地插入插槽（所有的插脚必须在 2s 内和卡锁连接。移除时，模块必须在 2s 内和插槽完全分离。在插入和移除过程中，模块不能处于部分插入的状态。插入和移除模块至少要有 2s 的时间间隔）。不要将模块插入或移除处于通电状态下的 RX3i 串行扩展背板或系列 90-30 扩展背板，这可能引起 PLC 停止工作或者故障，也可能造成人身伤害或者模块和背板的损坏。注意，CPU IC695CPU310 不能热插拔，在安装或者移除 CPU 前系统必须断电。如果 PLC 处于 RUN 模式，当电源被移除时，从背板输入/输出的 I/O 数据将不会更新。

许多 PAC Systems RX3i I/O 模块具有可拆卸的前端接线端子板。这种模块都有一个可插入门的标签，并且在标签背后印有模块接线图（如图 3-27 所示）。标签前面有彩色条纹，标志着模块的类型，其余地方则可以用来记录模块的输入/输出识别信息。这种接线板有完全铰链的门，可以向左或向右打开以连接线路（如图 3-28 所示）。

32 点的输入/输出模块，在模块前面有两个 20 针的连接器接口。对于大部分 RX3i I/O 模块，接线是接到模块的可拆卸接线端子板上的。每个模块的详细接线信息打印在插在模块前门中的标签上。螺钉端子可以接两根 AWG22（$0.36mm^2$）～AWG16（$1.3mm^2$）电线，或者一根 AWG14（$2.1mm^2$）铜 90℃线。每个端子能接单股或者多股的电线，但接入任何特定端子的电线必须是同一类型（都是单股的或都是多股的）以保证良好的连接。电线是通过接线端子板底部的孔进出端子块的。I/O 端口接线板的连接螺钉的推荐扭矩是 $1.1～1.3N\cdot m$。配线完成后，电线必须捆扎并固定在模块底部。

即使背板的电源关闭，模块的螺钉端子也可能有潜在危险电压。务必小心处理模块的可拆卸接线端子板和连接到上面的线路。安装模块（如图 3-29 所示）时，应注意以下几点：

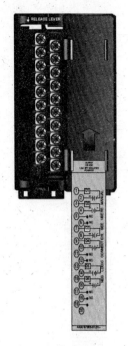

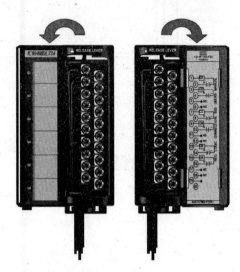

（1）确定模块的目录号符合该槽的配置。

（2）紧紧抓住模块，将其和正确的插槽和连接器对齐。

（3）将模块背后的支点钓钩与背板顶部的凹槽 1 接合。

图 3-27　模块上面都有标签　　　　　　　　图 3-28　模块门可以左右开

（4）向下旋转模块 2 直到模块的接口和背板的接口接合，然后使模块底部的解锁手柄咬合底部的模块固定器 3。

（5）查看模块，保证已恰当安装模块。

移除模块（如图 3-30 所示）时，应注意以下几点：

（1）找到模块底部的解锁手柄，用力向模块的方向压住手柄 1。有两个解锁手柄的宽模块必须同时压住两个手柄。

（2）握紧模块并将解锁手柄完全压住，向上旋转模块直到其接口和背板 2 分离。

（3）提起模块，将其和背板分开，并分开支点钓钩。

图 3-29　背板上面模块的安装　　　　　　　图 3-30　背板上面模块的移除

如果要安装或者移除模块的接线端子板组件（如图 3-31 所示），应确保端子板组件门上标签上的模块订货号和模块旁边的标签上的订货号相一致。如果连有线路的接线板安装在错误的模块上，则系统通电时模块有可能损坏。安装接线端子板时，应注意以下几点。

（1）将接线端子板底部的转轴挂钩插入模块底部的插槽。

（2）将接线端子板向上旋转啮合连接器。

（3）将接线端子板压向模块，直到解锁手柄咬合到位。检查并确保接线端子板已被牢固装入。

移除端口接线板（如图 3-32 所示）时，应注意以下几点。

（1）打开接线端子板门。

（2）向上按解锁手柄以解开端子板锁卡。

（3）向外拽接线端子板直到它和模块分离，并分开底部的转轴挂钩。

图 3-31　安装或者移除模块的接线端子板组件

图 3-32　移除端口接线板

移除接线端子板外壳（如图 3-33 所示）时，应抓住接线端子板外壳的侧面，向下拉接线端子板的底部。

安装接线端子板外壳时，将接线端子板的上部和外壳的底部对齐，确定接线端子板上的切口和外壳上的凹槽相符，让接线端子板向上滑动直至卡到位。

8．插槽

通用背板最左侧的插槽是插槽 0。只有 IC695 电源的背板连接器可以插在插槽 0 上（注意：IC695 电源可以装在任何插槽内）。直流电源 IC695PSD040 占用一个插槽，交流电 IC695PSA040 占用两个插槽。RX3i（IC694）和系列 90-30（IC693）电源不能安装在通用背板上。绝大多数的模块占用一个插槽，一些模块如 CPU 模块及交流电源，两倍宽，占用两个插槽。RX3i CPU 模块除了扩展插槽外，还可以安装在背板的任何地方。CPU 模块占用两个插槽。然而两个插槽宽的模块的连接器在模块底部右边，如 CPU310，可以插入插槽

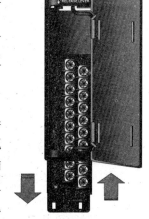

图 3-33　安装或者移除
接线端子板外壳

1 连接器并盖住插槽 0。配置以及用户逻辑应用软件中的槽号参照 CPU 占据插槽的左边插槽的槽号。例如，如果 CPU 模块装在插槽 1，而插槽 0 同样被模块占据，考虑配置和逻辑，CPU 就被认为是插入插槽 0。

从插槽 1 到插槽 11，每槽有两个连接器，一个用于 RX3i PCI 总线，另一个用于 RX3i 串行总线。每个插槽可以接受任何类型的兼容模块：IC695 电源、IC695CPU、IC695、IC694 及 IC693 I/O 或选项模块。如图 3-34 所示。

扩展插槽 12 如图 3-35 所示（16 槽位的类似），通用背板上的最右侧的插槽有不同于其他插槽的连接器。它只能用于 RX3i 串行扩展模块（IC695LRE001），RX3i 双插槽模块不能占用该扩展插槽。

用于PCI Bus的连接器

用于串行总线的连接器

图 3-34　插槽 1 到 11

图 3-35　扩展插槽 12

一些插槽的安装示意图如图 3-36 所示。

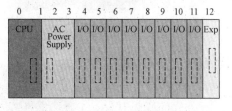

CPU在插槽0，电源在插槽2

无效：交流电源不能在插槽11

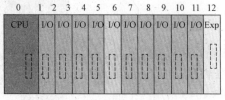

CPU在插槽0，电源在插槽6

无效：CPU模块不能在插槽11

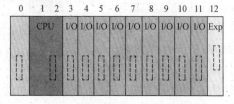

电源在插槽0，CPU在插槽1

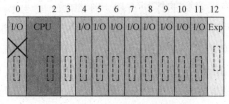

无效：只有电源可装在插槽0

图 3-36　插槽安装示意图

3.2.2　PAC Systems RX3i 的电源（POWER）

RX3i 的电源模块像 I/O 一样简单地插在背板上，并且能与任何标准型号 RX3i CPU 协同工作。每个电源模块具有自动电压适应功能，无需跳线选择不同的输入电压。电源模块具有限流功能，发生短路时，电源模块会自动关断来避免硬件损坏。RX3i 电源模块与 CPU 性能紧密结合能实现单机控制、失败安全和容错。其他的性能和安全特性还包括先进的诊断机制和内置智能开关熔丝。RX3i 可以使用的电源（如表 3-6 所示）有下面 3 种类型：必须用在 RX3i（IC695）通用背板中的 IC695 电源；必须用在 RX3i 串行扩展（IC694）背板中的 IC694 电源；必须用在 RX3i 串行扩展（IC693）背板中的 IC693 电源。

表 3-6　　　　　　　　　　　　　　　　　　RX3i 可以使用的电源

目录号	安装位置	类　　型	描　　述
IC695PSA040	通用背板	RX3i 电源	120/240V AC，125V DC，40W
IC695PSD040			24V DC，40W
IC694PWR321	串行扩展背板	RX3i 串行扩展电源	120/240V AC，125V DC
IC694PWR330			120/240V AC，125V DC，大容量
IC694PWR331			24V DC，大容量
IC693PWR321		扩展背板的 Series90-30 电源	120/240V AC，125V DC
IC693PWR330			120/240V AC，125V DC，大容量
IC693PWR331			24V DC，大容量

本节给出了前两种类型电源的综合描述。至于第三种类型的电源，读者可以参看 Series 90-30I/O 模块详述手册 GFK-0898，单独的电源详述将在后面列述。

IC695 电源具备+5.1V DC，+24V DC 继电器以及 3.3V DC 输出，这些在内部连接到背板上，模块所需的电压和功率通过背板连接器获取，如图 3-37 所示。

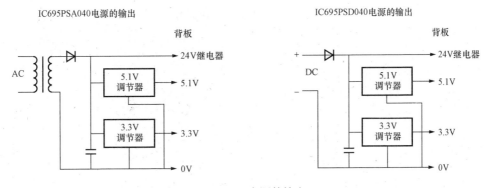

图 3-37　IC695 电源的输出

IC695 电源没有隔离的+24V DC 输出端。RX3i 通用背板提供用于连接外部隔离+24V DC 电源的外部输入端（TB1），前面有叙述。每个 IC695 电源提供最大 40W 的功率。

IC694 扩展电源有+5V DC，+24V DC 继电器和隔离的+24V DC 输出，这些都是在内部连接到背板上的。模块所需要的电压和功率是通过背板连接器获取的，如图 3-38 所示。

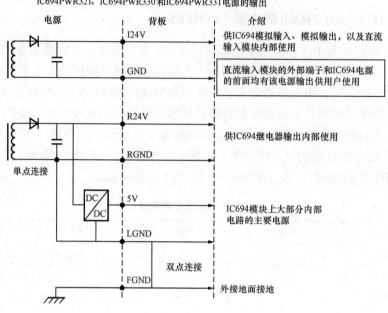

图 3-38　IC694 电源输出

　　IC694（扩展）电源提供最大 30W 的功率。然而 IC694PWR321 的+5V 电源输出功率限制为 15W。

　　电源的功率一定要超过背板上所有的硬件和外部负载的消耗之和，但同时它的输出功率不能超过其自身的供应能力。当模块增加到系统配置时，ME 软件会自动计算模块的功率消耗量。每个模块的最大负载和最大功率需求，可以参见 PAC Systems RX3i System Manual（GFK-2314C 的 PDF 文档，P75～P76 或者 4-5～4-6）。对于 I/O 模块，实际负载取决于在同一时间工作的点数。

　　表 3-7 给出了一个电源负载功率需求实例，供设计系统时参考。

表 3-7　　　　　　　　　　　　　　电源负载功率需求实例

目录号	模 块 说 明	+3.3V DC	+5.1V DC	+24V DC 继电器	+24V DC 孤立
IC695CPU310	300MHz CPU10 Meg 存储器	1250	1000	—	—
IC695CHS012	通用背板，12 槽	600	240	—	—
IC695ETM001	以太网模块	840	614	—	—
IC695LRE001	扩展模块	—	132	—	—
IC694ALG220	模拟输入，电压型，4 通道		27		98*
IC694ALG390	模拟输出 2 通道电压器		32	—	120*
IC694ALG442	模拟电流/电压 4Ch 输入/2Ch 输出		95		
IC694APU300	高速计数器	—	250		
IC694MDL340	120V AC 0.5A 16 点输出	—	315		
IC694MDL230	120V AC 隔离，8 点输入	—	60		
IC694MDL240	120V AC 16 点输入	—	90		

86

续表

目录号	模块说明	+3.3V DC	+5.1V DC	+24V DC 继电器	+24V DC 孤立*
IC694MDL930	继电器动合，4A 隔离，8 点输出（所有输出为 ON）	—	6	70	
IC694MDL931	继电器动断和 Form C 型，8A 隔离，8 点输出（所有输出为 ON）	—	6	110	
	总电流（A）	2.690	2.867	0.180	
	转换成功率	（×3.3V）	（×5.1V）	（×24V）	
	电源的能量损耗（W）	8.877	14.622	4.32	
	电源总的电量损耗（W）	8.877+14.622+4.32=27.817			

为了确定电源上的总负载，需要将每个模块和背板上的电流需求加起来。周围环境温度达到 32℃时，IC695PSA040 电源提供以下功率输出：总共最大 40W；最大 5.1V DC=30W；最大 3.3V DC=30W。

在这个例子中，电源 PSA040 满足所有的模块功率需求。由于通用背板和 IC695 电源不提供隔离的+24V DC，所以模拟模块 ALG220、ALG221、ALG222 还需要外加+24V DC 电源。

参见 PAC Systems RX3i System Manual（GFK-2314C 的 PDF 文档，P78～P79 或者 4-8～4-9）。

1 个通用背板上最多可以安装 4 个多功能电源以满足负载应用，这些组合电源可以提供：负载共享；电源模块冗余；电源冗余。

多功能电源可以应用于负载共享的应用程序，必须遵守以下规则：多用途电源供应器必须连接到同一电源上，以保证它们可以同时通、断电。每一个电源供应器前面板的开关键必须处于 ON 的位置上。

下面介绍电源的安装、接线。

安装电源时，要将电源模块安装在合适的插槽。除了 DC 电源 IC695PSD040 之外，所有 RX3i 电源模块都要占用两个插槽。通用电源（IC695）除了通用背板上槽号最高（最右边）的插槽外，可以安装在通用背板上的其他任何插槽。扩展电源模块（IC694）必须安装在扩展背板的电源插槽（最左边）中。

安装后，用在模块底部的三根线栓来固定电源线和接地线。

对于所有的电源，如果用同一个电源给系统的两个或者更多的电源模块供电，则连接时要确保每个电源的极性相同，否则产生的不同电位会导致人员设备的损伤。此外，每个背板必须连到一个共用的系统接地。

对于 IC695 电源，每个端子可以接一根 AWG14（2.1mm^2）～AWG22（0.33mm^2）的电线，每根电线的末端清除掉 0.375in（9mm）～0.433in（11mm），安装示意图如图 3-39 所示。

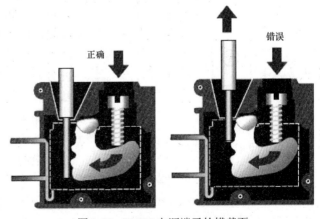

图 3-39　IC695 电源端子的横截面

对于 IC694 电源，每个端子可以接一根 AWG14（2.1mm²）或者两根 AWG16（1.3mm²）75℃的铜线。建议加到电源端子的扭矩是 1.36N·m。每个端子可以接单股线或多股线。任何端子中的两条线都应该型号相同。如图 3-40 所示。

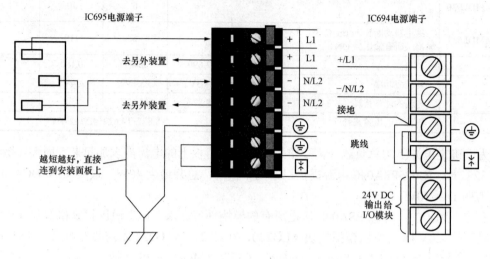

图 3-40　电源模块接线

对于扩展（IC694）电源，电源模块底部的两个端子可以提供扩展背板的隔离+24V DC 输出，用于某些 IC694 模块的输入回路供电。

如果隔离的 24V DC 电源过载或者短路，PLC 将停止运行。

如果是交流电源的连接，只需要将交流电源的相线和中性线或者 L1 和 L2 线连接到电源模块上正确的端子即可。

如果是直流电源的连接，则所有的 RX3i 电源模块均可采用直流电源供电。将来自直流电源的正、负线接到电源模块上正确的端子。这种连接只对直流电源有用。

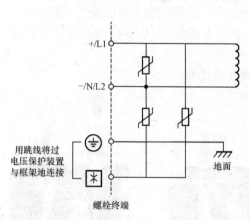

图 3-41　外部过电压保护图

接地：将安全地线连到标有接地标记的端子。

外部过电压保护：电源模块上的接地和金属氧化物变阻器（MOV）端子通常是由一个用户安装的跳线连接在一起接到框架地，如图 3-41 所示。如果过电压保护不需要或者上游已提供该保护时，则不需要跳线。在电源系统为中性点不接地系统（中性线不参照保护接地）系统中，跳线一定不能安装。此外，在此系统中，在 L1 和接地之间、L2（中性线）和接地之间必须安装电压浪涌保护装置。

如果一个交流电源安装在一个中性线不参照保护接地的系统中，则必须遵循特殊的安装指导来防止对电源的损坏。中性点不接地系统是指中性线和保护接地线没有通过可忽略阻抗的导体连接在一起的电源系统，在欧洲叫作 IT 系统（见 IEC 950）。在中性点不接地系统中，输入端和接地保护线之间的电压有可能超过电源的最大输入电压 264V。如图 3-42 所示。

中性点不接地系统的安装方法如下。

（1）输入电源端子要按之前所示的方法接好线。

（2）对于 IC695 电源，在端子 5 或端子 6 与端子 7 之间不需要跳线。对于 IC694 或者 IC693 电源，电源的端子 3 和端子 4 间也不需要安装跳线。

（3）过电压保护装置（如 MOVs）需要安装在：从 L1 到接地；从 L2（中性线）到接地。

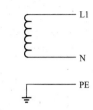

图 3-42　中性点不接地系统的交流电源连接

过电压保护装置必须是额定的，使系统在电线瞬时超过线电压 100V（N-PE）最大值时受到保护。N-PE 符号代表中性线和保护用地线之间的潜在电压。

例如，在 240V 交流电系统中，零序电压是 50V，则瞬时保护应该定为 240V+100V+50V=390V。

一条电源馈线连在接地保护线上或者两条电源馈线间的分接头连在接地保护线上的系统是中性点不接地的系统。中性点不接地系统不需要特殊的安装程序。如图 3-43 所示。

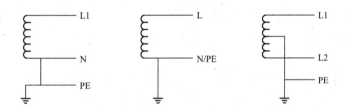

图 3-43　中性点接地系统的交流电源连接方式

接下来主要介绍 RX3i 系统中最常用到的通用背板中的两个 IC695 电源。

1. IC695PSA040 电源（参看上述系统手册或者 GFK-2431B）

IC695PSA040 电源的输入电压范围是 85～264V AC 或者 100～300V DC，可以提供 40W 的功率。

该电源提供三种输出：+5.1V DC 输出；+24V DC 继电器输出，可以应用在继电器输出模块上的电源电路；+3.3V DC，这种输出只能在内部用于目录号为 IC695 的 RX3i 模块。

图 3-44　IC695PSA040 电源外形图

在 PAC Systems RX3i（目录号为 IC695）的通用背板中只能用一个 IC695PSA040。如图 3-44 所示，它占用两个插槽。该电源不能与其他 RX3i 的电源一起用于电源冗余模式或增加容量模式。如果要求的模块数量超过了电源的负载能力，额外的模块就必须要安装在扩展或者远程背板上。

当发生内部错误时，电源将会显示，所以 CPU 可以检测到电源丢失或者记录相应的错误代码。

电源上的四个 LED 灯的说明如下。

（1）电源（绿色/琥珀黄）：当 LED 灯为绿

89

色时，意味着电源模块在给背板供电。当 LED 灯为琥珀黄时，意味着电源模块有电，但是电源模块上的开关是关着的。

（2）P/S 故障（红色）：当 LED 灯亮时，意味着电源存在故障，并且不能提供足够的电压给背板。

（3）温度过高（琥珀黄）：当 LED 灯亮时，意味着电源接近或者超过了最高工作温度。

（4）过载（琥珀黄）。当 LED 灯亮起，意味着电源至少有一个输出接近或者超过最大输出功率。

CPU 故障表将会显示发生的任何温度过高、过载或者 P/S 错误的故障情况。

ON/OFF 开关位于模块前面门的后面，控制电源的输出。它不能切断输入电源。紧靠开关旁边突出的部分可防止意外打开或关闭开关。

电源、接地及 MOV 端子可以接单根的 AWG14（2.1mm^2）～AWG22（0.33mm^2）的电线。

表 3-8 列出了 IC695PSA040 电源的参数。

表 3-8   **IC695PSA040 电源的参数**

指 标 名 称		参 数 值
铭牌额定电压输入		120/240V AC 或者 125V DC
电压输入范围	交流	85～264V AC
	直流	100～300V DC
输入功率（最大全负载）、瞬间峰值电流		70W 最大；4A，250ms*
输出功率		最大 40W 5.1V DC=30W 最大 3.3V DC=30W 最大 可用最大总输出功率取决于周围环境
输出电压		24V DC：19.2～28.8V DC 5.1V DC：5.0～5.2V DC（5.1V DC 标称） 3.3V DC：3.1～3.5V DC（3.3V DC 标称）
输出电流		24V DC：0～1.6A 5.1V DC：0～6A 3.3V DC：0～9A
隔离（输入到背板）		250V AC 持续；1500V AC 1min
波纹（所有输出）		150mV
噪声（所有输出）		150mV
掉电保持的时间		20ms，这是输入电源被中断情况下，电源模块所维持有效输出的时间
接线端子		每个端子可接受一根 AWG14（2.1mm^2）～AWG22（0.33mm^2）的电线
每个端子的耐电流值		6A
电源链的数目		最多 4

   * 瞬间峰值电流被作为选择 IC695PSA040 外部输入电源的估计指标。浪涌电流数值可能更高、持续时间更短。

电源模块的门必须关闭，在正常使用交流电源时，电源模块上有 120V AC 或者 240V AC 的电源。门可以保护防止由于意外触电而引起的人员伤亡。

PSA040 电源的最大输出功率取决于环境温度，如图 3-45 所示。满负荷输出的环境温度最高不超过 32℃。

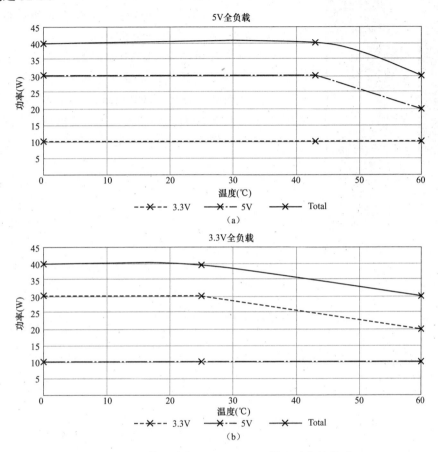

图 3-45　环境温度与 IC695PSA040 输出功率的关系

5.1V DC 的输出上限为 7A，3.3V DC 的输出上限为 10A。如果过载（包括短路）发生，内部将会检测到且电源会关闭。电源模块会不停地尝试重启直到过载情况消除。在内部输入线上的不可修复的熔丝可提供后备保护。在熔丝熔断前，电源通常会关闭。熔丝还可以保护内部电源故障。

如果温度过高、过载或者 P/S 故障发生，CPU 故障表中会产生一条故障记录。

IC695PSA040 电源还可以用多功能电源 IC695PSA140 来代替，详见 PAC Systems RX3i System Manual（GFK-2314C 的 PDF 文档，P86～P91 或者 4-16～4-21）或者 GFK-2399B

2. IC695PSD040 电源

Demo 演示箱配置的电源为 IC695PSD040 模块，如图 3-46 所示。该电源不能与其他 RX3i 的电源一起用于电源冗余模式或增加容量模式，和上一个电源不同，它占用一个插槽。如果要求的模块数量超过了电源的负载能力，则必须在扩展或者远程背板上安装额外的模块。IC695PSD040 电源的输入电压范围是 18～39V DC，提供 40W 的输出功率。

该电源提供三种输出：+5.1V DC 输出；+24V DC 继电器输出，可以应用在继电器输出模块上的电源电路；+3.3V DC，这种输出只能在内部用于目录号为 IC695 的 RX3i 模块。

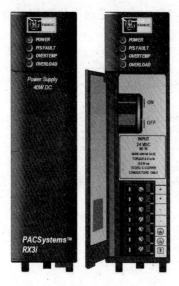

图 3-46　IC695PSD040 电源外形图

当发生内部故障时，电源模块会有指示，所以 CPU 可以检测到电源丢失或记录相应的错误代码。

电源模块上的四个 LED 灯除了和 IC695PSA040 电源的 LED 灯指示一样，还有下面的情况：

（1）如果红色的 P/S FAULT LED 灯亮了，电源模块失效，并且无法给背板提供足够的电压。

（2）琥珀黄 OVER TEMP（temperature）和 OVER LOAD LED 灯亮了，意味着温度过高或者负载过高。出现任何温度过高、过载或者 P/S 错误的情况时，PLC 故障表都会显示该故障信息。

ON/OFF 开关位于模块前面门的后面，控制电源的输出。它不能切断输入电源。紧靠开关旁边突出的部分可防止意外打开或关闭开关。

+24V 和−24V 的电源、接地以及 MOV 端子可以接单根的 AWG14（2.1mm²）～AWG18（0.81mm²）的电线。

表 3-9 列出了 IC695PSD040 电源的参数。

表 3-9　　　　　　　　　　　　　　　IC695PSD040 电源的参数

指 标 名 称		参 数 值
铭牌额定电压输入		24V DC
输入电压范围	开始	18～30V DC
	运行	12～30V DC
输入功率（最大全负载）		60W 最大
瞬间峰值电流		4A，100ms*
输出功率		最大 40W（两个输出值和） 5.1V DC=30W 最大 3.3V DC=30W 最大 可用最大总输出功率取决于周围环境
输出电压		5.1V DC：5.0～5.2V DC（5.1V DC 标称） 3.3V DC：3.1～3.5V DC（3.3V DC 标称）
输出电流		5.1V DC：0～6A 3.3V DC：0～9A
隔离		无
波纹（所有输出）		50mV
噪声（所有输出）		50mV
断电保持时间		10ms，这是输入电源被中断情况下，电源模块所维持有效输出的时间
接线端子		每个端子可接受一根 AWG14（2.1mm²）～AWG18（0.81mm²）的电线
每个端子的耐电流值		6A
电源链的数目		最多 2

*　瞬间峰值电流被作为选择 IC695PSA040 外部输入电源的估计指标。浪涌电流数值可能更高、持续时间更短。

　　PSD040 电源模块的最大输出功率取决于环境温度（如图 3-47 所示）。全输出功率的环境温度最高为 40℃。

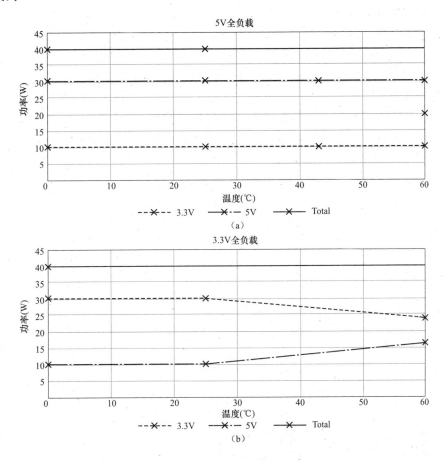

图 3-47　环境温度与 IC695PSD040 输出功率的关系

　　除了系统手册之外，IC695PSD040 还可参阅 GFK-2376B。

　　IC695PSD040 电源还可以用多功能电源 IC695PSD140 来代替，详见 PAC Systems RX3i System Manual（GFK-2314C 的 PDF 文档，P97～P102 或者 4-27～4-32）或者 GFK-2377B。

　　至于 IC694 的 3 个电源，可以参看 PAC Systems RX3i System Manual（GFK-2314C 的 PDF 文档，P103～P112 或者 4-33～4-42）。

3.2.3　PAC Systems RX3i 的 CPU（IC695CPU310）

　　本节可参考：PACSystems CPU Reference Manual，GFK-2222 K；PAC 系统 TCP/IP 以太网通信用户指南，GFK-2224 H；PAC 系统 TCP/IP 通信站管理器手册，GFK-2225E；IC695CPU310 硬件文档，GFK-2316。

　　RX3i 中常用的 CPU 有下述三个：

　　（1）IC695CPU310：300MHz Celeron CPU，10MB 用户空间。

　　（2）IC695CPU320：1GHz Celeron-M CPU，64MB 用户空间。

（3）IC695NIU001：300MHz Celeron NIU，参看 GFK-2439 C。

PAC CPU 具有以下共性的特点：

（1）梯形图和 C 语言编程。

（2）浮点数功能。

（3）可配置的数据和程序存储器。

（4）使用以电池做后备电源的 10MB RAM 存储器存储用户数据（程序、配置、寄存器数据和符号变量）。

（5）使用 10MB 闪存存储用户数据（闪存为可选配置）。

（6）使用电池保护程序，数据和当前时间（TIME OF DAY CLOCK）时钟。

（7）运行/停止模式转换可配置。

（8）嵌入式的 RS-232 和 RS-485 通信。

（9）最多 512 个子程序块，每个子程序块最大为 128KB。

（10）自动为符号变量分配地址，新建变量时不需要人工为变量指定地址。

（11）通过变量表%W 访问海量存储器区域，最大可配置到用户 RAM 的上限。

（12）数字量输入输出（%I 和%Q）为 32Kb。

（13）模拟量输入输出（%AI 和%AQ）为 32KW。

（14）Test Edit 模式使用户能够更容易地测试正在运行程序的更改效果。

（15）能够单独判断保持型寄存器字中的某一位状态，可以利用该位输入/输出参数。

（16）系统内固件可更新。

RX3i Demo 箱中配置的 CPU 为 IC695CPU310，该 CPU 是基于最新技术的、具有高速运算和高速数据吞吐能力的处理器，在多种标准的编程语言下能处理的 I/O 高达 32KB。CPU 依靠 300MHz 的处理器支持 32Kb 数字输入、32Kb 输出、32KW 模拟输入、32KW 输出，以及最大达 5MB 的数据存储。10MB 全部用户可配置的用户存储器帮助用户轻松地完成各种复杂的应用。

RX3i 支持多种 IEC 语言和 C 语言，使得用户编程更加灵活。RX3i 广泛的诊断机制增加了运行时间，用户能存储大量的数据，减少外围硬件花费。

IC695CPU310 的外形如图 3-48 所示。

IC695CPU310 模块占据背板的两个槽位，表面共有 8 个指示灯（6 个在左上方，2 个在右下方），指示灯用来指示不同功能时的操作状态，如表 3-10 所示。

图 3-48　IC695CPU310 的外形

面板上还有一个三挡位置的转换开关：停止（Stop）、输出禁止（Run Output Disable）、允许输出（Run I/O Enable）。还有一个内置的热敏传感器。CPU 模块不支持热插拔，安装、拆卸该模块时也需切断电源操作。

表 3-10　　　　　　　　　　　　IC695CPU310 模块指示灯的含义

指示灯状态			CPU 操作状态
●On	✿ 闪烁	○Off	
●	CPU OK	On	CPU 通过上电自诊断程序，并且功能正常
○	CPU OK	Off	CPU 有问题，允许输出指示灯和 RUN 指示灯可能以错误代码模式闪烁，技术支持可据此查找问题。可将这种情况和任何错误代码报告给技术支持
✿	CPU OK，允许输出，RUN 有节奏的闪烁		CPU 在启动模式，等待串口的固件更新信号
●	RUN	On	CPU 在运行模式
○	RUN	Off	CPU 在停止模式
●	OUTPUTS ENABLED	On	输出扫描使能
○	OUTPUTS ENABLED	On	输出扫描失败
●	I/O FORCE	On	位变量被覆盖
✿	BATTERY	闪烁	电池电量过低
●	BATTERY	On	电池失效或没安装电池
●	SYSTEM FAULT	On	CPU 发生致命故障，在停止/故障状态
✿	COM1 COM2	闪烁 闪烁	端口信号可用

　　IC695CPU310 有两个独立的串行端子，即 RS-232 端口和 RS-485 端口。RS-232 是两排共 9 孔的 D 型端子，RS-485 是两排共 15 孔的 D 型端子。这两个串口都既可供外部设备做串行连接使用，也都可以做固件升级使用。关于串口针脚和串行通信的详细情况，详见 PAC Systems CPU Reference Manual，GFK-2222 K 的 P412～P421。它们支持无中断的 SNP 从、串行读/写和 Modbus 协议。

　　为避免 RAM 存储器内容丢失，应定期更换 CPU 的锂电池。表 3-11 是 IC698ACC701 电池的寿命数据。

表 3-11　　　　　　　　　　　IC698ACC701 电池的寿命

控制器	平均温度	有电源供电时的名义寿命	
		总是有外部电源供电	无外部电源供电
IC695CPU310	20℃	5 年	40 天

表 3-12 是 IC695CPU310 的参数表。

表 3-12　　　　　　　　　　　　IC695CPU310 参数

IC695CPU310	
电池：存储保持能力	不同条件下的电池寿命不同
程序存储	多达 10M 字节的以电池做后备电源的 RAM，10M 字节的稳定的用户闪存
电源要求	+3.3V DC：名义电流 1.25A +5V DC：名义电流 1.0A

续表

使用温度	0～60℃
浮点	有
典型的布尔数执行速度	每 1000 个布尔触点/线圈 0.195ms
当前时间时钟精确度	每天最大误差为 2s
持续时间（内部定时器）精度	最大 0.01%
内置通信	RS232，RS485
支持的串口协议	Modbus RTU slave，SNP，串行 I/O
背板	支持 2 种背板总线，RX3i PCI 和 90-30 串行
PCI 兼容性	按 PCI 2.2 标准设计
程序块	最多 512 个程序块。每个子程序块最大 512K
存储器	%I 和%Q：32K 位离散量 %AI 和%AQ：最多可配置为 32K 字 %W：最大可配置到 RAM 的上限 符号变量：最多配置 10M 字节

3.2.4　PAC Systems RX3i 特殊功能模块

这一节讲述 PAC 系统 RX3i 中所涉及的一些特殊模块，主要包括以下几个，如表 3-13 所示。

表 3-13　　　　　　　　　　　　　　　RX3i 的一些特殊模块

目　录　号	模块描述	可参考文档（PDF）	备　注
IC695ETM001	以太网接口模块	GFK-2224 H、GFK-2225E	通信
IC694ACC300	数字量仿真输入模块	GFK-2314 C	"波段开关"
IC695HSC304	高速计数器模块	GFK-2441、GFK-2450	高速计数用
IC694DSM324	运动控制模块	GFK-2347	多轴控制
IC695LRE001	串行总线转换模块	GFK-2314 C	连接扩展背板
IC694ACC310A	填装模块		"补牙"
IC695CMM004	串行通信模块	GFK2460B，GFK-2461A/B	通信

1．IC695ETM001 以太网通信模块

RX3i Demo 箱中配置的以太网通信模块为 IC695ETM001，此模块用来将 RX3i 控制器连接到以太网，还可提供与其他 PLC、运行主机通信工具包、编程器软件的主机、运行 TCP/IP 版本编程软件的计算机的连接。RX3i 控制器能够通过它与其他 PAC 系统和 90 系列、VersaMax 控制器进行通信。如图 3-49 所示。

以太网接口模块有两个自适应的 10BaseT/100BaseTX RJ-45 屏蔽双绞线以太网端口，可以直接与 BaseT 网络（双绞线）交换机、集线器、中继器进行连接，不需要外加收发器。这个接口具有自适应的功能，能够自动检测速度、双工模式（半双工或全双工）和与之连接的电缆（直行或者交叉），而不需要外界的干涉。

IC695ETM001 的技术指标如表 3-14 所示。

表 3-14　　　　　　　　　　　　　　IC695ETM001 的技术指标

指标	数　值
以太网处理器速度	200MHz
连接器	站管理（RS-232）端口：9 孔的 D 型连接器 2 个 10BaseT/100BaseTX 端口：8 针带屏蔽的 RJ-45 接口
局域网	IEEE 802.2 逻辑连接控制一级 IEEE 802.3CSMA/CD 媒体存取控制 10/100Mbit/s
IP 地址个数	1
以太网端口连接器个数	2 个，且都是 10BaseT/100BaseTX 自适应 RJ-45 连接器
嵌入的以太网交换机	可以，允许以太网结点的菊花链连接
串行口	站管理端口：RS-232DCE，1200～115200bit/s

以太网模块上有七个指示灯，其作用如下。

（1）Ethernet OK 指示灯用来指示该模块是否能执行正常工作。如果指示灯处于开状态，则表明设备处于正常工作状态；如果指示灯处于闪烁状态，则代表设备处于其他状态。假如设备硬件或者运行时有错误发生，Ethernet OK 指示灯闪烁次数表示两位错误代码。

（2）LAN OK 指示灯指示是否连接以太网。如果指示灯处于闪烁状态，表明以太网接口正在直接从以太网接收数据或发送数据；如果指示灯一直处于亮状态，表明此时以太网接口正在激活地访问以太网，但以太网物理接口处于可运行状态，并且一个或者两个以太网端口都处于工作状态。其他情况 LED 灯均熄灭，除非正在进行软件下载。

（3）Log Empty 指示灯在正常运行状态下呈亮状态，如果有事件被记录，指示灯呈熄灭状态。

以太网重启按钮：用来重新手动启动以太网固件，而不需要对整个系统进行重新上电重启，可避免意外操作的发生。

以太网模块内置站管理功能：可以通过站管理串行接口（RS-232）或者以太网电缆提供在线管理以太网接口的功能：有用于询问和控制站的交互式指令；可以随时观察内部统计、异常记录和配置参数；密码保护，用于改变站参数和运行的指令；可以使用 WinLoader 软件从以太网接口直接从 PAC CPU 接收升级的固件文件。

在串行接口（RS-232）右侧有两个标记：一个是 MAC，MAC 标记的是该模块的 MAC 地址，类似于 00-09-91-01-9B-30，这个地址在用户拿到设备的时候就已经写好了；另一个是 IP，IP 标记的是用户自己指定的该模块的网络地址。在第 4 章会介绍这两个标记的区别和应用。

在下面就是两个 RJ-45 的以太网接口，一般是一个接口用来连接触摸屏，另外一个用来和用户计算机连接（下载、上传程序用）。每个接口右上面的 100Mbit/s（两个以太网速度指示灯）指示网络数据传输速度 [10Mb/s（熄灭）或者 100Mb/s（亮）]。右下面的 LINK（两个以太网激活指示灯）指示网络连接状况和激活状态。

图 3-49　IC695ETM001
以太网通信模块

过去人们使用串行口来调试程序，现在多使用以太网接口来调试。

可以参考下述文档来了解这个模块更多的信息：TCP/IP Ethernet Communications for PAC Systems，GFK-2224 H；PAC Systems TCP/IP Communications，Station Manager Manual，GFK-2225E。

2．IC694ACC300 数字量仿真输入模块

该模块俗称"波段开关"（如图 3-50 所示），主要用于方便用户调试程序。它可以用来模拟 8 点或 16 点的开关量输入模块的操作状态。输入模拟器模块没有现场连接。

输入模拟器模块可以用来代替实际的输入，直到程序或系统调试好。它也可以永久地安装到系统中，用于提供 8 点或 16 点条件输入接点来人工控制输出设备。模块的背后有一个开关可以用来设置模拟输入点数是 8 点还是 16 点。当开关设置为 8 个输入点时，只有模拟输入模块的前面 8 个拨动开关可以使用，如图 3-51 所示。

数字量输入模块前面的拨动开关可以模拟数字量输入设备的运行。开关处于 ON 位置时，在输入状态表（%I）中会产生一个逻辑 1。单独的绿色发光二极管表明每个开关所处的 ON/OFF 位置，工作时如果某个发光二极管是绿色的，那么对应的数字就表示该位被置 1。一般认为该模块是一个数字量输入模块，只不过这个数字量并不是由设备、现场的实际信号得来的，而是人手工拨动仿真产生的。因此，在 PAC Systems RX3i System Manual（GFK- 2314 C 的 PDF 文档，P159 或者 6-37）中将其列为数字量输入模块。

这个模块可以安装到 RX3i 系统的任何的 I/O 槽中。其技术指标如表 3-15 所示。

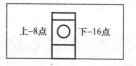

图 3-51　模板背后的 8 点、16 点选择开关

图 3-50　IC694ACC300
数字量仿真输入模块

表 3-15　　　　　　　　　　　　　　　　IC694ACC300 的技术指标

每个模块的输入点数	8 或 16（背部开关选择）
Off	响应时间 20ms（最大）
On	响应时间 30ms（最大）
内部功耗	120mA（所有输入开关在 ON 位置），由背板上 5V 电压提供

3．IC695HSC304 高速计数模块

RX3i 的高速计数器模块（high-speed counter modules，HSC）可以提供处理用于工业控制中的快速脉冲信号（有的频率高达 1.5MHz），如涡轮流量计、速度测量、材料处理、运动控制、过程控制等。这些模块可以不经过 CPU 直接检测输入、处理输入计数信息、控制输出等。

该模块（如图 3-52 所示）只能安装在 RX3i 通用背板上，并且 CPU 的固件是 3.81 版本

或更高版本。操作软件 PME 需是 5.50 Service Pack 2 SIM 3 或更高版本。RX3i 的高速计数器模块可以热插拔，但是必须符合 GFK-2314 C 文档中的要求。当该模块从背板取出或重新上电时，停止计数，而且累加计数都将丢失。

IC695HSC304 模块可以提供 8 个高速输入、7 个高速输出以及 1～4 个计数器。本书只介绍 RX3i 的入门应用，这里暂且略过。

关于高速计数器的内容可以参看 PAC Systems RX3i High-Speed Counter Modules User's Manual（GFK-2441）、PAC Systems High-Speed Counter Modules IC695HSC304 and IC695HSC308（GFK-2450）和 GFK-2458。

4. IC694DSM324 运动控制模块

运动控制模块 IC694DSM324（如图 3-53 所示）是一种多轴运动控制模板，支持两个控制回路的配置：标准模式（随动控制环不允许）和随动模式（随动控制环允许）。

DSM324 模块可以与数字的 GE 的 β 系列数字伺服系统的放大器和电动机一起使用。

读者可以参阅 DSM324i Motion Controller for PACSystems RX3i and Series 90-30 和 GFK-2347，以获取有关 DSM324 模块的更多信息。

图 3-52　高速计数模块 IC695HSC308 的 　　　图 3-53　IC694DSM324　　　图 3-54　串行总线传输
外形（IC695HSC304 外形与其相似）　　　　　运动控制模块　　　　　模块 IC695LRE001

5. IC695LRE001 串行总线转换模块

此模块为 PAC 系统的 RX3i 通用背板（型号为 IC695，如图 3-54 所示）和串行扩展背板/远程背板提供通信（型号为 IC694 或者 IC693）。它把通用背板的信号转换成串行扩展背板所需要的信号格式。串行总线传输模块必须安装在通用背板右端的特殊扩展连接器上。两个绿色的 LED 灯表明模块的运行状态以及扩展连接状态。

当背板 5V 电源加到该模块上时，EXP OK LED 亮。

Expansion Active LED 表明扩展总线的状态。当扩展模块与扩展背板进行通信时，此 LED 灯发光。当二者没有进行通信时，此 LED 灯不发光。

模块前端的连接器用于连接扩展电缆，其技术规格如表 3-16 所示。

表 3-16　　　　　　　　　　　　连 接 器 技 术 规 格

从背板所需的电流	5.0V：132mA；3.3V：0mA
扩展电缆长度的最大值	15m—扩展背板；213m—远程背板
有效数据速率	500kB/s（如果扩展总线包括远程背板）
电气隔离	非隔离差分通信

扩展模块的安装：传输模块必须安装在通用背板右端的特殊扩展连接器上。此模块不能热插到背板上。当安装或移除扩展模块时，必须关掉电源。另外，当扩展机架有电时，不能安装或拆除扩展电缆。

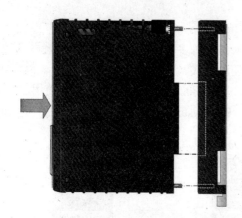

直接将串行总线传输模块插入其插槽内。这个模块没有类似其他 RX3i 模块的绕轴旋转和锁定机构，拧紧模块上的两个外加螺钉，推荐的最大扭矩是 0.4972N·m，如图 3-55 所示。

关闭单个扩展或远程背板的供电电源：扩展和远程背板可以单独地关闭供电电源而不影响其他背板的运行。然而，如果关掉某一个背板的电源，则会 PLC 故障表中产生模块丢失（LOSS_OF_MODULE）的故障信息，该背板上的每一个

图 3-55　IC695LRE001 串行总线转换模块的安装

模块都会有一条。如果这种故障发生，那么在背板的电源重新接通和所有的模块重启之前，丢失的 I/O 模块都不会被扫描。

至于该模块和其他背板连接所用的电缆，请参看 PAC Systems RX3i System Manual（GFK-2314 C 的 PDF 文档，P117～P122 或者 5-5～5-10）。

6. IC694ACC310A 填装模块

为了弥补模块之间的空缺，通用电气还提供了一个填装模块，这个模块是个塑料空壳，里面没有任何电路板，宽度占据背板上的一个槽位，可以起到稳定模块、阻挡灰尘的作用，可形象地称为"补牙"用。

7. IC695CMM004 串行通信模块

如果项目中通信用端口不够，可以添加此类模块，读者可以自行参考文档 GFK2460B、GFK-2461 A、GFK-2461B 来了解此类模块的用法，这里不再赘述。

其实在 RX3i 中还会遇到很多其他特殊功能模块，后续也有可能将某些特殊模块单独讲述，同时 GE 还在不断推出各种各样的模块（如表 3-17 所示）。读者可以参阅通用电气公司相关文档。

表 3-17　　　　　　　　　　　　模 块 及 目 录

模　块	目　录　号	模　块	目　录　号
Serial I/O Processor Module	IC694APU305	DeviceNet Master Module	IC694DNM200
I/O Link Interface Module	IC694BEM320	Profibus Master Module	IC695PBM300
I/O Link Master Module	IC694BEM321	Profibus Slave Module	IC695PBS301
Genius Bus Controller Module	IC694BEM331		

　　下面要讲述一般的输入、输出模块，首先说明一下通用电气模块的一些知识。

　　对于模拟模块配线，GE 强烈推荐使用双绞的、带屏蔽的仪表电缆作为模拟模块的输入/输出信号的连接电缆。合理的屏蔽接地也是很重要的。为了最大限度地抑制电子干扰，电缆的屏蔽层应只在电缆的一端接地。一般情况下，最好尽可能地将电缆屏蔽层的接地点靠近干扰源。对于模拟输入模块，将处于干扰最大的环境中的电缆末端接地（通常是现场设备末端）。去除模块上电缆末端的屏蔽层并使用收缩管绝缘。对于模拟输出模块，在模块末端接地。去除设备侧电缆末端的屏蔽层并使用收缩的管绝缘。最好尽量缩短被剥离屏蔽层电缆头的长度，最大限度地减少暴露在干扰环境中的无屏蔽电缆的长度。电缆可以直接连接在模块端子上，或者经由一个中间接线板。下面提供了各种模拟输入和模拟输出安装的接线方式。

　　一般来说，模拟输入电缆的屏蔽层要在模拟信号源处接地。不过在合适的情况下，每一个标有 COM 和 GND 的通道的接地连接都可以用来连接模拟输入模块的屏蔽层。模拟输入模块的 COM 端子连接到模块内模拟电路公共端，GND 端子连接到背板（框架接地），屏蔽层可以连接到 COM 或者 GND。下面列举几种模拟输入模块屏蔽接地的例子。

　　对于一个非平衡源，屏蔽接地必须连接到信号源端的源公共端或者接地点。如果所有输入模块的输入源来自同一地点并且参照相同公共端，则所有的屏蔽接地要连接到相同的接地点。如果在模拟输入模块和现场设备（模拟源）之间有一个附加的端子条，则应参照图 3-56所示方法，使用端子条上的一个端子来延续电缆屏蔽层。每条电缆的屏蔽层只能一端接地，即靠近现场设备（模拟源）的一端。图 3-56 中的虚线表示屏蔽层的连接。

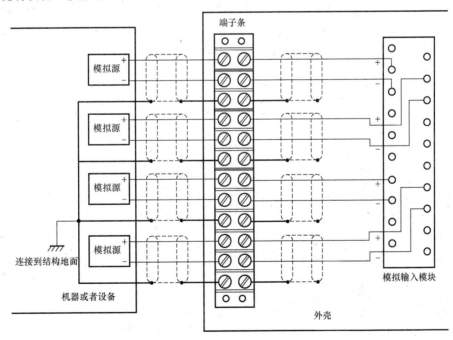

图 3-56　带有端子条的模拟输入屏蔽接地

　　在某些应用中，可以通过将源极末端的源公共端连接在一起来提高抗干扰性能，然后连接一个公共线到模块的一个 COM 端子（仅连接一个）上。这样做可以消除导致输入数据错误的多重接地或接地环。这种公共端连接如图 3-57 中的虚线所示。

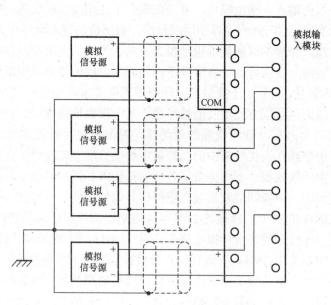

图 3-57　接到公共端的模拟输入接地

　　通常首选在信号源端将电缆屏蔽接地。如果很难做或不考虑电子干扰，屏蔽层可以在模拟输入模块端接地。它们可以连接到任一模块的 GND 端子（其通过一个内部通道连接到框架地），如图 3-58 所示。如果需要提高抗干扰性能，可以将一个导体模块上的接地端子和大地接地连起来，这样可以绕开模块旁路干扰。

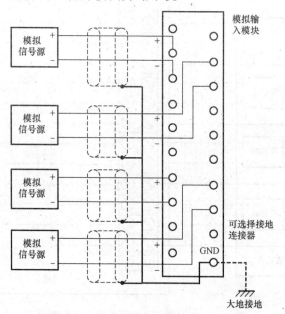

图 3-58　模拟输入屏蔽连接到模块端子板

　　以下所有例子中，将（−）端连到模拟输入模块的 COM 端子上，如果电源是浮空的，可以限制共模电压。共模电压被限制在 11V。如果干扰导致不精确读数，同样可以将（−）端连到模拟输入模块上的 GND 端子。

模拟模块必须是线路中的最后一个装置。当将模拟输入模块的返回端（—）接地时，另外的电流检测装置必须浮空，并且可以经受住至少 20V 的共模电压（包括干扰）。电流传感器的接线如图 3-59 所示。

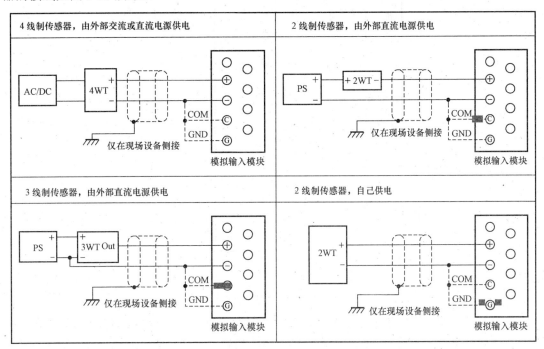

图 3-59　电流传感器的接线

模拟输入电流的检验如下。

RX3i 模拟电流输入模块有一个内置的 250Ω 的电阻跨接在两个输入端子上。用户可以用一个电压表跨接在两个端子上来测量电压，然后用欧姆定律来计算输入电流。输入电流（A）=电压/250。例如，测得的电压为 3V，那么输入电流（A）=3/250=0.012（A），相当于 12mA。连接到两个测量装置的两线制传感器如图 3-60 所示。

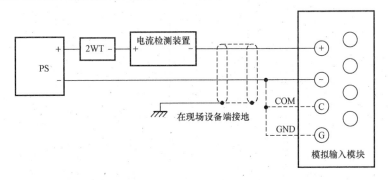

图 3-60　连接到两个测量装置的两线制传感器

对于模拟输入模块，保护罩通常只安置在源极末端（模块）上。GND 连接装置有个背板（地面结构部分）可以抵抗由保护罩排出电流引起的噪声。在极度噪声的环境下，可以随意用一个编制物将 GND 终端和地表连起来，从而绕过模块四周的噪声。模拟输入模块的保护连接如图 3-61 所示。

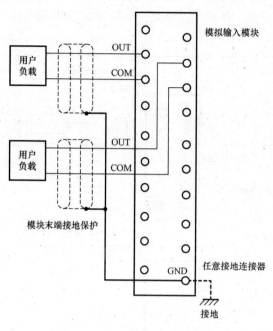

图 3-61　模拟输入模块的保护连接

如果在模拟输入模块和扫描场装置（用户加载的）中间有一个终端带的话，可以用图 3-62 中的方法将电缆保护罩接地。每根电缆只能有一头接地，这一头要接近模拟输入模块。一个任意的终端接地连接至 GND 终端输出模块要求额外的噪声抑制。

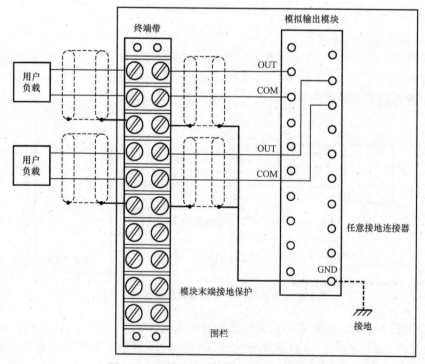

图 3-62　用终端带接地的模拟输入保护罩

模块熔丝清单如表 3-18 所示。

表 3-18　　　　　　　　　　　**模 块 熔 丝 清 单**

模块订货号	模块类型	额定电流	熔丝数量	GE 产熔丝订货号	其他供货商订货号
IC694MDL310	120V AC，0.5A	3A	2	44A724627-111（1）	Bussman-GMC-3 Littlefuse-239003
IC694MDL330	120/240V AC，1A	5A	2	44A724627-114（1）	Bussman-GDC-5 Bussman S506-5
IC694MDL340	120V AC，0.5A	3A	2	44A724627-111（1）	Bussman-GMC-3 Littlefuse-239003
IC694MDL390	120/240V AC，2A	3A	5	44A724627-111（1）	Bussman-GMC-3 Littlefuse-239003
IC694PWR321 IC694PWR330	120/240V AC 或 125V DC 输入，30W 电源	2A	1	44A724627-109（2）	Bussman-215-002 （GDC-2 or GMC-2） Littlefuse-239-002
IC694PWR331	24V DC 输入， 30W 电源	5A	1	44A724627-114（2）	Bussman-MDL-5 Littlefuse-313005

注　熔丝安在夹子上，拆除模块前面板即可安装/更换熔丝。

通用电气会不定期发布"控制系统解决方案目录册"，用户可以从这些产品目录手册中快速查询到产品的目录号、简要特性等。

3.2.5　PAC Systems RX3i 数字量输入模块（Digital Input，DI）

PAC Systems RX3i 系统中开关量输入模块（如表 3-19 所示）主要有以下种类，最后一个模块前面已经讲过。这里以 IC694MDL655 为例介绍 DI 模块，其他模块的详细内容可以参看 PAC Systems RX3i System Manual（GFK-2314 C 的 PDF 文档，P124～P158 或者 6-2～6-36）。

IC694MDL655 还可以参看 GFK-2466。

表 3-19　　　　　　　　　　　**RX3i 常用 DI 模块**

数字量输入模块	目录号
Input　120V AC 8 Point Isolated	IC694MDL230
Input　240V AC 8 Point Isolated	IC694MDL231
Input　120V AC 16 Point	IC694MDL240
Input　24V AC/V DC 16 Point Pos/Neg Logic	IC694MDL241
Input　120V AC 16 Point Isolated	IC694MDL250
Input　120V AC 32 Point Grouped	IC694MDL260
Input　125V DC 8 Point Pos/Neg Logic	IC694MDL632
Input　24V DC 8 Point Pos/Neg Logic	IC694MDL634
Input　24V DC 16 Point Pos/Neg Logic	IC694MDL645
Input　24V DC 16 Point Pos/Neg Logic Fast	IC694MDL646
Input　5/12 DC（TTL）32 Point Pos/Neg Logic	IC694MDL654
Input　24V DC 32 Point Pos/Neg Logic	IC694MDL655
Input　24V DC 32 Point Pos/Neg Logic	IC694MDL660
Input Simulator Module	IC694ACC300

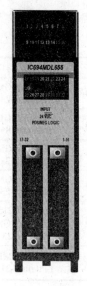

图 3-63　IC694MDL655
模块外形图

IC694MDL655 是一个 24V DC 正/负逻辑输入模块（如图 3-63 所示），提供 32 个开关量输入点。输入点可以是正/负逻辑的，且最高工作电压值为 30V。输入点分为 4 个隔离的组，每组有 8 个点，且都有自己的公共端。4 组之间是隔离的，然而每组内的 8 个输入点共用同一个用户公共端。这个模块无法报告特殊的错误或警告信息。现场设备的工作电源可以由外部电源或模块的隔离的+24V DC 电源输出提供，绿色的 LED 灯显示每个输入点的开/关状态。前端标签上蓝色的条表明 MDL655 是一个低电压模块。这个模块可以安装到 RX3i 系统的任何的 I/O 槽中。

IC694MDL655 的技术规格如表 3-20 所示。

IC694MDL655 输入点数与温度的关系如图 3-64 所示。

模块连接是通过模块前面的两个 24 脚的针式的连接器（Fujitsu FCN-365P024-AU）实现的。由连接器到现场设备的接线由一个一端有孔的连接器、另一端有一个剥去外皮且内部电线头镀锡的电缆来完成。用户可以购买一对预制的电缆，订货号为 IC693CBL327 和 IC693CBL328 或者自制电缆（参看 GFK-2314C 的 PDF 文档，P451～P456，附录 B）。IC694MDL655 现场接线如图 3-65 所示。

表 3-20　　　　　　　　　　　　IC694MDL655 的技术规格

额定电压		24V 直流电，正/负逻辑
输入电压范围		0～30V 直流电
每个模块的输入点数		32（分为四组，每组八个） 每组同时接通的最大输入点数由环境温度决定
隔离	现场侧到背板（光电）和框架地之间	250V 连续交流电；1500V 交流电，1min
	输入组间	50V 连续交流电；500V 交流电，1min
输入电流		7.0mA（接通状态典型 24V DC）
输入特性	On—状态电压	11.5～30V 直流电
	Off—状态电流	0～5V 直流电
	On—状态电流	3.2mA（最小值）
	Off—状态电流	1.1mA（最大值）
	On 响应时间	2ms（最大）
	Off 响应时间	2ms（最大）
内部电源功耗		195mA（最大）由+5V 背板总线电压提供（29mA+0.5mA/点 ON+4.7mA/LED ON） 224mA（典型）由背板上隔离的+24V 电压总线或用户输入电源提供 24V 直流电并且所有 32 个点全部接通

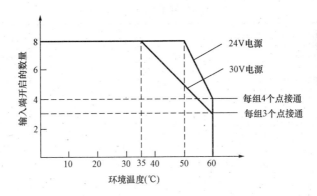

图 3-64　IC694MDL655 输入点数与温度关系

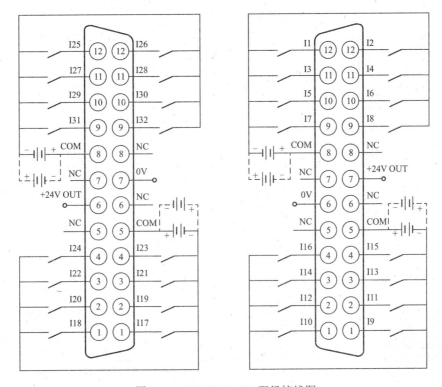

图 3-65　IC694MDL655 现场接线图

如果 24V OUT 插脚用于连接现场输入设备，则模块的隔离技术指标变为现场侧到背板（光电）和框架地之间：50V 连续的交流电和 500V 1min 交流电。

注意：IC694MDL655 的倒数第三位的 6 表明它是一个输入模块，模拟量输入也有这个规律。如果这个位置的数字为 7，则它是一个输出模块，模拟量输出也有这个规律。

3.2.6　PAC Systems RX3i 数字量输出模块（Digital Output，DO）

PAC Systems RX3i 系统中开关量输出模块主要有以下种类（如表 3-21 所示）。这些模块的详细内容可以参看 PAC Systems RX3i System Manual（GFK-2314 C 的 PDF 文档，P162～P210 或者 7-2～7-50）。

表 3-21　　　　　　　　　　　　RX3i 常用 DO 模块

数字量输出模块	目录号
Output 120V AC 0.5A 12 Point	IC694MDL310
Output 120/240V AC 2A 8 Point	IC694MDL330
Output 120V AC 0.5A 16 Point	IC694MDL340
RX3i Output 124/240V AC isolated 16 Point	IC694MDL350
Output 120/240V AC 2A 5 Point isolated	IC694MDL390
Output 12/24V DC 0.5A 8 Point Positive Logic	IC694MDL732
Output 125V DC 1A 6 Point isolated Pos/Neg Logic	IC694MDL734
Output 12/24V DC 0.5A 16 Point Positive Logic	IC694MDL740
Output 12/24V DC 0.5A 16 Point Negative Logic	IC694MDL741
Output 12/24V DC 1A 16 Point Positive Logic ESCP	IC694MDL742
Output 5/24V DC（TTL）0.5A 32 Point Negative Logic	IC694MDL752
Output 12/24V DC 0.5A 32 Point Positive Logic	IC694MDL753
Output 12/24V DC ESCP 0.75A 32 Point Grouped，Pos	IC694MDL754
Output isolated Relay N.O.4A 8 Point	IC694MDL930
Output isolated Relay N.C.and From C 3A 8 Point	IC694MDL931
Output Relay N.O.2A 16 Point	IC694MDL940

这里以 IC694MDL754 为例介绍（参看上述手册或者 GFK-2378C）。

该模块为 12/24V DC、0.75A 正逻辑输出模块，IC694MDL754（如图 3-66 所示）提供 2 组共 32 个独立的开关量输出点，每组 16 点，每组都有自己的公共端。输出是正逻辑或者源型输出。它在电源的正极侧开关加载负载，同时向负载输出电流。输出点可以在+12～+24V DC

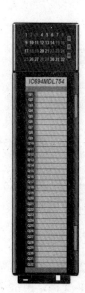

（+20%，−15%）范围内开关用户负载，每个输出点最大可以输出 0.75A 的电流。在发生过电流和短路时，每个点都能提供电子式保护。除了输出的故障信息被送回的 RX3i 控制器外，该模块还提供现场侧电源的损失故障信息、ESCP 点内出现故障信息、现场接线端子的 ON/OFF 状态和 DIP 开关配置不匹配故障信息。

每个组可用于驱动不同的负载。例如，一个组可能带动 24V DC 负载，而另一组带动 12V DC 负载。负载的电源必须由用户来提供。

该模块背面的 DIP 开关用来选择输出默认模式：强制关闭或保持上一次的状态。要想使用该 DIP 设置，必须将模块从背板设置拿下来才能操作。

这个模块可以用于任何一个盒子样式（IC694TBB032）或用于发散式（IC694TBS032）前接线端子。该接线端子需单独订购。

标签上的蓝波段表明 MDL754 是低电压模块。

图 3-66　IC694MDL754 模块

这个模块可以安装在一个 RX3i 的系统中的任何 I/O 插槽中。

它只能用在 RX3i 的 CPU 中（2.90 或更高版本），不能用于系列 90-30PLC 的 CPU。

IC694MDL754 的特性如表 3-22 所示。

表 3-22   IC694MDL754 的特性

额定电压		标称 12/24V 直流
输出电压范围		直流 10.2～30V
模块输出点		32（两个独立的组，每组 16 个输出）
隔离	现场与背板（光电）	250V 连续交流电
	现场与机架地	1500V 1min 交流电
	组与组之间	250V 连续交流电；1500V 1min 交流电
输出电流		0.75A/点
功率		300mA（最大），背板 5V 总线
外部电源		12～30V DC，12/24V DC
输出特性	浪涌电流	没有 ESCP 情况下，3A、10ms
	输出电压降	最大 0.3V DC
	稳态过电流跳闸	5A（每点的典型值）
	输出漏电流	最大 0.1mA
	响应时间	最大 0.5ms
	关响应时间	最大 0.5ms
	保护	短路保护、过电流保护、超温保护（均可自动恢复）

输出点与环境温度的关系如图 3-67 所示。

LED 指示灯的含义如图 3-68 所示。

32 绿色/黄色 LED 模块上显示点 1～32 点的 ON/OFF 状态。这些 LED 为绿色时，输出正常；如果显示为黄色，则说明输出有故障；不显示时，代表相应的输出关闭。

IC694MDL754 的接线如表 3-23 所示。

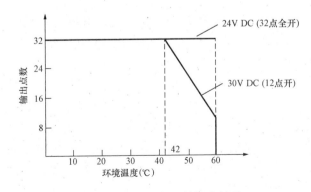

图 3-67 输出点与环境温度关系

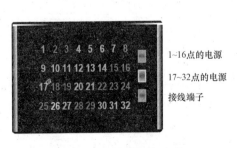

图 3-68 LED 指示灯含义

表 3-23   IC694MDL754 的接线

现场配线号	端子含义	现场配线号	端子含义
1	输出 1	19	输出 17
2	输出 2	20	输出 18
3	输出 3	21	输出 19
4	输出 4	22	输出 20
5	输出 5	23	输出 21
6	输出 6	24	输出 22
7	输出 7	25	输出 23
8	输出 8	26	输出 24
9	输出 9	27	输出 25
10	输出 10	28	输出 26
11	输出 11	29	输出 27
12	输出 12	30	输出 28
13	输出 13	31	输出 29
14	输出 14	32	输出 30
15	输出 15	33	输出 31
16	输出 16	34	输出 32
17	1~16 电源正极	35	17~32 电源正极
18	1~16 电源负极	36	17~32 电源负极

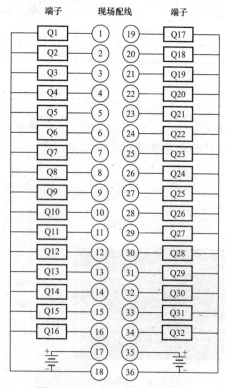

图 3-69   IC694MDL754 的接线

从图 3-69 可以看出，IC694MDL754 属于晶体管输出，但是实际中很多情况下是交流输出。作为交流负载的接触器线圈不能直接接在 IC694MDL754 的输出端，可以把一个 24V DC 的继电器线圈接到 IC694MDL754 的 1 端和 18 端，再用继电器的动合触点去控制 AC220V 的接触器线圈，接线图如图 3-70 所示。

3.2.7   PAC Systems RX3i 数字量混合模块

数字量混合模块（Digital Input/Digital Output，DI/DO）只介绍一个：IC694APU300（High Speed Counter）。

IC694APU300，高速计数模块，提供直接处理高达 80kHz 的脉冲信号。该模块不需要与 CPU 进行通信就可以检测输入信号、处理输入计数信息、控制输出。高速计数器在 CPU 中使用 16 位的开关量输入存储器（%I）、15 字的模拟量输入存储器（%AI）和 16 位的开关量输出存储器（%Q）。见表 3-24。

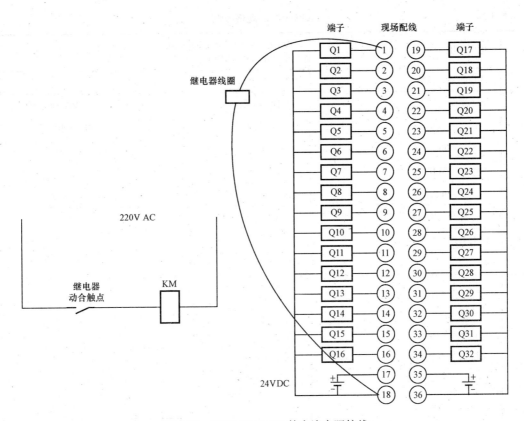

图 3-70 IC694MDL754 的交流实际接线

高速计数器配置如下：

（1）4 个相同的独立简单计数器。

（2）2 个相同的独立较为复杂的计数器。

（3）1 个复杂计数器。

两个绿色的发光二极管指示模块的工作状态和配置参数的状态。

附加模块特性包括：

（1）12 个正逻辑输入点（源），输入电压范围为 5V DC 或 10～30V DC。

（2）4 个正逻辑（源）输出点。

（3）每个计数器按时基计数。

（4）内在模块诊断。

（5）为现场接线提供可拆卸的端子板。

根据用户选择的计数器类型，输入端可以用作计数信号、方向、失效、边沿选通和预置的输入点。输出点可以用来驱动指示灯、螺线管、继电器和其他装置。模块电源来自背板总线的 +5V 电压。输入和输出端设备的电源必须由用户提供，或者来自电源模块的隔离 +24V DC 的输出。这个模块也提供了可选择的门槛电压，用来允许输入端响应 5V DC 或者 10～30V DC 的信号。

标签上的蓝条表明 APU300 是低电压模块。这种模块可以安装到 RX3i 系统中的任何 I/O 插槽。

111

表 3-24   APU300 的规格参数

输入	电压范围	5V DC（TSEL 接到 INCOM） 10～30V DC（TSEL 开）	
	正逻辑输入点数	12	
	输入阈值（I1 至 I12）	5V DC 范围	10～30V DC 范围
	Von	3.25V 范围	8.0V 最小值
	Ion	3.2mA 最小值	3.2mA 最小值
	Voff	1.5V 最大值	2.4V 最大值
	Ioff	0.8mA 最大值	0.8mA 最大值
	存在的电压峰值	±500V 1ms	
	瞬时共模干扰抑制	1000V/ms 最小值	
	输入阻抗	如图 3-71 所示	
输出	电压范围	10～30V DC　500mA 最大值	
	电压范围	4.75～6V DC　20mA 最大值	
	Off 状态下漏电流	10mA 每个输出点最大值	
	500mA 时输出电压降	0.5V 最大值	
	CMOS 负载驱动能力	可以	
	正逻辑输出点数	4	
	输出保护	输出点有短路保护，四个输出的总共 3A 的熔断器	
	功耗	250mA 来自背板 5V 总线	
隔离	现场侧到背板（光电）和框架地之间	250V AC 连续的，1500V AC 1min	
	组与组之间	250V AC 连续的，1500V AC 1min	

模块的输入阻抗如图 3-71 所示。

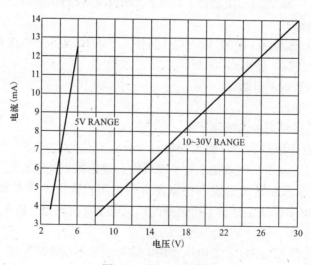

图 3-71　输入阻抗图

　　高速计数器模块必须用屏蔽电缆连接。电缆屏蔽必须满足附录 A 中的 IEC 1000-4-4 标准，在模块 15.24cm 范围内必须具有高频屏蔽接地，电缆线长度最长为 30m。如图 3-72 所示。

　　所有 12 个高速计数器输入点是单端的正逻辑（源）型输入点。带有 CMOS 缓冲器输出的传感器（相当于 74HC04）能用 5V 的输入电压直接驱动高速计数器输入。使用 TTL 图腾柱或者开路集电极输出的传感器必须带有一个 470Ω 的上拉电阻器（到 5V）来保证高速计数器输入端的兼容性。使用高压开路集电极（漏型）型输出的传感器必须带有一个 1kΩ 上拉电阻器到 +12V，用于兼容高速计数器 10～30V 的输入电压范围。5V DC 阈值的选择通过在可分离的终端接线板连接器上的两个端子上安装跳线实现。阈值选择端子不安装跳线，设置输入在默认电压范围为 10～30V DC。当选择 5V DC 的输入范围（插脚 13～插脚 15）时，不要在模块输入端连接 10～30V DC 的电压，否则将损坏模块。

　　下面分别介绍每种计数器类型的端子分配。

　　表 3-25 说明在模块配置中的计数器型号与所使用的端子。

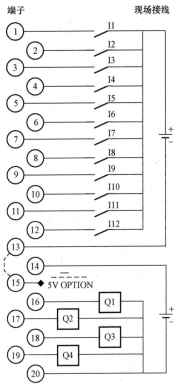

图 3-72　APU300 的现场接线图

表 3-25　　　　　　　　模块配置中的计数器型号与所使用的端子

端子	信号名称	针脚定义	计数器型号		
			A 型	B（1）型	C（2）型
1	I1	正逻辑输入	A1	A1	A1
2	I2	正逻辑输入	A2	B1	B1
3	I3	正逻辑输入	A3	A2	A2
4	I4	正逻辑输入	A4	B2	B2
5	I5	正逻辑输入	PRELD1	PRELD1	PRELD1.1*
6	I6	正逻辑输入	PRELD2	PRELD2	PRELD1.2
7	I7	正逻辑输入	PRELD3	DISAB1	DISAB1
8	I8	正逻辑输入	PRELD4	DISAB2	HOME
9	I9	正逻辑输入	STRB1	STRB1.1*	STRB1.1*
10	I10	正逻辑输入	STRB2	STRB1.2	STRB1.2
11	I11	正逻辑输入	STRB3	STRB2.1	STRB1.3
12	I12	正逻辑输入	STRB4	STRB2.2	MARKER
13	INCOM	正逻辑输入的公共端	INCOM	INCOM	INCOM
14	OUTPWR（3）DC+	用于正逻辑输出的电源	OUTPWR	OUTPWR	OUTPWR
15	TSEL	阈值选择，5V 或 10-30V	TSEL	TSEL	TSEL

续表

端子	信号名称	针脚定义	计数器型号		
			A 型	B（1）型	C（2）型
16	O1	正逻辑输出	OUT1	OUT1.1*	OUT1.1*
17	O2	正逻辑输出	OUT2	OUT1.2	OUT1.2
18	O3	正逻辑输出	OUT3	OUT2.1	OUT1.3
19	O4	正逻辑输出	OUT4	OUT2.2	OUT1.4
20	OUTCOM DC–	正逻辑输出公用端	OUTCOM	OUTCOM	OUTCOM

（1）B 型计数器。A1、B1 是计数器 1 的 A 和 B 输入端。A2、B2 是计数器 2 的 A 和 B 输入端。

（2）C 型计数器。A1、B1 是计数器（+）循环的 A 和 B 输入端。A1、B1 是计数器（–）循环的 A 和 B 输入端。

（3）OUTPWR 不是用户负载的电源。输出电源必须是外部电源。

用小数点分开的两个数字来识别的输入端和输出端，小数点左边的数字是元件号。例如，STRB1.2 表示计数器 1 选通 2 输入。

3.2.8 PAC Systems RX3i 模拟量输入模块（Analog input，AI，A/D 转换）

PACSystems RX3i 系统中模拟量输入模块的详细内容可以参看 PAC Systems RX3i System Manual（GFK-2314 C 的 PDF 文档，P217～P252）。

模拟量输入模板将输入电流或电压转变成内在的数字数据（A/D 转换原理参看一般电子电路书籍），向 PLC 的 CPU 提供所得的数字数据。一些模拟量模块输入是单端的（Single-Ended）或差分的（Differentia）。

对于差分模拟输入，转换的数据是在电压 IN+ 和 IN– 之间的差值。差分输入对干扰和接地电流不太敏感。一对差分输入的双方都参照一个公共的电压（COM）。相对于 COM 的两个 IN 端的平均电压称为共模电压。不同的信号源有不同的模块电压，如图 3-73 中的 V_{CM1} 和 V_{CM2} 所示，这种共模电压可能由电路接地位置的电位差或输入信号本身的性质引起。为了参考浮空的信号源和限制共模电压，COM 端必须连接到输入信号源的任一边源侧。如没有特别的设计考虑，参照 COM 端的线路上的差分输入电压和干扰，总的共模电压应限制在 ±11V，否则会导致模块损坏。模拟量输入模块的工作示意图如图 3-74 所示。

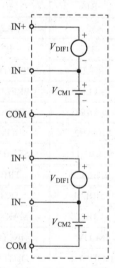

图 3-73　差分输入图

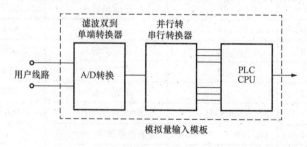

图 3-74　模拟量输入模块的工作示意图

上述几个模块的使用说明在 GFK-2314 C 中的 AI 模块部分能找到，除此之外还有其他 AI 模块，比如 GFK-2372 C 中介绍到的几个模块，如表 3-26 所示。

表 3-26 **RX3i 常用 AI 模块**

模拟量输入模块	目录号
Analog Input Module，4 channel Voltage	IC694ALG220
Analog Input Module，4 channel Current	IC694ALG221
Analog Input Module，16/8 channel Voltage	IC694ALG222
Analog Input Module，16 channel Current	IC694ALG223
Analog Input Module，8 Channel Non-isolated/4 Channel Differential	IC695ALG608
Analog Input Module，16 Channel Non-isolated/8 Channel Differential	IC695ALG616

IC695ALG600（如图 3-75 所示）通用型模拟量输入模块使用较多，这里以其为例介绍 AI 使用情况，参看 GFK-2348 C 或者 GFK-2314 C 的 P369～P388。

通用型模拟量输入模块 IC695ALG600 提供 8 个通用输入通道和两个冷端补偿（cold junction compensation，CJC）通道。输入被分成两个相同的组，每组 4 个通道。每个通道均可以使用 PME 软件（GE 公司的编程软件）单独配置。

（1）最多 8 个通道的热电偶（thermocouple）、热电阻（resistance temperature detector，RTD）、电阻（resistance）和电压、电流输入。

（2）输入热电偶分度号：B、C、E、J、K、N、R、S、T，如表 3-27 所示。

（3）输入热电阻（RTD）的分度号：铜 426、镍 618、镍 672、镍铁 518、铂 385、铂 3916，如表 3-28 所示。

图 3-75 IC695ALG600 外形

表 3-27 **热 电 偶 测 温 范 围**

热电偶分度号	测温范围	热电偶分度号	测温范围
B	300～1280℃	N	−210～1300℃
C	0～2315℃	R	0～1768℃
E	−270～1000℃	S	0～1768℃
J	−210～1200℃	T	−270～400℃
K	−270～1372℃		

表 3-28 **热 电 阻 测 温 范 围**

热电阻分度号	测温范围	热电阻分度号	测温范围
铜 426	−100～260℃	镍铁 518	−100～200℃
镍 618	−100～260℃	铂 385	−200～850℃
镍 672	−80～260℃	铂 3916	−200～630℃

（4）电阻输入：0～250、500、1000、2000、3000、4000Ω，如表 3-29 所示。

表 3-29　　　　　　　　　　　　　　电阻值范围

电阻型号	阻值范围（Ω）
电阻	0～250、500、1000、2000、3000、4000
铂 385	100、200、500、1000
铂 3916	100、200、500、1000
镍 672	120
镍 618	100、200、500、1000
镍铁 518	604
铜 426	10

（5）电压输入范围：−10～10V、0～10V、0～5V、1～5V、−50～50mV、−150～150mV。

（6）电流输入范围：−20～20mA、4～20mA、0～20mA。

该模块只能安装在 RX3i 通用背板上，并且 CPU 在 2.80 以上版本、PME 在 5.0 SP1A LD-PLC Hotfix1 或更高版本。

（7）模块的接线如图 3-76 所示。

端子号	RTD or Resistance	TC/Voltage/Current	RTD or Resistance	TC/Voltage/Current	端子号	
1		CJC1 IN+	Channel 1 EXC+			19
2		CJC1 IN-	Channel 1 IN+	Channel 1 IN+	1	20
3	Channel 2 EXC+			Channel 1 iRTN		21
4	Channel 2 IN+	Channel 2 IN+	Channel 1 IN-	Channel 1 IN -		22
5		Channel 2 iRTN	Channel 3 EXC+			23
6	Channel 2 IN-	Channel 2 IN -	Channel 3 IN+	Channel 3 IN+	3	24
7	Channel 4 EXC+			Channel 3 iRTN		25
8	Channel 4 IN+	Channel 4 IN+	Channel 3 IN-	Channel 3 IN-		26
9		Channel 4 iRTN	Channel 5 EXC+			27
10	Channel 4 IN-	Channel 4 IN -	Channel 5 IN+	Channel 5 IN+	5	28
11	Channel 6 EXC+			Channel 5 iRTN		29
12	Channel 6 IN+	Channel 6 IN+	Channel 5 IN-	Channel 5 IN-		30
13		Channel 6 iRTN	Channel 7 EXC+			31
14	Channel 6 IN-	Channel 6 IN-	Channel 7 IN+	Channel 7 IN+	7	32
15	Channel 8 EXC+			Channel 7 iRTN		33
16	Channel 8 IN+	Channel 8 IN+	Channel 7 IN-	Channel 7 IN-		34
17		Channel 8 iRTN		CJC2 IN+		35
18	Channel 8 IN-	Channel 8 IN-		CJC2 IN-		36

图 3-76　IC695ALG600 现场接线图

热电偶/电压、电流信号输入接线方式如图 3-77 所示。

图 3-77（a）为电流传感器信号输入方式。在此种情况下，将 Return 信号（iRTN）端和负极（IN−）短接。图 3-77（b）为热电偶、电压传感器信号输入方式。

电阻信号接线方式如图 3-78 所示。

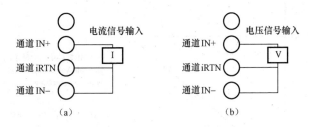

图 3-77 热电偶/电压、电流信号输入接线方式

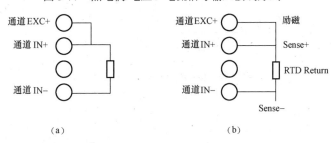

图 3-78 电阻信号接线方式

（a）2 线制热电阻（电阻）传感器接线；（b）3 或 4 线制热电阻（电阻）传感器接线

对于 2 线 RTD，将 EXC+和 IN+端子短接；

对于 3 线 RTD，传感器的正极加到 IN+端，Return 信号（iRTN）加到 IN−，励磁电流加到 EXC+端子；

对于 4 线 RTD，传感器的负极端不用接。

（8）输入缩放。

默认情况下，该模块将已经设定好范围的输入电压、电流、电阻或温度转换为 CPU 内的浮点值。例如，如果通道的范围是 4～20mA，模块报告通道的输入值为 4.000～20.000。通过修改一个或多个四通道缩放参数（低/高标度缩放值参数），可以使得缩放后的值是用户所熟悉的物理量或者更容易理解的值，以供 PLC 使用。缩放是线性的，因此逆缩放比较容易。所有的报警值适用于换算后的工程单位值，而不是 A/D 的输入值。假设 6.0V 的输入电压对应实际中 20ft/s 的速度、1.0V 对应实际中 0ft/s 的速度。在此范围内的关系是线性的（注意输入的值代表的是速度而不是电压），如果输入电压超出上述范围，该模块仍会按照上述线性关系进行转换，如输入 10.0V 的电压模块将得到 36.000。因此，应该使用报警或采取其他预防措施限制输入，使其界于设定的范围之内。如图 3-79 所示。

如果程序使用的是传统的 A/D 整型计数，如 16 位整型输入选项（16-bit integer）：程序认为+10V 对应计数值 32000、−10V 对应计数值−32000，通道就会按照这个比例线性转换（如图 3-80 所示）。

3.2.9 PAC Systems RX3i 模拟量输出模块（Analog Output，AO，D/A 转换）

PAC Systems RX3i 系统中模拟量输出模块的详细内容可以参看 PAC Systems RX3i System Manual（GFK-2314 C 的 PDF 文档，P253～P284），D/A 转换的原理可参看电子电路书籍。本部分以常见的 IC695ALG704 模块为例介绍，这个模块的一些详细情况还可参看 GFK-2348 C。IC695ALG708 模块的外形如图 3-81 所示，IC695ALG704 模块和其接近。

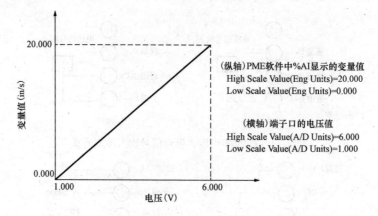

图 3-79　IC695ALG600 的输入缩放 1

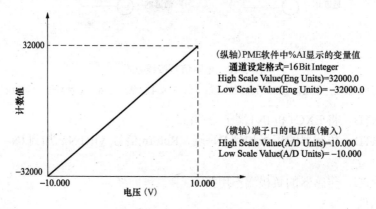

图 3-80　IC695ALG600 的输入缩放 2

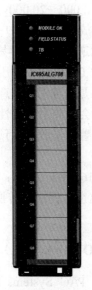

图 3-81　IC695ALG708
模块外形

非隔离模拟量电压/电流输出模块 IC695ALG704 提供了 4 个可配置电压或电流输出通道。该模块可以设定的输出范围：电流为 0～20mA，4～20mA；电压为±10V，0～10V。

IC695ALG704 和 IC695ALG708 最大区别：IC695ALG704 是 4 个输出通道，而 IC695ALG708 是 8 个输出通道。

这个模块必须安装在 RX3i 通用背板上、RX3i CPU 固件在 3.0 或以上、PME5.0 SP3 或以上。模块必须从外部接收 24V DC 电源，外部电源必须直接连接到模块的端子块，不能通过 TB1 连接器连接到 RX3i 通用背板上。

在 PME 软件中，每个通道可单独配置为"Disabled Current""Disabled Voltage""Voltage/ Current"三种类型（此处可查阅 GFK2314C）。

如果某通道设置为"Disabled Voltage"，则输出电压强制为 0，而电流非零。输出接电流端子。

如果某通道设置为"Disabled Current"，则输出电流强制为 0，而电压非零。输出接电压端子。

如果某通道设置为"Voltage/Current"，PME 软件里面设定的是电压范围，则接电压端子。

如果某通道设置为"Voltage/Current"，PME 软件里面设定的是电流范围，则接电流端子。

所有的公共端子在内部连接在一起。所以任何公共端子均可用于外部电源的负极。模块的接线（IC695ALG704 或 IC695ALG708）如图 3-82 所示，端子排含义如表 3-30 所示。

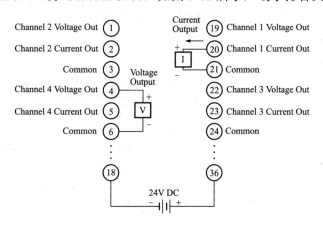

图 3-82　模块的接线（IC695ALG704 或 IC695ALG708）

表 3-30　　　　　模块的端子排含义（IC695ALG704 和 IC695ALG708）

端子号	IC695ALG704	IC695ALG708	端子号	IC695ALG704	IC695ALG708
1	Channel 2 Voltage Out		19	Channel 1 Voltage Out	
2	Channel 2 Curren Out		20	Channel 1 Current Out	
3	Common（COM）		21	Common（COM）	
4	Channel 4 Voltage Out		22	Channel 3 Voltage Out	
5	Channel 4 Current Out		23	Channel 3 Current Out	
6	Common（COM）		24	Common（COM）	
7	No Connection	Channel 6 Voltage Out	25	No Connection	Channel 5 Voltage Out
8	No Connection	Channel 6 Curren Out	26	No Connection	Channel 5 Curren Out
9	Common（COM）		27	Common（COM）	
10	No Connection	Channel 8 Voltage Out	28	No Connection	Channel 7 Voltage Out
11	No Connection	Channel 8 Curren Out	29	No Connection	Channel 7 Curren Out
12	Common（COM）		30	Common（COM）	
13	Common（COM）		31	Common（COM）	
14	Common（COM）		32	Common（COM）	
15	Common（COM）		33	Common（COM）	
16	Common（COM）		34	Common（COM）	
17	Common（COM）		35	Common（COM）	
18	Common（COM）		36	+24V In	

输出比例：类似于 AI 模块的输入比例，输出模块也有输出比例。

默认情况下，该模块将来自 CPU 的浮点值转换成电压或电流输出（整个配置范围内）。例如，如果一个信道的范围是 4～20mA，模块将接收通道的输出值为 4.000～20.000。通过修改一个或多个四通道缩放参数（低/高标度缩放值参数），可以使得缩放后的值满足实际项目的使用。

假设程序认为计数值 32000 对应+10V、计数值–32000 对应–10V，通道就会按照这个比例线性转换（如图 3-83 所示）。注意图 3-83 与图 3-80 的区别。

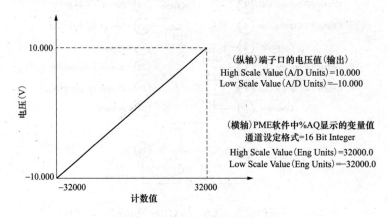

（纵轴）端子口的电压值（输出）
High Scale Value（A/D Units）=10.000
Low Scale Value（A/D Units）=–10.000

（横轴）PME软件中%AQ显示的变量值
通道设定格式=16 Bit Integer
High Scale Value（Eng Units）=32000.0
Low Scale Value（Eng Units）=–32000.0

图 3-83　IC695ALG704 的输出缩放

除此之外，还有模拟混合模块（既有输入也有输出）、带有 HART 通信协议的模拟量模块、专有接线端子线等。这些没有介绍到的模块读者可以参阅通用电气的相关文档。

思　考　题

1．PAC 是什么意思？它有哪些特点？与 PLC 有什么异同？
2．RX3i 的 CPU 有几种类型？
3．PAC Systems 中有哪些类型的模块？各有哪些用途？
4．电源一般插入哪个插槽？
5．CPU 一般插入哪个插槽？
6．对照 Demo 箱，写出上面的各种模块。

第 4 章

PME 软 件

本章主要介绍 GE 控制系统的软件，先介绍整个 Proficy 家族，其次是 PME 软件的操作。

4.1 Proficy 软件家族

在不断加剧的市场竞争下，现今的生产企业面临着巨大的挑战，如何把握先机、快速调整生产以适应市场的需要，在现有的设备条件下提高生产效率、做到精益生产是摆在企业管理人员面前的重要课题。于是，在生产运作中，对于速度、灵活性和反应灵敏度的要求越来越高。GE 认识到这个关键需求，并推出了 Proficy 这个无缝的、以信息为基础的解决方案，将商业运作和制造过程结合起来，提高全企业范围的生产性能。作为业界最新推出的最完整的、集成度最高的开放式软件应用平台，Proficy 通过一个统一的解决方案将工厂的各种系统、各种数据源和各种信息连接到一起，通过一个统一的用户界面和服务方式为管理人员提供实时生产决策帮助。用户只需一次组态便可以在企业的各个角落洞悉生产的状况，查询实时报表和管理生产进程。与一些其他厂商不同，GE 从一开始便很重视系统的整体架构和技术领先性。整个 Proficy 全集成解决方案不像某些公司通过收购一些小公司的产品简单组合来实现单项功能，Proficy 建立在微软.NET 技术框架之上，综合了数据仓库和高速工业采集存储技术，不仅可以实现实时生产数据的毫秒级海量存储，而且在数据库之上建立了统一的应用平台，其应用涵盖了从生产管理到设备分析、从产品跟踪到订单管理的各个部分。同时，其与 ERP（enterprise resource planning，企业资源计划）系统和基础自动化控制系统/监控系统之间的标准技术连接，填补了 ERP 与基础自动化之间的空隙，让 ERP 系统真正发挥对生产的作用，也将自动化水平提升到一个新的层次。在信息集成和显示上，Proficy 不仅具有和大型 ERP 系统如 SAP 的标准技术接口，还通过统一的浏览器界面进行所有组态、管理和信息显示。在其 Web 信息门户组件中，不仅在浏览器中集成了企业报表、质量控制图、动态生产显示、设备信息表等关键企业信息，以及设备故障诊断报表、生产统计报表、设备维护报表、质量检测报表等，同时还利用了最新的微软数字仪表盘（digital dashboard）技术来定制个人的页面，还可以根据管理者的需要，对信息进行分类、过滤和查询，真正做到数字化、人性化。

Proficy 的历史发展情况如下。

（1）GE 自有的 HMI/SCADA 产品——Cimplicity。

（2）2001 年收购 CIMWorks - Visual SPC。

（3）2002 年 10 月收购艾默生（Emerson，爱默森、爱默生）Intellution 公司的 HMI/SCADA FIX/iFIX 家族、数据库 iHistorian、其他 infoAgent/iBatch。

（4）2003 年收购 Mountain System 公司的 Proficy。

（5）2004 年底，GE 将所有软件产品整合为一个统一平台：Proficy。

Proficy 通过持续提高实时企业的生产力、盈利能力和竞争优势为企业提供了一个真正综合的、开放的商务解决方案，能使用户拥有集中的生产管理能力，帮助用户在整个工厂范围内达到实时生产，同时还拥有很多功能，如实时信息入口、资产管理、工厂生产与执行、HMI/SCADA、综合质量管理、全厂数据库、编程与控制以及全球支持。其独特性在于它的高度模块化、升级方便，它在生产与商务流通间提供闭环的实时通信。Proficy 构筑了通用的系统基础，它拥有一个开放的分层结构，能保护现有的信息技术投资，并能方便地被使用和配置。

图 4-1 展示了 GE Proficy 软件架构的层次和功能区域。

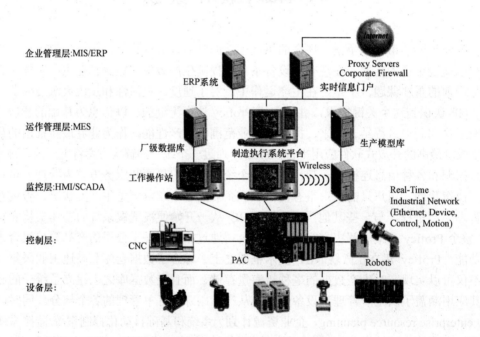

图 4-1　GE Proficy 软件架构的层次图

GE Proficy 软件主要包括以下几类：

第一类产品，HMI/SCADA 人机界面/数据采集与监控：Proficy HMI/SCADA-iFIX。

第二类产品，企业级实时/历史数据库：Proficy Historian。

第三类产品，实时生产信息门户：Proficy Real-time Information Portal。

第四类产品，制造执行系统（manufacturing execution system，MES）：Proficy Plant Application。

工厂角度的 GE Proficy 软件架构的层次如图 4-2 所示。

Proficy 的产品能力如图 4-3 所示。

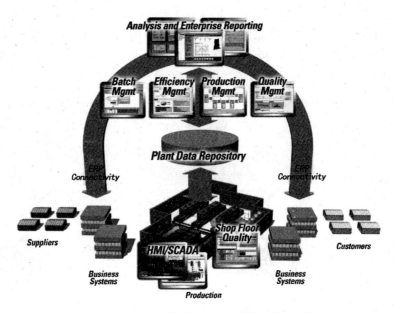

图 4-2　工厂角度的 GE Proficy 软件架构的层次

- 实时信息门户
  - Proficy Real–Time Information Portal
- 工厂生产性能和生产执行
  - Proficy Batch Execution
  - Proficy Batch Analysis
  - Proficy Efficiency
  - Proficy Production
  - Proficy Tracker
- 综合质量管理
  - Proficy Quality
  - Proficy Non Conformance
  - Proficy Shop Floor SPC
- 企业资产管理
  - Proficy Enterprise Asset Management
  - Proficy Remote Monitoring & Diagnostic
  - Proficy Change Management

- 工厂数据库存储
  - Proficy Historian
- HMI/SCADA
  - Proficy HMI/SCADA–iFIX
  - Proficy HMI/SCADA–CIMPLICITY
  - Proficy View–Machine Edition
- 编程和控制
  - Proficy Logic Developer–Machine Edition
  - Proficy Motion Developer–Machine Edition
- 服务
  - Proficy GlobalCare Support
  - Proficy Professional Services
  - Proficy Training

图 4-3　Proficy 全方位的产品能力

下面主要介绍编程和控制软件 Proficy 机器编辑语言（proficy machine edition，PME）。

4.2　PME　简　介

PME 是一个高级的软件开发环境和机器层面自动化维护环境，是一个适用于人机界面开发、运动控制及控制应用的通用开发环境。PME 提供一个统一的用户界面，具有全程拖放的编辑功能及支持项目需要的多目标组件的编辑功能，支持快速、强有力、面向对象的编程，充分利用了工业标准技术的优势，如 XML、COM/DCOM、OPC 和 ActiveX。PME 也包括了基于网络的功能，如嵌入式网络服务器，可将实时数据传输给企业里的任意一个人。PME 内部的所有组件和应用程序都共享一个单一的工作平台和工具箱。一个标准化的用户界面会减少学习时间，而且新应用程序的集成不包括对附加规范的学习。PME 是基于 Windows 平台的，因此对用户来讲，其有天然的亲和力和适应性；从企业的角度来讲，相关的培训只介绍该软件即可。PME 软件可以操作的对象如图 4-4 所示。

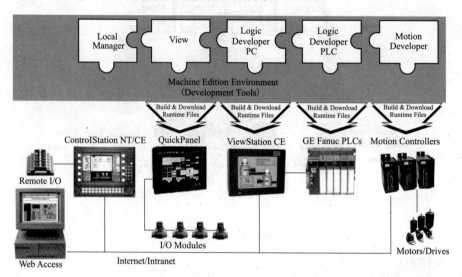

图 4-4　PME 软件可以操作的对象

2009 年 7 月 29 日，GE 智能平台推出 Proficy Machine Edition 6.0 版本，其最新版本现已达到 9.5 以上。本书以常用操作系统 Windows XP 下的 5.9 版本为例介绍，读者也可以参考GFK-1868 J 和 GFK-1918 J。

4.2.1　PME 的特点

该通用工程开发环境可以为 GE 所有的控制器产品进行编程、组态和诊断，凭借基于符号变量的编程模式、代码可复用的工具包，提供更好的在线故障排除的测试编辑模式。PME拥有一个用户友好的环境，它能加强设计灵活性，提高工程效率和生产力。全新的 PME 拥有诸多特性：用户能 IEC 61131-3 功能块状图（FBD）进行编程，符号 I/O 变量配置支持 PACSystems 家族的可编程自动化控制器（PAC）以缩短应用程序开发时间、加快 OEM 投放市场；监视模式能为运行程序提供一个"只看不碰"的界面；亚洲语言功能可帮助 OEM 拓展全球市场机遇；一个可选的"边看边感受"全新用户界面可方便使用。

通过精简统一操作应用，OEM 能加强其竞争力，PME 将组态、编程、维护和调试工具完全集成在一个开发环境中，以满足这个挑战。它有诸多特性，如统一的用户界面、单个标签数据库、方便的"拖-放"功能、对象管理，以及能优化机器构造者的生产时间。此外，开放标准式的技术能将这个强大的软件工具与任何现有的基础设施快速平滑地集成起来。凭借新增加的 FBD 编程语言，用户能利用 PAC Systems 块状架构和符号变量功能创建应用功能块库以备今后使用，与此同时还加快了应用程序的调配。用户能自定义功能块，这个功能还允许编程人员创建自定义控制器功能以及满足他们特定需要的功能块。

作为 Proficy 自动化和生产软件家族的一部分，PME 允许用户使用 FBD 编程，并可以用最能描述其过程应用的工具来写程序。如果用户已经很熟悉代表过程应用的语言工具，则在 PME 中运用 FBD 编程语言可以缩短培训时间、提高生产力。FBD 程序简化了故障排除过程，利用了 PME 环境的动态功能，如动态交叉坐标、环境敏感的指南助手、已选项的属性工具和单个工程数据库。

由于 PME 与 PAC Systems 控制器的块状架构结合，使得用户能为其应用程序的每个部分选择最佳的编程语言和应用组件，增加开发灵活性，并在许多控制编程器中促成协同开发环境。在混合控制（包括离散控制和过程控制）应用中，用户能为应用的每个部分选择最合适的编程语言。例如，用户可以为应用中的离散部分选择梯形图（LD），为应用中的过程部分选择使用 FBD。PAC Systems 的强大功能块架构允许用户根据其应用中的不同部分混合使用 LD、FBD、结构文本和 C 块状图，通过使用任何 IEC 61131-3 编程语言，允许使用用户自定义的功能块来创建应用构造块。

此外，使用全新的符号 I/O 变量来组态 PAC Systems 控制器允许 OEM 利用分层 I/O 寻址方案直接将应用变量绑定到一个 I/O 模块的点上，省去了将应用变量映射到控制器参考内存上的需要，缩短了应用开发时间。该功能还免去了先前绑定应用变量到 I/O 模块上所需的人工记录。例如，一个用户能简单地通过直接拖放一个命名为$E_STOP 的应用变量到离散量 I/O 模块的终端上，给 I/O 提供连接。这个功能还加快了应用程序开发，以往开发程序都需要几个控制工程师一起进行，而 PME 不使用参考内存，从而免去了每位控制工程师管理参考内存地址范围的工作。HMI 应用也能通过符号 I/O 变量名访问 I/O，而无需内部参考地址，无论何时将一个应用变量移动到控制器中，都无需在 HMI 和控制器之间同步标签数据库。

PME 的其他特性如下：

在线监视模式——PME 包括三种 GE 控制器操作模式：不在线、在线监视和在线编程模式。全新的监视模式使得生产维护人员能观察控制和应用的操作状况，无需担心可能会对项目或控制器造成的未经认可或无心的更改。该功能减少了非预期停机的可能，如操作员为了保护应用和控制系统采取了某项操作而造成了停机。

国际化——即使只有用本地用户语言归档的应用程序，新版本中对于亚洲语言文字的支持使得 OEM 能向更宽广的全球市场挺进。OEM 如今能将亚洲文字直接放在应用程序中来描述变量和逻辑。

全新的 PME 用户界面——可选的全新 PME 用户界面基于最新的 Windows.NET 软件技术，提供强大的生产力工具，如窗口自动隐藏，最大程度扩大桌面使用度，让软件开发人员快速看到想看到的信息。

在 PAC Systems 控制器中存储控制器补充文件——为 OEM 提供在控制器内存中存储文档（任何文件）的能力，同时还可以在闪存中备份，从而免去了在纸上备份或在控制机箱里保存电子复件的烦琐工作，但即使这样也难免丢失和损坏。因为信息不会错误放置，所以用户可以确保机器的信息是正确的。服务技术人员通过远程连接到机器上也确保能获得所有调试和诊断所需的信息。

Proficy View——支持最新发布的 15 英寸 QuickPanel View 和 QuickPanel 控制产品。用户能使用项目恢复功能在 QuickPanel View 目标中存储和回收原始项目文件。针对 Windows NT/2000/XP 目标的 HMI 应用程序能转换为 QuickPanel View 的目标，反之亦然。出于安全考虑，用户还可以为工程文件设置密码。

4.2.2　PME 的不足

（1）软件是纯英文的，没有汉化版或者中文版，这一点非常不方便国内用户的应用和学习。读者可以利用"金山词霸"等软件的页面翻译功能即时对单个单词进行翻译。

（2）软件所配备的资料也全是英文的，没有中文版。当然这也有一个明显的好处：读者在学习的过程中能够阅读到原汁原味的英文，同时快速掌握常见"控制术语"的英文表述。

（3）PME 没有仿真软件。很多 PLC 公司都开发有针对本公司产品的仿真软件，方便用户学习和模拟，但是 GE 没有，用户和读者只能在实验室里学习，无法感性认识和学习到 GE 的 PAC。

4.2.3　PME 组件

1．Proficy 人机界面

它是一个专门设计的用于全范围的机器级别操作界面/HMI 应用的 HMI。可以支持下列运行选项：QuickPanel、QuickPanel View（基于 Windows CE）、Windows NT/2000/XP。

2．Proficy 逻辑开发器——PC

PC 控制软件具有易于使用的特点和快速应用开发的功能，可以支持下列运行选项：QuickPanel Control（基于 Windows CE）、Windows NT/2000/XP、嵌入式 NT。

3．Proficy 逻辑开发器——PLC

可对所有 GE Fanuc 的 PLC、PAC Systems 控制器和远程 I/O 进行编程和配置；可选择 Professional、Standard 以及 Nano/Micro 版本。

4．Proficy 运动控制开发器

可对所有 GE 的 S2K 运动控制器进行编程和配置。

4.3　PME 的 安 装

本书使用的是 PME5.9 版本，若使用 Windows 7 的 32 位及 64 位操作系统，需要安装 PME6.5 或 PME7.0 版本。如果计算机是 Windows 7 或 Windows 10 等其他系统，可通过安装虚拟机或在虚拟机里安装 PME5.9 软件的方式解决。为了更好地使用 PME 软件，编程计算机需要满足下列条件。

（1）软件需要：Windows NT version 4.0 with service pack 6.0；Windows 2000 Professional；Windows XP Professional；Windows ME 或 Windows 98 SE；Internet Explorer 5.5 with Service Pack 2。

（2）硬件需要：500MHz 基于奔腾的计算机（建议主频在 1GHz 以上）；128MB RAM（建议 256M）；支持 TCP/IP 网络协议计算机；150～750MB 硬盘空间；200MB 硬盘空间用于安装演示工程（可选）；另外，还需要一定的硬盘空间用于创建工程文件和临时文件。

Proficy Machine Edition 软件安装步骤如下。

（1）将 Proficy Machine Edition 光盘插入 CD-ROM 驱动器。通常安装程序会自动启动，如果安装程序没有自动启动，也可以通过双击在光盘根目录下的 Setup.exe，出现安装工作界面，如图 4-5 所示。

图 4-5 安装工作界面

（2）选择"安装 Machine Edition"，出现"选择安装程序的语言"对话框，如图 4-6 所示。从下拉菜单中选择"中文（简体）"项［这里要注意，"中文（简体）"的意思是仅安装引导程序是中文，安装之后软件操作本身还是英文版］，并点击"确定"按钮，如图 4-7 所示。

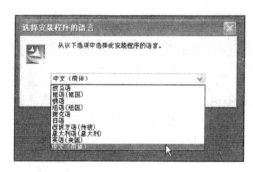

图 4-6 安装界面 1

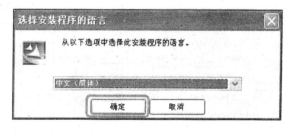

图 4-7 安装界面 2

（3）安装程序将自动检测计算机配置，如图 4-8 所示。当检测无误后，安装程序将启动 InstallShield 配置专家，点击"下一步"按钮，如图 4-9 所示。

（4）安装程序将配置用户协议，如图 4-10 所示，在阅读完协议后选择"接受授权协议条款"选项，单击"下一步"按钮，安装程序将配置程序的安装路径及安装内容，点击"修改"按钮，出现"选择安装路径"对话框，如图 4-11 所示。

 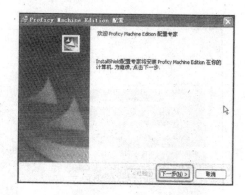

图 4-8　安装界面 3　　　　　　　　　　图 4-9　安装界面 4

 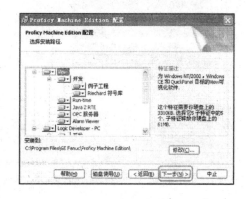

图 4-10　安装界面 5　　　　　　　　　图 4-11　安装界面 6

这里需要注意：PME 不支持中文路径，否则会出现未知的编译错误，建议用户不要修改安装路径。

（5）安装程序将准备安装，单击"安装"按钮，如图 4-12 和图 4-13 所示。

 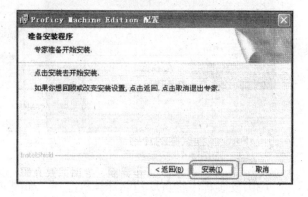

图 4-12　安装界面 7　　　　　　　　　图 4-13　安装界面 8

（6）安装程序将按照以上配置的路径进行安装，如图 4-14 所示。经过一段时间的等待后，对话框提示 InstallShield 已经完成 Proficy Machine Edition 安装，点击"完成"按钮，如图 4-15 所示。

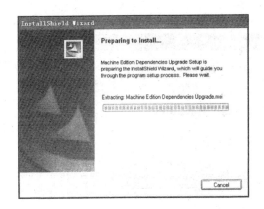

图 4-14　安装界面 9

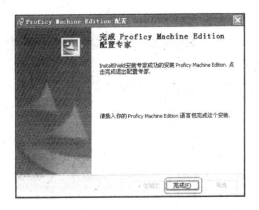

图 4-15　安装界面 10

（7）安装程序将询问是否安装授权，点击"Yes"按钮添加授权，将硬件授权插入计算机的 USB 通信口，就可以在授权时间内使用 Proficy Machine Edition 软件；点击"No"按钮不添加授权文件，用户仅拥有 4 天的使用权限。根据授权类型选择相应选型，如图 4-16 所示。

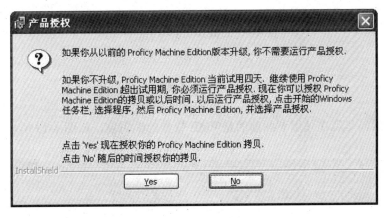

图 4-16　软件注册画面

从 2007 年开始，GE 在中国市场上所提供的授权方式均为硬件加密锁：只提供有 USB 加密锁和并口加密锁两种类型，无第三种授权方式。

无论是以后注册还是立即注册，在运行 PME 软件之前都必须重新启动计算机。

这样，PME 的整个安装过程将结束。点击"开始→所有程序→GE Fanuc→Proficy Machine Edition→Proficy Machine Edition"启动编程软件（如图 4-17 所示）或者双击桌面上的图标运行 PME 软件。

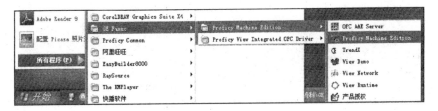

图 4-17　打开软件界面

129

打开软件后如图 4-18 所示。

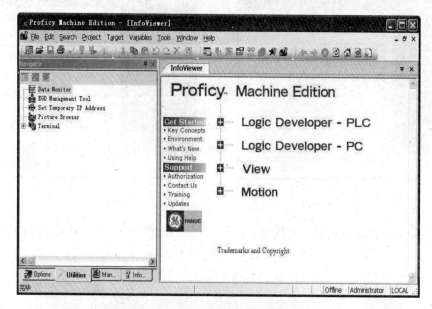

图 4-18　PME 软件打开后的界面

4.4　PME 工具介绍

打开软件后，呈现在使用者面前的是 PME 软件的编辑窗，如图 4-19 所示。

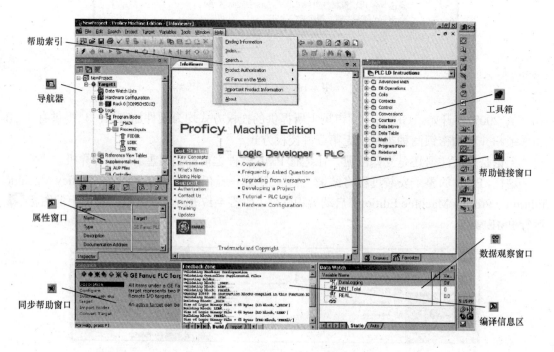

图 4-19　完整的 PME 编辑窗口

4.4.1 工具栏

工具栏主要由以下几部分组成，如图 4-20 所示。

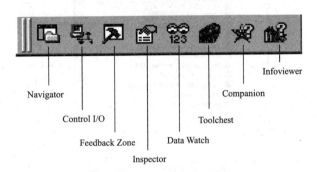

图 4-20　工具窗口

4.4.2 浏览工具

单击浏览工具（Navigator）按钮，可打开一个含有一组标签窗口的停放工具视窗，它包含开发系统的信息和视图，如图 4-21 所示。选择何种标签取决于安装哪一种 Machine Edition 产品以及要开发和管理哪一种工作。每个标签按照树形结构分层次地显示信息，类似于 Windows 资源管理器。

浏览器的顶部有 3 个按钮，利用它们可扩展 Property Columns（属性栏），并及时地查看和操作若干项属性，如图 4-22 和图 4-23 所示。

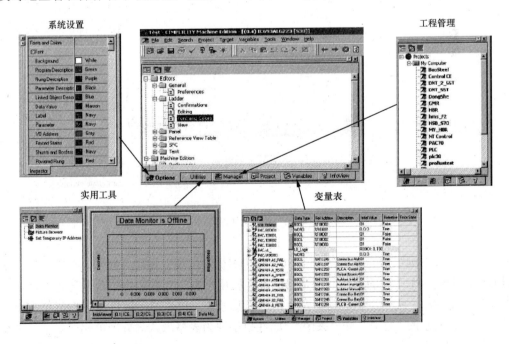

图 4-21　浏览组件

131

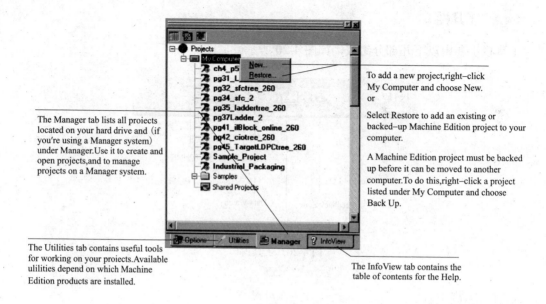

图 4-22　浏览工具窗口 1

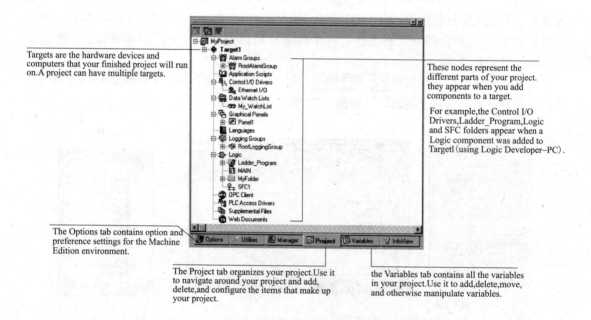

图 4-23　浏览工具窗口 2

　　属性栏呈现在浏览器的 Variable List（变量表）标签的展开图中。通常，在检查窗口中能同时查看和编辑一个选项的属性。浏览器的属性栏用于及时查看和修改几个选项的属性，与电子表格非常相似。点击浏览器窗口左上角的工具按钮，可以显示属性栏。在浏览窗口，点击切换属性栏显示的"打开"和"关闭"。属性栏呈现为表格形式。每个单元格显示一个特定变量的属性当前值。

4.4.3　属性检查工具

单击 Inspector（属性检查工具）按钮 ![icon]，打开属性窗口，窗口中列出已选择的对象或组件的属性和当前位置，可直接在属性窗口中编辑这些属性。若选择了几个对象，属性窗口将列出公共属性，如图 4-24 所示。

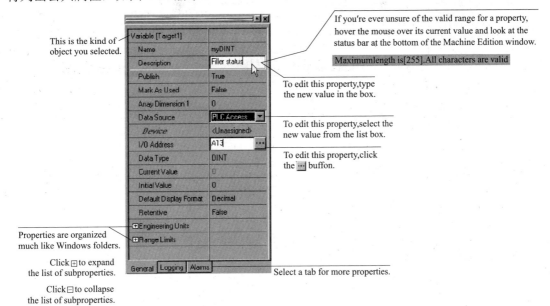

图 4-24　属性窗口

属性窗口提供了对全部对象进行查看和设定属性的方便途径。要打开属性窗口，应执行以下各操作中的一项：从工具菜单中选择 Inspector；点击工具栏的 ![icon]；从对象的快捷菜单中选择 Properties。属性窗口的左边栏显示已选择对象的属性，可以在右边栏中进行编辑和查看设置。显示红色的属性值是有效的；显示黄色的属性值在技术上是有效的，但是可能产生问题。

4.4.4　在线帮助

Companion（在线帮助窗口）![icon]为用户的工作提供有用的提示和信息。当在线帮助打开时，它对 Machine Edition 环境中当前选择的任何对象提供帮助。它们可能是浏览窗口中的一个对象或文件夹、某种编辑器（如 Logic Developer——PC's 地形图编辑器）或者是当前选择的属性窗口中的属性。

在线帮助内容往往是简短和缩写的。如果需要更详细的信息，请点击在线窗口右上角的在线帮助工具 ![icon]，帮助系统的相关主题在信息浏览窗口中打开。

有些在线帮助在左边栏中包含主题或程序标题的列表。点击一个标题可以获得持续的简短描述。

4.4.5　反馈信息工具

单击 Feedback Zone（反馈信息工具）![icon]，可打开反馈信息窗口。反馈信息窗口是一个用于显示 Machine Edition 产品生成的几种类型输出信息的停放窗口。这种交互式的窗口使用类别标签来组织产生的输出信息。有哪些标签可供使用取决于你所安装的 Machine Edition 产品。如图 4-25 所示。

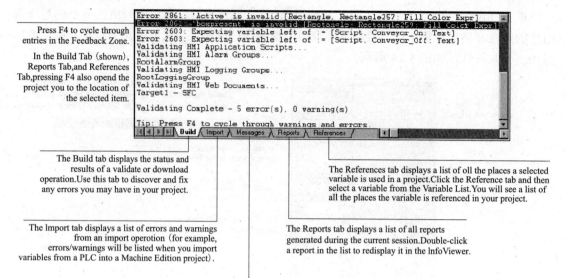

Press F4 to cycle through entries in the Feedback Zone.

In the Build Tab (shown), Reports Tab, and References Tab, pressing F4 also opend the project you to the location of the selected item.

The Build tab displays the status and results of a validate or download operation. Use this tab to discover and fix any errors you may have in your project.

The lmport tab displays a list of errors and warnings from an import operotion（for example, errors/warnings will be listed when you import variables from a PLC into a Machine Edition project）.

The Messages tab tracks and displays operations that have been completed within Machine Edition (eg., a message is added every time you open a project).

The References tab displays a list of oll the places a selected variable is used in a project. Click the Reference tab and then select a variable from the Variable List. You will see a list of all the places the variable is referenced in your project.

The Reports tab displays a list of all reports generated during the current session. Double-click a report in the list to redisplay it in the lnfoViewer.

图 4-25　反馈信息窗口

关于特定标签的更多信息，选中标签并按 F1 键。

反馈信息窗口标签中的输入支持一个或多个下列基本操作。

右击：当你右击一个输入项，该项目就显示指令菜单。

双击：如果一个输入项支持双击操作，则双击它将执行项目的默认操作。默认操作包括打开一个编辑器和显示输入项的属性。

F1：如果输入项支持上下文相关的帮助主题，按 F1 键，在信息浏览窗口中将显示有关输入项的帮助。

F4：如果输入项支持双击操作，按 F4 键，输入项循环通过反馈信息窗口，与双击某一项的效果一样。若要显示反馈信息窗口中以前的信息，可按 Ctrl+Shift+F4 键。

选择：有些输入项被选中后会更新其他工具窗口（属性窗口、在线帮助或反馈信息窗口）。选中一个输入项，点击工具栏中的复制按钮 ，将反馈信息窗口中显示的全部信息复制到 Windows 中。

4.4.6　数据监视工具

Data Watch Tool（数据监视工具） 是一个调试工具，用于监视变量的数值。当在线操作一个对象时，它是一个很有用的工具（如图 4-26 所示）。

使用据监视工具，可以监视单个变量或用户定义的变量表。监视列表可以被输入、输出或存储在一个项目中。

使用数据监视工具可打开数据监视窗口，它通常有以下标签：

Static Tab（静态标签）包含用户添加到数据监视工具中的全部变量。

Auto Tab（自动标签）包含当前在变量表中选择的或与当前选择的梯形逻辑图中指令相关的变量，最多可以有 50 行。

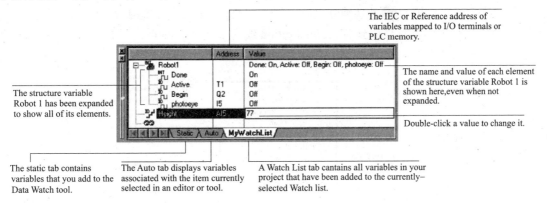

图 4-26 数据监视窗口

Watch List Tab（监视表标签）包含当前选择的监视表中的全部变量。监视表用于创建和保存要监视的变量清单。用户可以定义一个或多个监视表，但是数据监视工具在一个时刻只能监视一个监视表。

数据监视工具中变量的基准地址（简称为地址）显示在 Address 栏中，一个地址最多具有 8 个字符（例如%AQ99999）。

数据监视工具中变量的数值显示在 Value 栏中。如果要在数据监视工具中添加变量之前改变数值的显示格式，可以使用数据监视属性对话框或右击变量。

数据监视属性对话框：若要配置数据监视工具的外部特性，右击它并选择 Data Watch Properties 选项。

还可以使用图 4-27 所示的方法查看变量值。

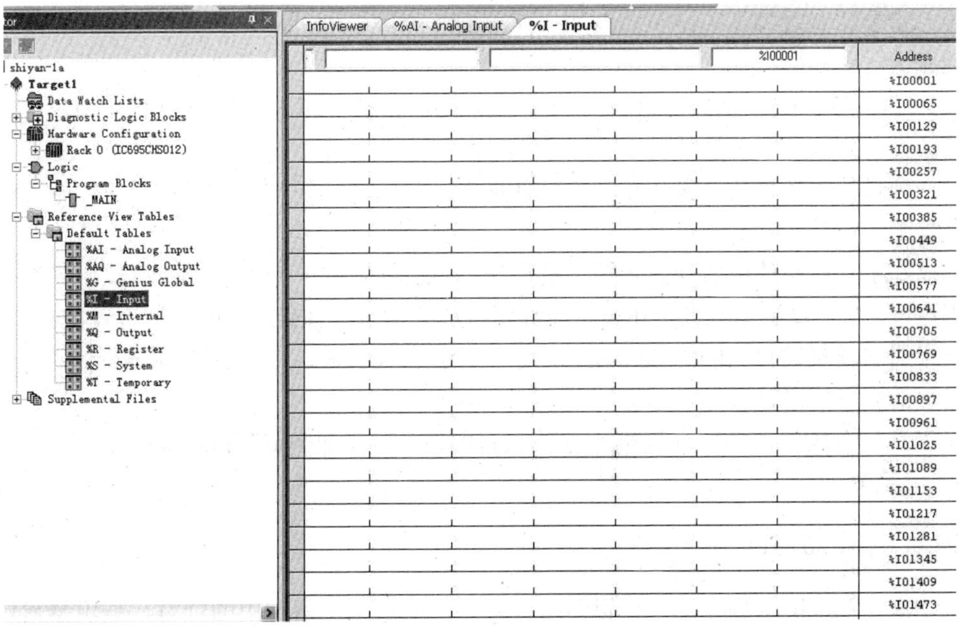

图 4-27 变量值的查看

4.4.7　工具箱

Toolchest（工具箱）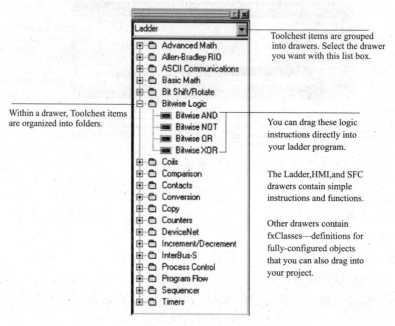是功能强大的设计蓝图仓库，可以把它添加到项目中去，也可以把大多数项目从工具箱直接拖到 Machine Edition 编辑器中（如图 4-28 所示）。

图 4-28　工具箱窗口

一般而言，工具箱中储存有如下三种蓝图。

（1）简单的或"基本"设计图，例如梯形逻辑指令、CFBS（用户功能块）、SFC（程序功能图）指令和查看脚本关键字。例如，简单的蓝图位于 Ladder、View Scripting 和 Motion 绘图抽屉中。

（2）完整的图形查看画面，查看脚本、报警组、登录组和用户 Web 文件。用户可以把这一类蓝图拖动到浏览窗口的项目中。

（3）项目使用的机器、设备和其他配件模型，包括梯形逻辑程序段和对象的图形表示，以及预先配置的动画。

存储在工具箱内的机器和设备模型被称作 fxclasses。有了 fxClasses，可以用模块化方式来模拟过程，其中较小型的机器和设备能够组合成大型设备系统。详情请见工具箱 fxClasses。

如果需要反复设置相同的 fxClasses，可以把这些 fxClasses 加入到常用的标签中。有关常用工具箱的更多信息，参见常用标签（Toolchest）。

在工具箱的█绘图抽屉标签█中寻找项目的信息，参见 Navigating through the Toolchest（通过工具箱浏览）。

4.4.8　编辑器窗口

开始操作 Machine Edition（编辑器窗口）时，双击浏览窗口中的项目。编辑器窗口实际上是建立应用程序的工具窗口。编辑窗口的运行和外部特征取决于要执行的编辑的特点。例如，当编辑 HMI 脚本时，编辑窗口的格式就是一个完全的文本编辑器。当编辑梯形图逻辑时，编辑窗口就是显示梯形逻辑程序的梯级。

可以像操作其他工具一样，移动、停放、最小化和调整编辑窗口的大小。但是，某些编辑窗口不能够直接关闭。这些编辑窗口只有关闭项目时才消失。

可以将对象从编辑窗口拖入或拖出。允许的拖放操作取决于确切的编辑器。例如，将一个变量拖动到梯形图逻辑编辑窗口中的一个输出线圈，就是把该变量分配给这个线圈。用户可以同时打开多个编辑窗口，用窗口菜单在窗口之间进行切换。

点击到某一模块的时候，会出现图 4-29 所示效果，指示出移动的方向和位置。

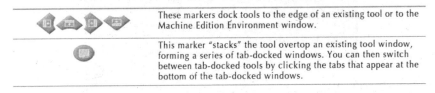

图 4-29 位置移动指示图

4.5 PME 使 用

第一次运行 PME 时，将出现如图 4-30 所示的初始画面。

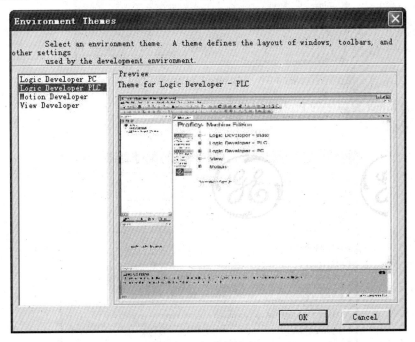

图 4-30 开发环境窗口

其中"环境主题"界面有几种不同的主题，不同主题确定不同窗口的布局、工具栏和其他设置使用的开发环境（如果想改变显示界面，可以通过选择 Windows→Apply Theme 菜单进行）。工具栏弄乱以后也可按照这样的方式复位。选择一种主题后，如选择 Logic Developer PLC，单击 OK 按钮后，出现 Machine Edition 软件工程管理提示画面，进入开发环境窗口，如图 4-31 所示。

4.5.1　创建工程

打开工程的方式有三种：Empty project（新建工程、Machine Edition template（从模板创建新工程）、Open an existing project（打开已有的工程）。这里选择新建工程，单击 OK 按钮，如图 4-31 所示。

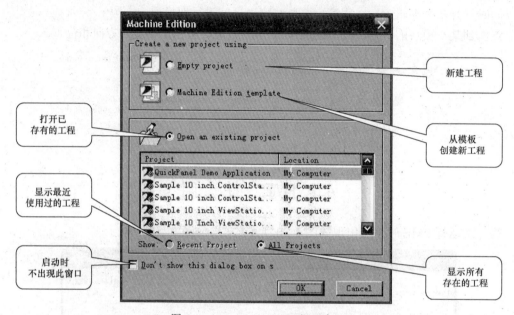

图 4-31　Machine Edition 打开窗口

在 New Project 窗口中的 Project 一栏中输入一个有代表意义的工程（项目）名，如 First（如图 4-32 所示）。

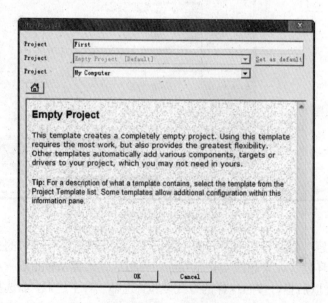

图 4-32　New Project 窗口

工程名要求使用英文、数字，切记不能出现中文。在 First 工程中，添加一个 PAC Systems RX3i 项目，如图 4-33 所示，并可以添加多个相同或不同的其他项目。

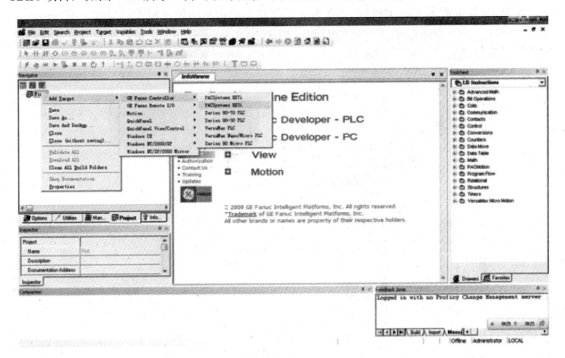

图 4-33　新建一个 Target 项目

还有一种方法可以直接新建项目：点击 File→New Project，或点击 File 工具栏中 New Project 按钮。出现新建工程对话框，如图 4-34 所示。

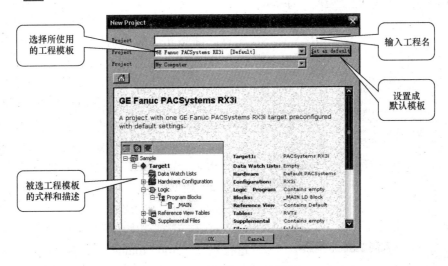

图 4-34　新建工程对话框

在 New Project 窗口中，选择所需要的模板，输入工程名，点击 OK 按钮。这样，一个新工程就在 Machine Edition 的环境中被成功创建。

4.5.2　硬件配置

用 PME 软件配置 PAC CPU 和 I/O 系统。新建立的项目的硬件配置已包含一部分内容，如一个底板、一个交流电源及一个 CPU 等，对于 PAC Systems RX3i 系统来说，其底板与模块的初始连接关系一般如图 4-35 所示。

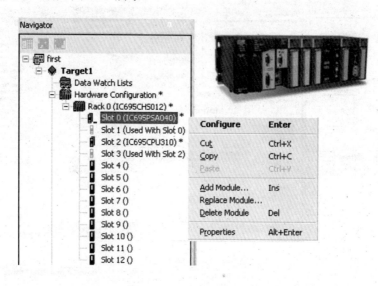

图 4-35　工程的硬件配置

图 4-36　硬件配置

由于 PAC 采用模块化结构，每个插槽均有可能配置不同模块，所以需要对每个插槽上的模块进行定义，这样 CPU 才能识别到模块展开工作。由于各模块安装的槽位有一定要求，因此在进行硬件配置时需按实际情况对应配置。使用 Developer PLC 编程软件配置 PAC 的电源模块、CPU 模块和常用的 I/O 模块的步骤如下。

（1）依次点开浏览器的 Target1→hardware Configuration→rack0 条目。

（2）Slot0 表示插槽 0，Slot1 表示插槽 1 等。右击 Slot，选择 Add Module，软件弹出 Catalog 编辑窗口，根据模块的类型，选择相应的型号，点击 OK 按钮就可以成功添加。

对每一个插槽中的模块（右击某一插槽）均可进行添加（Add Module）、替换（Replace Module）和删除（Delete Module），也可进行剪切、复制和粘贴。若模块正确而位置不对，也可按住鼠标左键进行拖放，直至配置完成。如图 4-36 和图 4-37 所示。

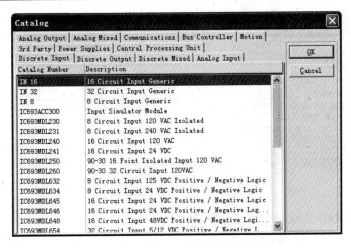

图 4-37 添加硬件对话框

Demo 箱中有很多是按照表 4-1 和表 4-2 进行安装的。

表 4-1   Demo 箱的模块配置表（示例 1）

模块代码	IC695 PSD040	IC695 CPU310	IC695 ETM001	IC694 ACC300		IC695 HSC304	IC695 ALG600	IC695 ALG704	IC695 CMM002	IC694 MDL655		IC695 LRE001
插槽号	0	1～2	3	4	5	6	7	8	9	10	11	12

表 4-2   Demo 箱的模块配置表（示例 2）

序号	模块	描述
0	IC695PSD040	直流电源
1	IC695CPU310	CPU
2	空白	used with shot 1
3	IC695ETM001	以太网通信网卡
4	空白	空白
5	IC694ACC300	数字量输入仿真
6	IC694MDL754	DO
7	IC695HSC304	高速计数器
8	IC695ALG600	AI
9	IC695ALG704	AO
10	IC694MDL655	DI
11	空白	空白
12	IC695LRE001	扩展模块

1. CPU 模块设置

右击（或者双击）CPU slot，在弹出的快捷菜单中选择 configure 命令，软件弹出参数编辑窗口，在这个窗口里面可以对 CPU 的参数进行设定，如图 4-38 所示。

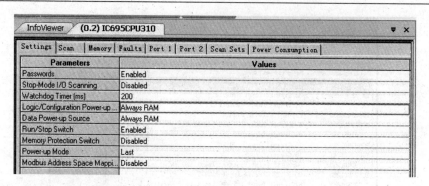

图 4-38　CPU 的参数设定

2. IC695ETM001 工业以太网通信设置

RX3i 的 PLC、PC 和 HMI 是采用工业以太网通信的（PC 和 PLC 之间也可以采用串行通信）。这个模块添加好之后，会出现红叉，红叉的地方提示用户需要修改，如图 4-39 所示。

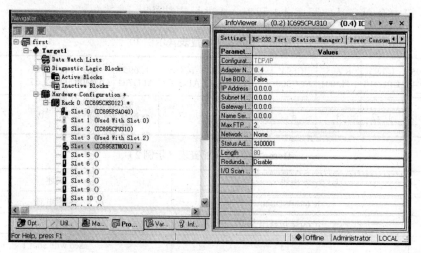

图 4-39　IC695ETM001 工业以太网通信设置

图 4-40 是网卡参数编辑窗口，在这个窗口里可以对其参数进行设定。这里将 IP 地址设定为 192.168.100.8。

Parameters	Values
Configuration Mode	TCP/IP
Adapter Name	0.4
Use BOOTP for IP Address	False
IP Address	**192.168.100.8**
Subnet Mask	0.0.0.0
Gateway IP Address	0.0.0.0
Name Server IP Address	0.0.0.0
Max FTP Server Connections	2
Network Time Sync	None
Status Address	%I00001
Length	80
Redundant IP	Disable
I/O Scan Set	1

图 4-40　IP 地址设定

该模块的起始地址可以修改，以避开常用地址区域如图 4-41 所示。

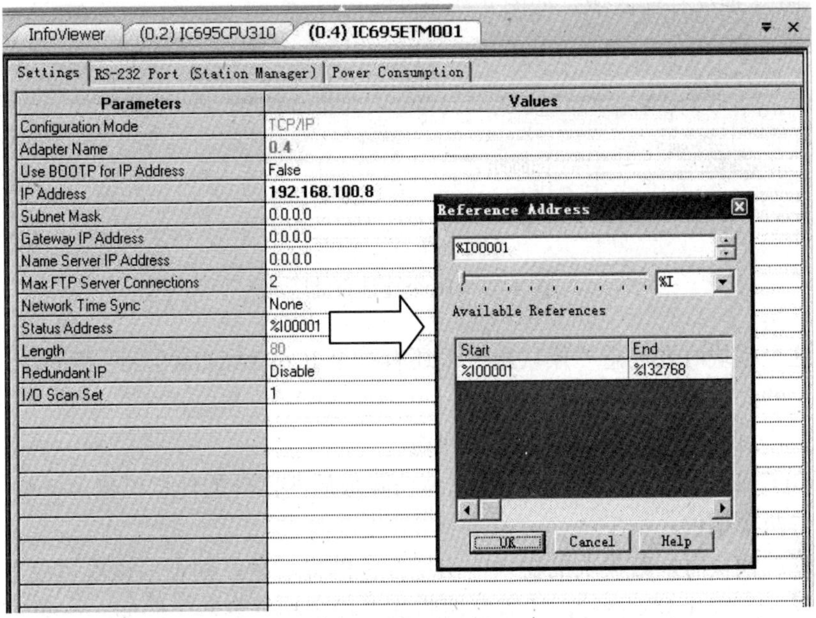

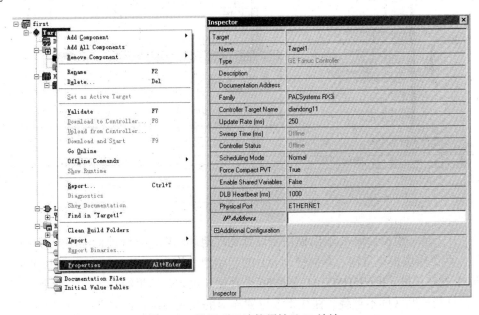

图 4-41 模块的起始地址的修改

另外，还需要将通信方式修改为以太网方式，其中物理接口使用以太网连接，并设置连接以太网模块的 IP 地址（这里的 IP 地址必须和上面的相同，即 192.168.100.8），如图 4-42 所示。

图 4-42 设置项目连接属性及 IP 地址

3. IC694ACC300 数字量仿真输入模块配置

此模块一般要配置起始地址，这里将起始地址设定为%I00001，即数字量模块的第一个波动开关对应为%I00001，第二个拨动开关设定为%I00002，依此类推。共占用以%I00001 为起始地址的 16 个连续存储区域，如图 4-43 所示。

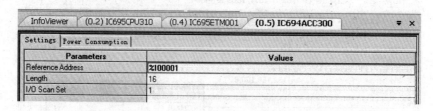

图 4-43　16 个连续存储区域

在添加这个模块时要注意"模块箱"里还有一个 IC693ACC300，两者不同。

其他模块的添加依此类推，不再冗述。

在上述操作过程中需要注意以下几个问题。

（1）RX3i CPU 占两槽的宽度，可以安装在除最后两槽外的任意槽位上（参看第 3 章），交流电源也占两个槽位。

（2）在添加模块时，若模块的窗口中出现红色的提示栏，则表示该模块没有配置完全或者配置有错误（如图 4-44 所示），还需要调整或者设定相关参数。例如，在配置 ETM001 通信模块时，除了添加模块，还要配置模块的 IP 地址，如图 4-40 所示。

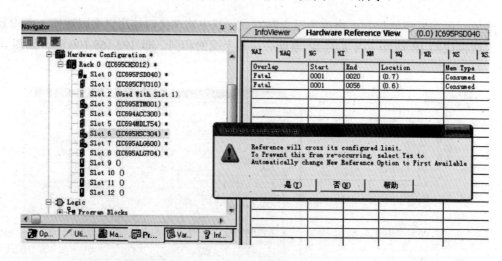

图 4-44　硬件配置的错误信息

（3）开关量、模拟量输入/输出模块需设置物理地址范围，且地址范围不能有冲突。在图 4-45 中，两个模块模拟量输入存储空间 AI 的起始地址均为%AI00001，并且 IC695ALG600 需要 20 个存储长度，IC695HSC304 需要 56 个存储长度，在这里给每个模块一个合适的起始地址，并且其长度区间不重叠。往往不改位置靠前的模块地址，而修改后面的。

（4）CPU 设置的存储空间地址范围要满足所有模块各存储空间分配。图 4-45 中两个模拟量输入空间共需要 76 个存储区域，而 CPU 的 AI 空间最长默认设置为 64，显然不能满足要求。若要满足要求，只需将其长度增大即可，一般按倍数原则扩充，如图 4-46 所示。

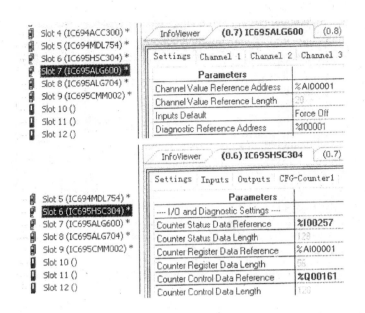

图 4-45 正确分配存储空间

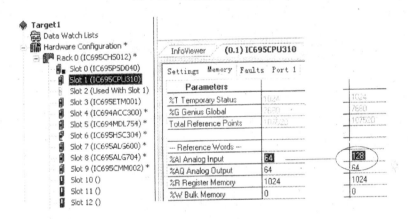

图 4-46 给硬件设置足够多的内存空间

（5）应用系统中暂时不用的模块，在硬件组态时可以不添加。如果添加，则必须配置正确。

（6）添加模块的时候，先要确定模块究竟是属于什么类型：通信、数字量输入、数字量输出、模拟量输入、模拟量输出。这样可以比较方便地从大类中找出相应模块。

（7）某些模块很相似，但是细看会发现不同。一定要按照真实硬件来添加模块，否则到编译、下载的时候会出问题。有的时候并不添加所有的硬件模块，只添加项目中用到的，项目中没有用到的模块不安装在 PLC 机架上。

4.5.3 编写程序

梯形图（ladder diagram，LD）编辑器用于创建梯形图语言的程序。它以梯形逻辑显示 PLC 程序执行过程。在 PME 中，程序编辑界面如图 4-47 所示。

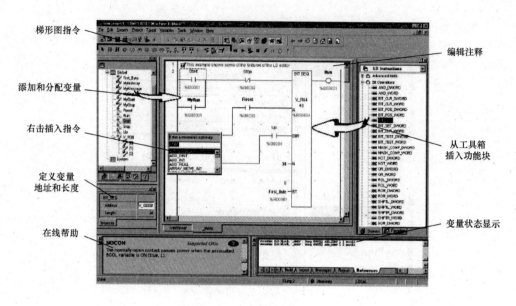

图 4-47　程序编辑画面

在 Machine Edition 窗口中输入梯形图程序可以用工具栏中的常用工具，如图 4-48 所示。

图 4-48　工具栏

如果工具栏中没有指令工具栏，则点击菜单上的 Tools→Toolbars→Logic Developer-PLC 进行工具切换，如图 4-49 所示。

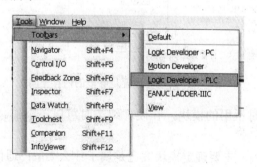

图 4-49　工具切换

或者单击工具箱按钮![icon]，在工具箱窗口中选择所需触点、线圈或者功能块，如图 4-50 所示。

将需要的指令放到相应的位置，如图 4-51 所示。

双击该元件，输入地址的全称%I00001，系统自动将该地址分配给这个元件，同时元件的名称也被默认设定为 I00001；也可以采用倒装的方式键入 1i，系统自动换算为%I00001，按回车键即可，也可在属性检查窗口对地址号进行管理。如图 4-52 所示。

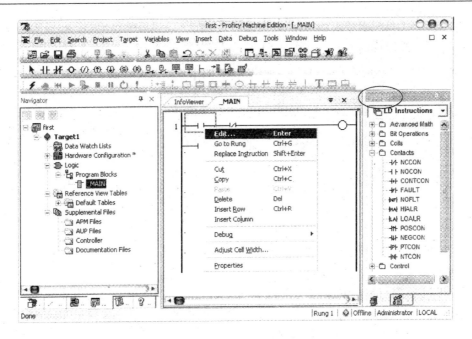

图 4-50　梯形图的绘制

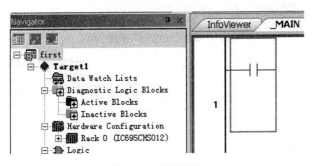

图 4-51　拖放元件

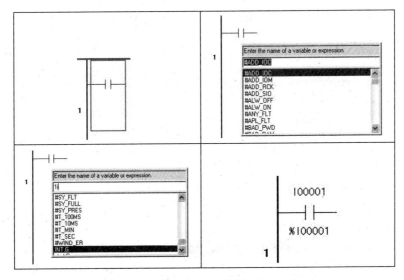

图 4-52　添加元件、书写地址、名称

在梯形指令工具栏上单击水平/垂直按钮├，单击一段线段的单元格，线段的方向取决于单击鼠标时指针光线标的方向，如图 4-53 所示。

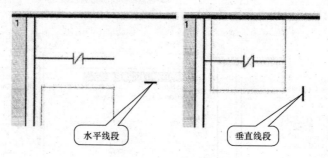

图 4-53　水平/垂直段

或者按照下面的步骤进行。

1. 建立变量表

在 PME 导航器（navigator）窗口的下方，点击"Var.."选项，导航器的内容切换到"Variable List（变量列表）"，点击"Variable List…"，在弹出的快捷菜单中选择 New Variable（新变量）→"Bool"（布尔型变量），如图 4-54 所示。

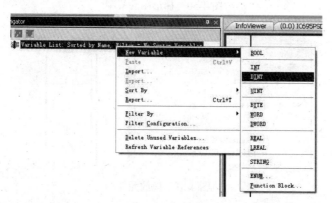

图 4-54　建立变量表

每个变量添加完毕后，右击此变量，在弹出的快捷菜单中选择 Properties，如图 4-55 所示。

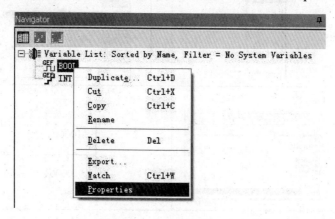

图 4-55　打开变量属性

"变量列表"窗口下方出现"Inspector"窗口，用来设置变量的 Name（名称）、Description（描述）、Ref Address（参考地址）等属性，如图 4-56 所示。

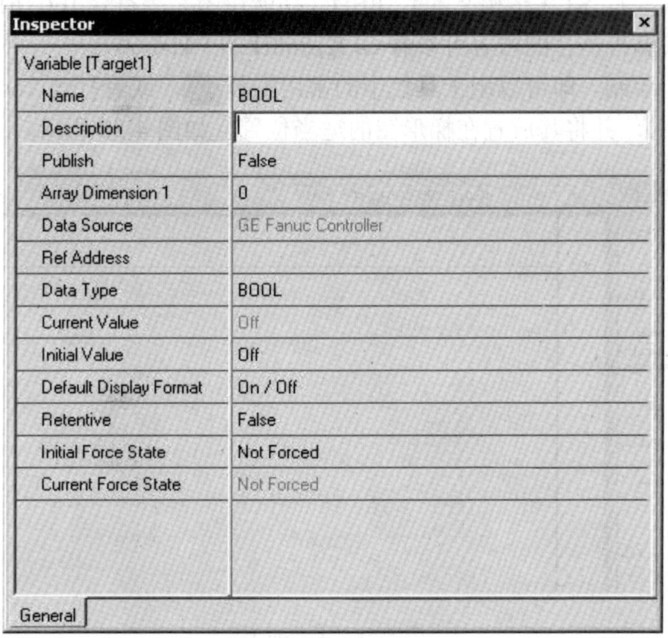

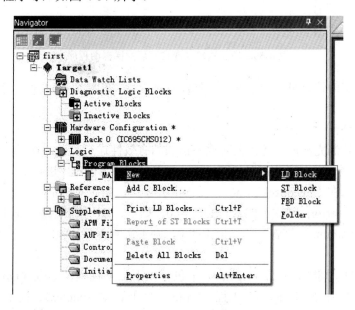

图 4-56 设置变量属性窗口

2. 创建程序块

梯形图作为最简单有效的编程语言，得到了广泛的使用，在项目 Target1 中的 Logic 项中可进行程序的编制，在一个项目中只允许建立一个主程序 Main，但可以添加其他程序块，如C 块、梯形图子程序等，如图 4-57 所示。

图 4-57 创建程序块

3. 绘制梯形图

这里以梯形图为例讲述程序编辑。除此之外，PME 软件还可以使用 SFC（顺序功能图）、IL（指令表编程语言）、ST（结构文本）、FBD（功能块图）等符合 IEC 61131-3 标准的几种语言来编程（有关编程语言的内容可参看 GFK1868H 的 P41-P60）。

对于梯形图的绘制，即可以用工具栏中的常用工具 ，或者打开 Toolchest 窗口选择所需触点（或功能块），并将其放置在梯形图的适当位置，如图 4-58 所示。

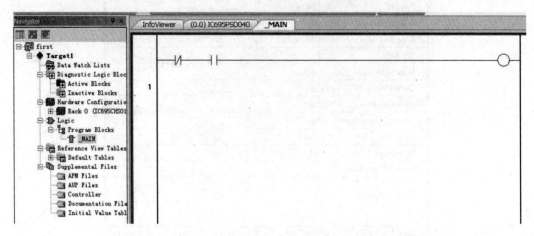

图 4-58　元件放置

在图 4-58 中，绘制后的梯形图中的元件没有地址和变量名称，只需要把变量列表中的变量拖拽到对应元件即可，如图 4-59 所示。

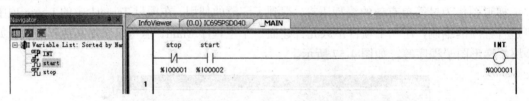

图 4-59　添加地址（变量）后的梯形图程序

有些读者使用的计算机上显示的元器件没有地址等，在如图 4-60 所示的设置界面中可以找到。

4. 程序的检验

梯形图程序绘制完成后，还需要对程序语法的有效性进行验证。在菜单中选择 Target→Validate Target1 命令或直接单击工具栏图标 ✓，就开始对梯形图程序进行检验，如图 4-61 所示。

检验结果显示在 "Feedback Zone"（反馈区）窗口，如图 4-62 所示。

在图 4-62 中，error（错误）的数目必须为 0，如不为 0，按 F4 键查找并修改错误，直到没有错误为止；warning（警告）的结果不为 0，则不影响程序的执行。

5. 联机调试

在 PME 中的导航窗口（Navigator）中包含以下几个标签：选项（Option）、公共设置（Utilities）、工程管理（Manager）、工程（Project）、变量（Variables）、技术帮助（InfoView）等。本机（计算机）所编写的程序需下载到 PAC 上才能使 PAC 按照程序要求进行运行，以达到控制被控对象的目的。本机与 PAC 的连接可通过串行方式（COM 端口）和以太网（网口）进行连接，这里只介绍采用以太网连接。

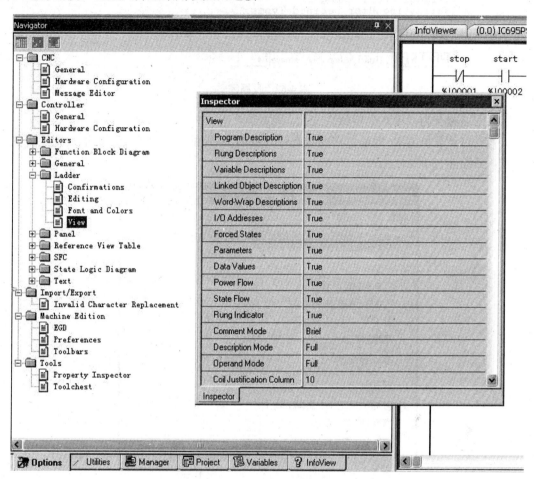

图 4-60　属性的设置

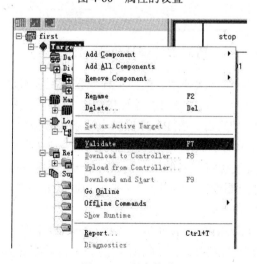

图 4-61　程序校验

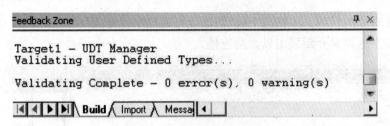

图 4-62　反馈区

以太网连接分为以下几个步骤。

（1）设定计算机的 IP 地址：需要设置计算机的 IP 地址、子网掩码，其他设置项目视需要而定，如图 4-63 所示。

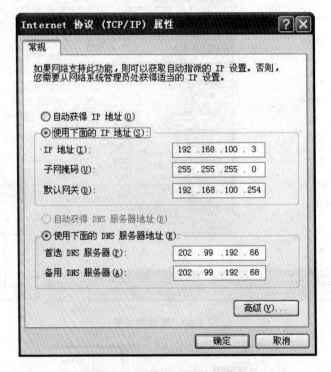

图 4-63　计算机 IP 地址的设定

（2）设定临时 IP 地址。在首次使用、更换工程或丢失配置信息后，以太网通信模块的配置信息须重设，即设置临时 IP，并将此 IP 写入 RX3i，供临时通信使用。然后可通过写入硬件配置信息的方法设置"永久"IP，在 RX3i 保护电池未失效或将硬件配置信息写入 RX3i 的 Flash 后，即使断电也可保留硬件配置信息（包括此"永久"IP 信息）。

在设置 IP 时，一定要注意将三者的 IP 设置在同一 IP 段。PLC 的 IP 地址就是该通用底板上的通信模块网卡地址。要设定 IP 地址，就必须知道以太网接口的 MAC 地址。

设定临时 IP 地址步骤如下。

1）将 PAC 系统连接到以太网上。浏览器的工程（Project）下有一个 PAC 系统对象（Target），右击此对象，选择下线命令（设置时注意 CPU 不能处于运行模式），然后选择设定临时 IP 地址（Set Temporary IP Address）。

选择公共设置标签 ✏ **Utilities** → ⊞ Set Temporary IP Address （设定临时 IP 地址）。在设定临时 IP 地址对话框内输入：指定以太网模块的 MAC 地址（一般直接标在以太网模块上），在 IP 地址设定框内输入想要设定的 IP 地址（注意此 IP 地址须与以太网模块配置的 IP 地址一致，且 PAC、触摸屏和 PC 必须在同一网段），最后单击 Set IP 按钮，成功与否请注意提示信息。

2）需要在设定临时 IP 地址对话框（如图 4-64 所示）内做以下操作：

指定 MAC 地址；在 IP 地址设定框内，输入想要设定给 PAC 系统的 IP 地址（应与以太网模块 ETM001 的 IP 地址一致）；需要的话，选择启用网络接口选择校验（Enable interface selection）对话框，并且标明 PAC 系统所在的网络接口。

以上区域都正确配置之后，单击设定 IP（Set IP）按钮。

对应的 PAC 系统的 IP 地址将被指定为对话框内设定的地址，这个过程最多需要 1min 的时间。

输入完毕后，通过点击可以进行软件、硬件之间的通信联系。如果设置正确，会显示"IP change SUCCESSFUL"，表明两者已经连接上，如图 4-65 所示。如果不能完成软硬件之间的联系，则应查明原因，重新设置并连接。

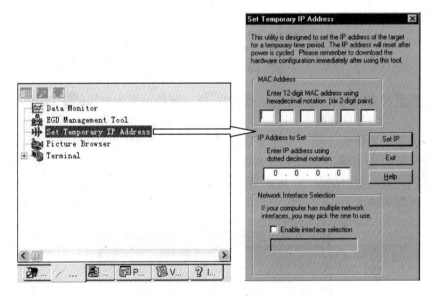

图 4-64　设定临时 IP

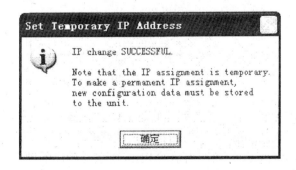

图 4-65　IP 地址更改成功提示

153

第一次与 PLC 通信成功后，就可以将 PME 中的硬件配置信息、逻辑结构、变量值等信息下载到 PLC 中，也可以读取 PLC 中原有的信息。

（3）下载并运行程序。对于 PAC Systems RX3i，每次只能下载和运行一个 Target（项目）中的程序，选择需下载的项目并设置其为当前活动项目，即右击该 Target（项目），设置"Set as Active Target"，如图 4-66 所示。

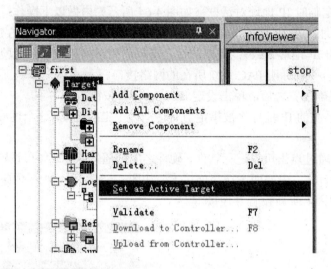

图 4-66　选定激活目标

点击按钮⚡使本机处于在线方式，当按钮🖐（灰色）变为按钮🖐（绿色），表示本机处于在线方式。点击按钮🖐进行连接。如果不能完成软硬件之间的联系，则应查明原因，重新设置并连接。连接后，🖳（程序下载）、▶（运行）、🖳（下载并运行）等按钮均为可用状态。点击按钮🖳或🖳下载程序，将硬件结构、逻辑块、初始状态等均下载至 PAC，并选择输出使能。点击按钮🖐，即 PLC 在线模式，再点击下载按钮🖳，出现如图 4-67 所示的下载内容选择对话框。

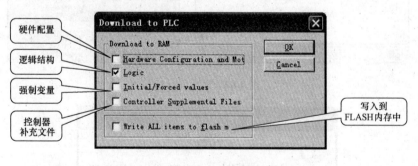

图 4-67　下载内容选择对话框

初次下载，应将硬件配置及程序一起下载进去，并点击 OK 按钮。

下载后，如正确无误，Target1 前面的按钮由灰变绿，屏幕下方出现 Programmer、Stop Disabled、Config EQ、Logic EQ，表明当前的 RX3i 配置与程序的硬件配置吻合，内部逻辑与程序中的逻辑吻合。此时将 CPU 的转换开关打到运行状态，即可控制外部的设备。

（1）如果程序有误，在编译反馈信息窗口中可查询错误信息，按 F4 键查找并修改错误，直到没有错误为止。

（2）即便程序没有错误，由于本次下载程序与 PAC 的原有状态不一致也会产生系统错误，即出现 ✿ 状态，双击打开系统错误窗口并清除错误。

（3）运行程序，并在逻辑开发器窗口中在线观测各触点和功能块的当前状态。

6. 保存、关闭、备份、删除与恢复工程

（1）选择 File 菜单下 Save Project，或使用工具栏下的"保存工程"按钮即可保存工程。

（2）选择 File 菜单下 Close project，即可关闭当前工程。

（3）工程的备份。项目关闭之后才可以备份。在导航窗口下启动 Manager 标签，选择目标路径（如桌面）对 First（工程）进行备份（Back up），如图 4-68 所示。完成备份操作后，可以看到 PME 中的文件保存为一个扩展名为 zip 的单一压缩文件（只能使用 PME 软件打开）。

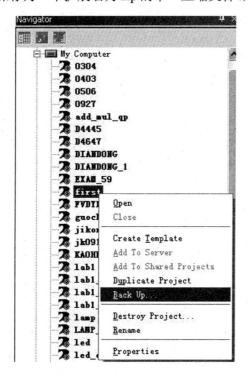

图 4-68　工程的备份操作

（4）选择 Destroy Project 命令即可完成删除工程的操作。

（5）工程的恢复。使用 Restore 命令即可把备份的工程恢复，如图 4-69 所示。

图 4-69　工程的恢复

思 考 题

1. 对通用电气的软件家族做一个整体了解，知道 PME 处于什么位置。

2. 利用 PME 软件新建一个项目，在项目中正确添加 Demo 箱中的各种模块。

3. 在编写程序的过程中，PME 软件突然关闭，可能什么原因造成的？

4. 试着编写一个程序将其作为电子邮件的附件发送给其他人，并要求对方检查项目中的错误。如何备份和恢复一个程序？

5. 修改一个项目的名称。

6. 在编写程序过程中，怎么操作才能使画面简洁？

7. 编写程序时，一般容易出现哪些问题？都是怎样解决的？

8. 熟悉 PME 软件的操作，能快速找到各种命令和"元件"。

第5章

PAC RX3i 指令系统

根据前面章节的学习，可知 PLC 的基本结构和工作原理都是相似的。但是业界存在很多的 PLC 供应商，而各个厂家的 PLC 在有些方面还是不同的。它们的不同点不仅体现在硬件、接线上等，最主要的还是体现在它们的指令系统上。不同 PLC 的指令系统不同，因此在学习任何一个厂家的 PLC 时一定要把它的指令系统掌握好。

虽然各个厂家的指令表述不同、元件图形各异，但是也有很多相同点，因此在深入学习过一种 PLC 的基础上再学习其他 PLC 时，只需要注意接线方式和指令系统这两个方面的内容即可。

本书中提到的 GE PLC 指令、指令等术语一般指的是 GE PAC RX3i 系统的指令。本章主要讲述 GE PAC RX3i 指令系统，先介绍 GEPAC RX3i 数据存储的基本内容，再讲述 RX3i 的指令系统，读者可以参阅 GFK2222H-《CPU Reference Manual》。

5.1　PAC RX3i 的数据类型、数据存储和变量

5.1.1　PAC RX3i 支持的数据类型

PAC RX3i 支持的数据类型见表 5-1。

表 5-1　　　　　　　　　　　　PAC RX3i 支持的数据类型

类型	名称	描述	数据格式
bit（b）	位	存储器的最小单位，1 或者 0	
Half Byte	半字节	4 位二进制数	
BYTE（B）	字节	8 位二进制数，范围为 0~255	
WORD	字	16 位二进制数，范围为 0000~FFFF	寄存器 1　（16 位状态）　16　　1
DWORD	双字	32 位二进制数	寄存器 2　寄存器 1　32　17　16　1　（32 位状态）
UINT	无符号整型	占用 16 位存储器，范围为 0~（2^{16}–1）（16 进制 FFFF）	寄存器 1　（二进制值）　16　　1

类型	名称	描述	数据格式
INT	带符号整形	占用 16 位存储器，补码表示法，范围为 $-2^{15}\sim(2^{15}-1)$	寄存器 1 S ☐ （补码值） 16　1 S=符号位（0=正，1=负）
DINT	双精度整型	占用两个连续的 16 位存储器，用最高位表示数值的正负，范围为 $-2^{31}\sim(2^{31}-1)$	寄存器 2　　寄存器 1 S ☐　　☐ 32　17　16　1 （二进制值） S=符号位（0=正，1=负）
REAL	浮点数	占用两个连续的 16 位存储器，范围为 $\pm1.401298\times10^{-45}\sim\pm3.402823\times10^{38}$	寄存器 2　　寄存器 1 ☐　　☐ 32　17　16　1 （IEEE 格式）
BCD-4	4 位 BCD	占用16 位存储器，用 4 个二进制数表示 0～9 的一个十进制数（BCD），范围为 0～9999	寄存器 1 ☐4│3│2│1☐ （4 BCD 位） 13　9　5 1
BCD-8	8 位 BCD	占用 2 个连续的 16 位存储器（32 个连续位），用 4 个二进制数表示 0～9 的一个十进制数（BCD），范围为 0～99999999	寄存器 2　　寄存器 1 ☐8│7│6│5☐　☐4│3│2│1☐ 32 29 25 21 17　16 13 9　5　1 （8 BCD digits）
MIXED	混合型	90～70 乘除法时用。乘函数由两个整型输入，一个双整型结果。除函数有一个输入量为双整型被除数，另一个输入量为整型除数，输出的结果为整型量	16　　16　　32 ☐ × ☐ = ☐ 32　　16　　16 ☐ ÷ ☐ = ☐
ASCII	ASCII	用 8 位二进制数表示一个字符。一个字由两个（打包的）ASCII 字符表示。第一个字符对应低字节。每一部分的剩余 7 位被转换	

　　实型数可以存储 32 位小数，实际上就是浮点数。浮点数以单精度的 IEEE 标准格式存储。这种格式使用两个相邻的 16 位字。实型数典型应用包括存储模拟量 I/O 设备数据、计算结果和常数。实型数精度为 6～7 个有效位，精度范围为 $\pm1.401298\times10^{-45}\sim\pm3.402823\times10^{38}$。

　　注意：编程软件允许将 PAC RX3i 系统项目的 32 位值（DWORD、DINT、REAL）以离散存储器%I、%M 和%R 存储器存储（位变量地址存储的非位参数必须是按字节排列的）。

　　实数型的内部存储格式如图 5-1 所示。

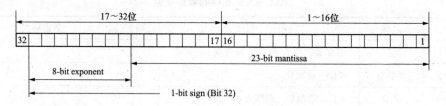

浮点数如下表使用。在这个表中，如果浮点数使用了R5和R6，例如，R5时低位字R6时高位字。

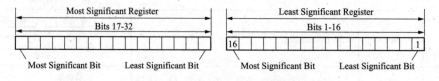

图 5-1　实型的内部存储格式

　　浮点数与操作的错误：当数值大于 3.402823×10^{38} 或小于 -3.402823×10^{38} 时会发生溢出。发生溢出时，函数的 Enable Out 输出被设为 OFF。结果大于 3.402823×10^{38} 时被设为正无穷大，结果小于 -3.402823×10^{38} 时被设为负无穷大。IEEE 754 中无穷大的表示如下：

POS_INF（正无穷）	=7F800000h（16 进制）
NEG_INF（负无穷）	=FF800000h（16 进制）

　　如果溢出产生的无穷大作为其他实型函数的操作数，会产生未定义的结果。这个未定义结果指的不是一个数（Not a Number，NaN）。当 ADD_REAL 函数将正无穷或负无穷作为操作数时，会产生 NaN。IEEE 754 中 NaN 的表示如下：

7F800001～7FFFFFFF
FF800001～FFFFFFFF

　　函数的任何一个操作数是 NaN 时，结果一般为 NaN。

　　注意：对于 NaN，Enable Out 输出为 OFF（不得电）。

　　当 CPU 固件版本为 5.0 或更高时，CPU 可能会反馈回一个和以前固件 CPU 稍微不同的数据，在 PME 中显示为 ＃IND。在这些情况下函数功能和以前是一样的。

5.1.2　PAC RX3i 的存储区域

　　PAC RX3i 系统设置了众多的存储区域，最多支持 32Kb DI、32Kb DO、32KW AI 和 32KW AO，且各个存储区域通过编程软件可以灵活调配，从而满足工程的需要。除此之外，系统还设置了 M、R 等内部存储区，如图 5-2 所示。

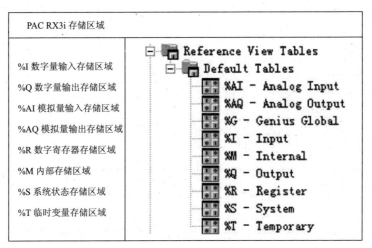

图 5-2　PAC RX3i 存储区域

　　变量是已命名的存储数据值的存储空间，代表了 CPU 内的存储位置。它可以映射到变量地址（如%R00001）。如果没有将变量映射到变量地址，则将这个变量看作符号变量。编程软件将符号变量映射到 PAC RX3i 系统用户存储空间的某个部分。

　　变量能存储的值依赖于它的数据类型。例如，UNIT 数据类型存储无符号整数，没有小数部分。编程软件中工程的所有变量显示在浏览器的变量键下，可以在变量键下创建、编辑和删除变量，一些变量由某些部分自动创建变量类型（如在梯形图逻辑中增加定时器指令时，就会自动添加定时器变量）和地址等其他属性，在 Inspector 中配置。

映射变量（手动定位）有一个确定的变量地址。

符号变量是没有分配确定地址的变量（与典型高级语言的变量类似），可以像使用映射变量一样使用符号变量。在编程软件中，符号变量的地址栏空置。在变量属性栏中删除变量地址就可以将映射变量转化为符号变量。同样地，在符号变量的变量地址栏输入地址就可以将符号变量转换为映射变量。符号变量所需的存储空间根据用户空间计算，为这些变量预留的空间大小在 CPU 硬件配置下的存储器键内配置。符号变量的使用有如下限制：

（1）符号变量不能用作非直接变量（如@变量名）。

（2）符号变量不能用于 EGD 页。

（3）C 块不支持符号变量。

（4）符号变量不能用于 COMMREQ 状态字。

（5）符号变量不能作为字内的位用于结点或线圈。

（6）Web 页不支持使用符号变量。

（7）符号变量不能用作硬件模块的 I/O 点、状态字。

（8）符号型布尔变量不允许用作非布尔参数。

变量存储器：CPU 以位存储器和字存储器的方式存储程序数据。以不同的特性将两种类型的存储器分解成不同的类型。存储定位以文字标识符（变量）作为索引变量的字符前缀确定存储区域。数字值是存储器区域的偏移量，如%AQ0056。字寄存器变量见表 5-2。

表 5-2 字 寄 存 器 变 量

类型	描　述
%AI	模拟量输入寄存器，保存模拟量输入值或者其他的非离散值
%AQ	模拟量输出寄存器，保存模拟量输出值或者其他的非离散值
%R	系统寄存器变量，保存程序数据，如计算结果
%W	保持型海量存储区域
%P*	程序寄存器变量，在_MAIN 块中存储程序数据，这些数据可以从所有程序块中访问，数据块的大小取决于所有块的最高的%P 变量值，其地址只在 LD 程序中可用，包括 LD 块中调用的 C 块，P 变量不是整个系统范围内可用的

所有的寄存器变量在失电/得电后，仍然保持原来的数据。

1. 非直接变量

非直接变量允许分配给 LD 指令的操作数作为一个指针指向其他数据，而不是作为实际的数据。非直接变量值用于字存储器区域（%R、%W、%AI、%AQ、%P 和%L）。需要两个%W 变量指引%W 中非直接变量的位置。例如，@%W0001 需要%W2 和%W1 作为双字索引指示%W 存储器范围，需要双字索引的原因是%W 的大小超过 65KB。

符号变量不能用作非直接变量：要指定非直接变量，先敲入@，再敲入变量地址或变量名。例如，如果%R00101 的值为 1000，则@R00101 使用的是%R01000 内包含的值。

对很多字寄存器使用同样的操作时，非直接地址非常有用。非直接地址的使用还能避免在应用程序中重复使用梯形图逻辑。它也可以用在循环时，寄存器每次加一个常数或某一个设定值，直至加到最大值。

2. 字变量中的位

字变量中的位允许用户设定字的某一位的值，可以将这一位作为二进制表达式输入/输出以及函数和调用的位参数（如 PSB）。这个特征只适用于保持型存储器的位变量。自结构的变量的位号必须为常数。用户可以使用编程器或者 HMI 将字中的某一位设定为 ON 或 OFF，也可以监控这一位。C 块也可以对字中的某一位进行读取、更改和写入操作。位（离散）变量见表 5-3。

表 5-3 位（离散）变量

类型	描 述
%I	代表输入变量。%I 变量位于输入状态表中，输入状态表中存储了最后一次输入扫描过程中输入模块传来的数据。用编程软件为离散输入模块指定输入地址。地址指定之前，无法读取输入数据。%I 寄存器是保持型的
%Q	代表自身的输出变量。线圈检查功能核对线圈是否在延时线圈和函数输出上多处使用。可以选择线圈检查的等级（single、warn multiple 或 multiple）。%Q 变量位于输出状态表中，输出状态表中存储了应用程序对最后一次设定的输出变量值。输出变量表中的值会在本次扫描完成后传送给输出模块。用编程软件为离散输出模块指定变量地址。地址指定之前，无法向模块输出数据。%Q 变量可能是保持型的，也可能是非保持型的
%M	代表内部变量。线圈检查功能核对线圈是否在延时线圈和函数输出上多处使用。%M 变量可能是保持型的，也可能是非保持型的
%T	代表临时变量。线圈检查功能不会核对线圈是否多处使用，因而即使使用了线圈检查功能，也可以多次使用%T 变量线圈。GE 建议不要这样使用，因为这样做会更难查错。在使用剪切/粘贴功能以及文件写入/包含功能时，%T 变量的使用会避免产生线圈冲突。因为这个存储器倾向于临时使用，所以在停止-运行转换时会将%T 数据清除掉，所以%T 变量不能用作保持型线圈
%S %SA %SB %SC	代表系统状态变量。这些变量用于访问特殊的 CPU 数据，如定时器、扫描信息和故障信息。%SC0012 位用于检查 CPU 故障表状态。一旦这一位被错误设为 ON，则本次扫描完成之前不会复位。 %S、%SA、%SB 和%SC 可以用于任何结点。 %SA、%SB 和%SC 可以用于保持型线圈（M）。 注意：尽管编程软件强制逻辑在保持型线圈上使用%SA、%SB 和%SC 变量，但大部分变量不会在有电池做后备电源的失电/得电过程后保持原来的数据。 %S 可以作为字或者位串输入到函数或函数块。 %SA、%SB 和%SC 可以作为字或者位串输入或从函数和函数块输出
%G	代表全局数据变量。这些变量用于几个系统之间的共享数据的访问

用户变量的最大范围和默认值见表 5-4。

表 5-4 用户变量的最大范围和默认值

项 目	范 围	默认值
位变量		
%I 变量	32768 位	32768 位
%Q 变量	32768 位	32768 位
%M 变量	32768 位	32768 位
%S（S、SA，SB，SC）变量总计	512 位（每个 128 位）	512 位（每个 128 位）
%T 变量	1024 位	1024 位

项　目	范　围	默认值
%G	7680 位	7680 位
变量总点数	107520	107520
字变量		
%AI 变量	0～32640 字	64 字
%AQ 变量	0～32640 字	64 字
%R，1K word increments	0～32640 字	1024 字
%W	0～最大至用户 RAM 上限	0 字
变量字数总和	0～最大至用户 RAM 上限	1152 字
%L（每个块）	8192 字	8192 字
%P（每个程序）	8192 字	8192 字
符号变量		
离散符号变量	0～20971520 位	32768
非离散符号变量	0～5242880 字	65536
符号变量总和	0～10485760 字节 （上述为符号变量所有可用存储的总和，其中包含其他用户存储器，程序等）	149760

3. 系统状态变量

CPU 的系统状态变量为%S、%SA、%SB 和%SC。每一个系统状态变量有一个以"#"字符开头的名字。例如，4 种定时器包括#T_10MS（%S00003）、#T_100MS（%S00004）、#T_SEC（%S00005）和#T_MIN（%S00006），另外还有#FST_SCN（%S00001）、#ALW_ON（%S00007）和#ALW_OFF（%S00008）等。

注意：%S 位是只读位，不要向这些位写数据。可以向%SA、%SB 和%SC 位写入数据。

本书附录 A 列出了应用程序可能用到的系统状态变量。输入逻辑时可以使用变量地址或昵称。

5.2　GE PAC RX3i 基本指令系统

虽然能够使用多种语言对 PLC 进行编程，但是继电器梯形逻辑语言（relay ladder logic，RLL）仍然是使用最广泛的编程语言。在图 5-3 中，标记为 L1 和 L2 的直线是电路电源输入的梯形干线。此图显示一个逻辑梯形"级"，它是一个标准的"起保停"电路。传统的继电器、接触器控制电路使用动合按钮启动电动机运行、用动断按钮停止电动机运行。动断的停止按钮 SB2 把电源传送到动合的启动按钮 SB1。若要启动电动机，按一下 SB1，接触器 KM 有了电流，该电流对 KM 的衔铁产生了吸力，衔铁吸合后主电路导通，电动机电枢端得到电源电压，同时标记为 KM 的辅助动合触点闭合锁住回路，从而当 SB1 在失去外力后 KM 线圈仍闭合。若要停止电动机，按一下 SB2，断开控制电路的电源，使 KM 线圈失去电流，则 KM 的衔铁失去了吸力，在复位弹簧的作用下衔铁恢复，主电路断开，电动机电枢端失去电源电压，同时 KM 的辅助触点也被打开，从而解除了电路的锁合。

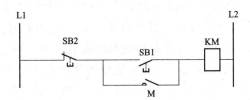

图 5-3　梯形图逻辑语言示例图

在 GE PLC 内部，指令系统和梯形图（也称为 T 形图，软件中称为 Ladder）语言的关系如图 5-4 所示。

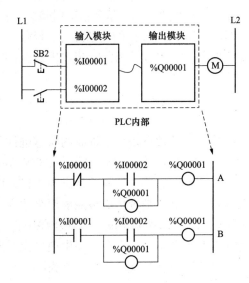

图 5-4　GE PLC 内部指令系统和梯形图语言的对应关系

但是将图 5-4 所示的 A 梯形图下载到 PLC 中后，发现%Q00001 接通，主电路中 M 衔铁所连接的电动机不能启动。这是因为按下启动按钮 SB1 时，虽然 PLC 的输入点%I00002 动合软触点接通，但是 PLC 的输入点%I00001 动断软触点却因为外部连接了停止按钮 SB2（没有施加外力的情况下原本就导通）处于断开状态，因此%Q00001 不能得电。若要使%Q00001 得电，就需要将%I00001 设置成动合形式。经过这样的变化，梯形图就如图 5-4 中的 B 样式。当停止按钮 SB2 不动作时，动合触点%I00001 一直闭合。当启动按钮 SB1 按下时，%I00002 接通，从而%Q00001 接通并自锁，主电路中 M 衔铁所连接的电动机启动。当停止按钮 SB2 按下时，%I00001 断开，%Q00001 断开，电动机 M 失电停止运行。

回想 PLC 输入电路，当外接动合开关 SB1 断开时，没有电流流进 PLC 输入电路，代表 PLC 内部动合软触点断开；而当外接动合开关 SB1 闭合时，电流流进 PLC 输入电路，代表 PLC 内部动合软触点闭合。此种情况下，外接开关 SB1 断开、闭合状态与 PLC 内部的软触点断开、闭合状态一致。

而当外接动断开关 SB2 没有被按下（处于闭合状态）时，有电流流进 PLC 输入电路，PLC 内部动断软触点断开；当外接动合开关断开时，没有电流流进 PLC 输入电路，PLC 内部动断软触点闭合。此种情况下，外接动断开关 SB2 断开、闭合状态与 PLC 内部的动断软触点断开、闭合状态相反，所以不能使用 PLC 内部的动断软触点来代替外接的动断开关。

由此可见，如果 PLC 外部接线都选择动合式开关，则 PLC 中运行的梯形图与继电器、接触器控制电路图一致；如果 PLC 外部接线选择动断式开关，则在 PLC 中运行的梯形图中继电器、接触器图形中对应动断开关的位置应该使用动合式软触点。

通常为了与继电器、接触器控制电路的习惯一致，PLC 的外接线中可采用动合式按钮或开关。在将继电器、接触器控制电路转换成 PLC 梯形图时要特别注意这一点。但是具体工程中需要结合实际情况，一方面要确定究竟采用动合还是动断形式的开关，另一方面要配合好软件。

例如，急停按钮、用于安全保护限位开关的硬件动断触点比动合触点更为可靠。如果 PLC 外接的急停按钮动合触点接触不好或线路断线，紧急情况时按急停按钮会因为 PLC 得不到信号而无法响应。而如果 PLC 外接的是急停按钮的动断触点，紧急情况时按急停按钮能得到信号响应，有利于及时发现和处理触点的问题。因此，建议用急停按钮和安全保护的限位开关的动断触点给 PLC 提供输入信号。

5.2.1 继电器指令

继电器指令的基础是触点和线圈，触点是对二进制的状态进行监控，其结果用以进行位逻辑运算；触点也用于表明参考变量的状态，触点的状态（ON/OFF）取决于所表示的参考变量的位置、状态及类型。如果所表示的参考变量的状态为"1"，即为 ON；如果所表示的参考变量的状态为"0"，即为 OFF。触点是否传送线圈能用来改变二进制位的状态，其状态根据它前面的逻辑运算结果而定。一个二进制位既可以在程序中作为触点，也可以作为线圈。线圈用于控制离散参考变量。线圈可以作为触点在程序中被多次引用，如果同一地址的线圈在不止一个程序段中出现，其状态以最后一次运算的结果为准。

1. 继电器触点

继电器触点（contact）包括动合、动断、上升沿、下降沿等。触点常用来监控基准地址的状态。基准地址的状态或状况及触点类型开始受到监控时，触点能否传递能流取决于进入触点的实际能流。如果基准地址的状态是 1，基准地址就是 ON；如果状态为 0，则基准地址为 OFF。具体的继电器触点见表 5-5。

表 5-5　　　　　　　　继　电　器　触　点　表

触点	表示符号	助记符	向后传递能流	可用操作数
顺延触点	—|↑|—	CONTCON	当前面的顺延线圈置为 ON 时传递能流	无
故障触点	—|F|—	FAULT	当与之相连的 BOOL 型或 WORD 变量有一个点有故障时，向后传递能流	在%I、%Q、%AI 和 %AQ 存储器中的变量，以及预先确定的故障定位基准地址
无故障触点	—|NF|—	NOFLT	当与之相连的 BOOL 型或 WORD 变量没有一个点有故障时，向后传递能流	
高位报警触点	—|HA|—	HALR	当与之相连的模拟（WORD）输入的高位报警位置为 ON 时，向后传递能流	在%AI 和%AQ 存储器中的变量
低位报警触点	—|LA|—	LOALR	当与之相连的模拟（WORD）输入的低位报警位置为 ON 时，向后传递能流	

续表

触点	表示符号	助记符	向后传递能流	可用操作数
动断触点	─┤/├─	NCCON	当与之相连的 BOOL 型变量为 OFF 时，向后传递能流	在%I、%Q、%M、%T、%S、%SA、%SB、%SC 和%G 存储器中的离散变量，在任意非离散存储器中的符号离散变量
动合触点	─┤├─	NCCON	当与之相连的 BOOL 型变量为 ON 时，向后传递能流	
跳变触点	─┤↓├─	NEGCON	负跳变触点，BOOL 型输入从 ON 到 OFF 的扫描周期为 ON	在%I、%Q、%M、%T、%S、%SA、%SB、%SC 和%G 存储器中的变量、符号离散变量
	─┤N├─	NTCON	负跳变触点，BOOL 型输入从 ON 到 OFF 的扫描周期为 ON	
	─┤↑├─	POSCON	正跳变触点，BOOL 型输入从 OFF 到 ON 的扫描周期为 ON	
	─┤P├─	PTCON	正跳变触点，BOOL 型输入从 OFF 到 ON 的扫描周期为 ON	

2．继电器线圈

继电器线圈（coil）常用于控制分配给它们的离散点（BOOL 型点），条件逻辑必须用来控制到线圈的能流。线圈直接驱动控制对象而不传递能流。如果在程序中执行另外的逻辑作为线圈条件的结果，可以给线圈或顺延线圈/触点组合用一个内部点。

一个顺延线圈不使用内部点。它的后面是一个顺延触点，该触点在顺延线圈后面任一梯级的开始。

输出线圈总是在逻辑行的最右边。

线圈有保持型和非保持型之分，在一个阶梯中可以包含 8 个线圈。

在 PME 编程界面中，默认的列数通常是 10。但除了 S90-70 以外，其他 PLC 都可以超过默认列数 10，默认列数是可以在 Option 中修改的，参看图 5-5。在电源循环通电时或 PAC RX3i 从 STOP 进入 RUN 时，保持线圈的状态被保持。在电源循环断电时或 PAC RX3i 从 RUN 进入 STOP 时，保持线圈的状态被清零。

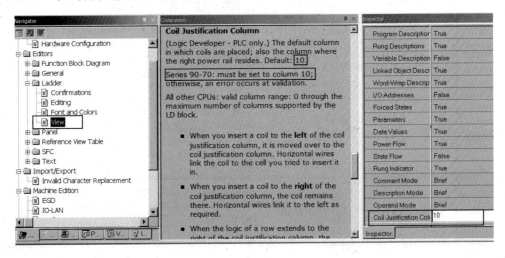

图 5-5　修改一行的列数

继电器线圈包含输出线圈、取反线圈、上升沿线圈、下降沿线圈、置位线圈、复位线圈等，见表 5-6。

表 5-6   继 电 器 线 圈

线圈	表示符号	助记符	描述	操作数
记忆型线圈	—(M)—		当一个线圈接收到能流时，置相关 BOOL 型变量为 ON（1）；没有接收到能流时，置相关 BOOL 型变量为 OFF（0），并在失电时保持状态，直至下一次启动运行的第一个扫描周期	
记忆型取反线圈	—(/M)—		状态与记忆型线圈相反，并在失电时保持状态	
非记忆型线圈	—(○)—	COIL	同记忆型线圈，但失电不保持	
非记忆型取反线圈	—(/)—	NCCOIL	同记忆型取反线圈，但失电不保持	
记忆型置位线圈	—(SM)—		当置位线圈接收到能流时，置离散型点为 ON；当置位线圈接收不到能流时，置离散型点为 OFF	
非记忆型置位线圈	—(S)—	SET COIL	同上，但失电不保持	%Q、%M、%T、%SA、%SB、%SC 和 %G；符号离散型变量；字导向存储器（%AI 除外）中字里的位基准
记忆型复位线圈	—(RM)—		当复位线圈接收到能流时，置离散型点为 OFF；当复位线圈接收不到能流时，置离散型点为 ON	
非记忆型复位线圈	—(R)—	RESETCOIL	同上，但失电不保持	
正跳变线圈	—(↑)—	POSCOIL	输入到线圈的能流从 OFF 变成 ON 的瞬间，正跳变线圈导通一个扫描周期	
负跳变线圈	—(↓)—	NEGCOIL	输入到线圈的能流从 ON 变成 OFF 的瞬间，负跳变线圈导通一个扫描周期	
正跳变线圈	—(P)—	PTCOIL	当输入能流为 ON，且上一个扫描周期能流的操作结果是 OFF 时，与 PTCOIL 相关的布尔变量的状态位转为 ON；在其他任何条件下布尔变量的状态位都是 OFF	
负跳变线圈	—(N)—	NTCOIL	当输入能流为 OFF，且上一个扫描周期能流的操作结果是 ON 时，与 PTCOIL 相关的布尔变量的状态位转为 ON；在其他任何条件下布尔变量的状态位都是 OFF	
顺延线圈	—(+)—	CONTCOIL	与延续触点一起使用，使 PLC 在下一级的顺延触点上延续本级梯形图逻辑能流值（TRUE 或 FALSE）。顺延线圈的能流状态传递给顺延触点	无

（1）脉冲触点（包括上升沿触点与下降沿触点）的程序及波形如图 5-6 所示。

（2）延续触点与延续线圈。一般每行程序最多可以有 9 个触点、1 个线圈。如超过这个限制，则要用到延续触点与延续线圈，如图 5-7 所示。但应注意延续触点与延续线圈的位置关系。

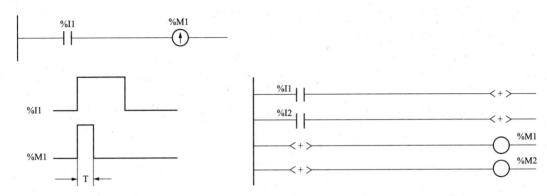

图 5-6　脉冲触点的程序及波形　　　　图 5-7　延续触点与延续线圈

%I1—输入信号；%M1—输出线圈；T——次扫描周期

当%I1 得电时，%M1 与%M2 不会得电；只有%I2 得电时，%M1 与%M2 才会得电。

（3）带 M 线圈。带 M 线圈的含义是该线圈带断电保护，如果 PLC 失电，带 M 线圈数据不会丢失。

（4）一些系统触点只能做触点用而不能做线圈用，见表 5-7。

表 5-7　　　　　　　　　　　　　　只能做触点的系统触点

触点名称	地址	说　　　明
#FST_SCN	%S00001	在开机的第一次扫描时为 1，其他时间为 0
#T_10MS	%S00003	周期为 0.01s 的方波
#T_100MS	%S00004	周期为 0.1s 的方波
#T_SEC	%S00005	周期为 1s 的方波
#T_MIN	%S00006	周期为 1min 的方波
#ALW_ON	%S00007	动合触点
#ALW_OFF	%S00008	动断触点

5.2.2　定时器指令

一般来讲，在逻辑控制环节中，各种不同类型 PLC 的指令系统中最主要的器件就是定时器和计数器，所以要掌握任何一种 PLC 最主要的就是弄清楚其定时器和计数器的逻辑关系。

定时器的时基可以是 1 s（second）、0.1 s（tenths）、0.01 s（hunds）、0.001 s（thous），预置值的范围为 0～32767，延时时间 $t=$ 预置值×时基。

每个定时器需要使用%R、%W、%P、%L 的三字数组或符号的存储器，输入定时器的地址为起始地址，从起始地址开始的连续三个字（每个字占 16 位）分别存储下列信息：当前值（current value，CV）存储在字 1，能够读取但不应该写入，否则功能块可能不能正常工作；预置值（preset value，PV）存储在字 2；控制字（control word）存储在字 3，能够读取但不应写入，否则模块不能正常工作。

当预置值操作数是一个变量时，它一般设置为一个与在定时器或计数器的三字数组中字 2 不同的地址。

如果使用一个不同的地址，直接改变字 2，改变将无效，因为预置值将会改写字 2。

如果预置值操作数和字 2 使用相同的地址，则当定时器或计数器运行时可以改变字 2 中预置值的值，并且改变是有效的。

控制字存储布尔型与定时器或计数器相关的输入/输出状态，如图 5-8 所示。

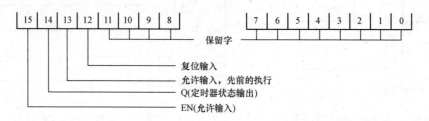

图 5-8　控制字的含义

当加入一个定时器时，必须加入一个三字数组的开始地址（寄存器三个字的块）。不要使用两个连续的字（寄存器）作为两个定时器或计数器的开始地址。如果寄存器地址重合，软件不会检查或发出警告，但是定时器不会工作。

注意：以上关于定时器内容，对于计数器是相同的，后面不再赘述，唯一不同的是：计数器中不使用位 0～13，而定时器精度使用位 0～13。

GE 计时器分为三种类型，分别是接通延时计时器、保持型接通延时定时器和断开延时定时器，如表 5-8 所示。

表 5-8　　　　　　　　　定 时 器 分 类 表

定时器类型	助记符	用途
接通延时	TMR	炸弹研究
保持型接通延时	ONDTR	运动场跑表
断开延时	OFDT	使一般电动机停止

1. 接通延时定时器 TMR

图 5-9 中"？？？？"处填写该模块的地址。当延时开定时器（TMR）接收能流时，定时器开始计时；而当能流停止时，TMR 回 0。只要定时器接收能流，在指定间隔时间 PV（预置值）达到之后，定时器传递能流。

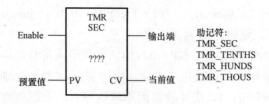

图 5-9　接通延时定时器

预置值的范围是 0～+32767。如果预置值超出了范围，其对定时器字 2 无影响。定时器的状态在失电时保持，得电时不自动初始化。

当 TMR 在能流输入关断时被调用，它的当前值（CV）重设为 0，定时器不向右传递能流。每次能流输入打开时 TMR 被调用，当前值更新为自定时器复位以来累计时间。当当前值达到预置值时，定时器功能块向右传送能流。接通延时定时器的工作时序如图 5-10 所示。

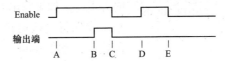

A：当 ENABLE 端由 "0→1" 时，计时器开始计时。

B：当计时计到后，输出端置 "1"，计时器继续计时。

C：当 ENABLE "1→0"，输出端置 "0"，计时器停止计时，当前值被清零。

D：当 ENABLE 端由 "0→1" 时，计时器开始计时。

E：当当前值没有达到预置值时，ENABLE 端由 "1→0"，输出端仍旧为零，计时器停止计时，当前值被清零。

图 5-10　TMR 定时器工作时序

延时开定时器示例：一个带地址的延时开定时器 TMRID 用来控制线圈打开的时间长度。这个线圈已经被分配到变量 DWELL 中。当正常打开（瞬时）触点 DO_DWL 时，线圈 DWELL 激活。线圈 DWELL 触点保持线圈 DWELL 激活（当触点 DO_DWL 被释放），并打开定时器 TMRID。当 TMRID 达到它的 0.5s 预置值时，线圈 REL 激活，中断线圈 DWELL 的自锁条件。触点 DWELL 中断到 TMRID 的能流，重设它的当前值并使线圈 REL 失电。回路准备好为另一次的触点 DO_DWL 瞬时激活。具体梯形图如图 5-11 所示。

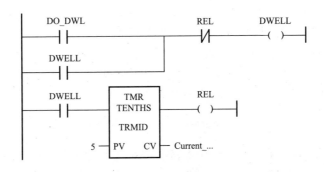

图 5-11　接通延时定时器示例

2. 保持型接通延时定时器

保持型接通延时定时器又称为跑表型延时开定时器，如图 5-12 所示。

图 5-12 中 "？？？？" 处填写该模块的地址。这种定时器（ONDTR）接收能流时 ONDTR 计时，而当能流停止时它的值保持不变。

保持型接通延时定时器的状态在失电时保持不变，在得电时不自动初始化。

当保持型接通延时定时器第一次接收能流开始时计时（当前值）。当当前值等于或超过预置值时，输出 Q 激活，不管能流输入的状态如何。

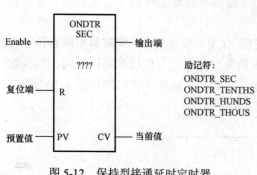

ONDTR
SEC
Enable
输出端
????
助记符：
ONDTR_SEC
ONDTR_TENTHS
ONDTR_HUNDS
ONDTR_THOUS
复位端
R
预置值
PV
CV
当前值

图 5-12 保持型接通延时定时器

在定时器连续接收能流时，定时器连续计时，直到当前值等于最大值（+32767 时间单位）。一旦达到了最大数值，当前值保留，Q 保持激活状态，不管使能输入的状态如何。

当送到定时器的能流停止时，当前值停止计时并保持。如果输出 Q 已经激活则保持激活状态。

当保持型接通延时定时器再次接收能流，当前值从上次保留值开始再次计时。

当复位（R）接收能流，预置值不等于 0，当前值重设为 0，输出 Q 不激活。

注意：如果预置值等于 0，定时器打开，定时器输出激活。随后把定时器的使能关闭或复位定时器，对定时器的输出没有影响，定时器保持激活状态。

当当前值大于等于预置值时，保持型接通延时定时器向右传递能流。由于得电时输出能流状态没有自动初始化，能流状态保持失电时的状态。

保持型接通延时定时器工作时序如图 5-13 所示。

Enable
复位端
输出端
A
B
C
D
E
F
G
H

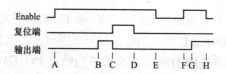

A：当 ENABLE 端由“0→1”时，计时器开始计时。

B：当计时计到后，输出端置“1”，计时器继续计时。

C：当复位端由“0→1”时，输出端被清零；计时值被复位。

D：当复位端由“1→0”时，计时器重新开始计时。

E：当 ENABLE 端由“1→0”时，计时器停止计时，但当前值被保留。

F：当 ENABLE 端再由“0→1”时，计时器从前一次保留值开始计时。

G：当计时计到后，输出端置“1”计时器继续计时，直到使能端为“0”并复位端为“1”，或当前值达到最大值。

H：当 ENABLE 端由“1→0”时，计时器停止计时，但输出端仍旧为“1”。

图 5-13 保持型接通延时定时器工作时序

保持型接通延时定时器示例：一个保持型接通延时定时器用来发生一个在%Q0010 打开 8s 后打开的信号（%Q0011），当%Q0010 关时，信号关，如图 5-14 所示。

V_Q00010
ONDTR
SEC
V_Q00011
V_R00004
V_Q00010
R
8
PV
CV
CurrentV...

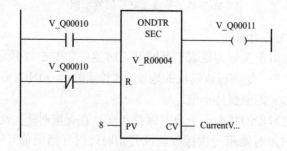

图 5-14 保持型接通延时定时器示例

3. 断开延时定时器

断开延时定时器也称为关延时定时器，如图 5-15 所示。

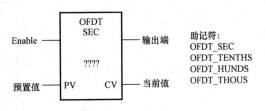

图 5-15　断开延时定时器

图 5-15 中"？？？？"处填写该模块的地址。当能流关断时，断开延时定时器开始计时；而当能流开时，定时器的当前值重设为 0。当未达到指定的时间间隔（预置值）时，断开延时定时器传送能量。当断开延时定时器接收能流时，当前值设置为 0，定时器向右传送能量。断开延时定时器接收能流时输出保持。每次断开延时定时器被调用，它的能流输入关断，当前值被更新，以反映定时器复位后的总时间。断开延时定时器持续向右传送能量到直到当前值等于或超过预置值。当当前值等于或超过预置值时，断开延时定时器停止向右传递能流到并停止计时。如果预置值是 0 或负数，第一次能流输入关闭时被调用，定时器停止向右传递能流。当功能块再次接收能流时，当前值重设为 0。

断开延时定时器的工作时序如图 5-16 所示。

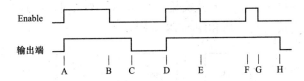

A：当 ENABLE 端由"0→1"时，输出端也由"0→1"。

B：当 ENABLE 端由"1→0"时，计时器开始计时；输出端继续为"1"。

C：当当前值达到预置值时，输出端由"1→0"，计时器停止计时。

D：当 ENABLE 端由"0→1"时，计时器复位（当前值被清零）。

E：当 ENABLE 端由"1→0"时，计时器开始计时。

F：当 ENABLE 又由"0→1"时，且当前值不等于预置值时计时器复位（当前值被清零）。

G：当 ENABLE 端再由"0→1"时，计时器开始计时。

H：当当前值达到预置值时，输出端由"1→0"，计时器停止计时。

图 5-16　断开延时定时器工作时序

断开延时定时器示例：输出动作是由取反输出线圈来改变的。在这个电路中，只要触点 %I0001 是闭合的，断开延时定时器关取反，且输出线圈%Q0001。%I0001 打开之后，%Q0001 延时 2s 后打开。如图 5-17 所示。

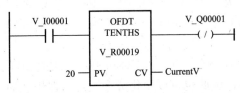

图 5-17　断开延时定时器示例

4. 定时器时间的扩充

无论哪种分辨率定时器，预置值最大是 32767，因此单个定时器最大定时时间也就是 32767s。这个定时时间不能满足有些系统中的应用，因此需要对定时器的定时时间进行扩充。对于接通延时定时器最基本的思路是一个定时器"计时时间结束"作为下一个定时器"接通的条件"，这样可以一直计时下去。如图 5-18 所示，%M00002 就是在%I00081 接通 3+5=8s 后导通的。

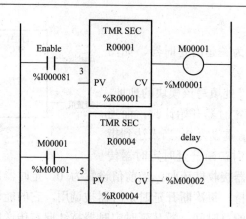

图 5-18　接通延时定时器的时间扩充方法——中间继电器法

由于图 5-18 中的%M00001 只是起到了连接的作用，因此也可以简化成采用定时器串联的方式来进行，定时器到达最大计时 32767 个单位之后输出线圈保持不变。在图 5-19 中，线圈%M00001 计时 3+5+2=10s 后接通。当一行写不下的时候，可以使用中间继电器或延续线圈、延续触点的方法转接下一行，依此类推。每多串一个定时器，最多增加 32767 个时间单位。这种方式简单、直接，其本质和图 5-18 一样。

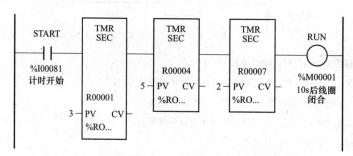

图 5-19　接通延时定时器的时间扩充方法——定时器串联

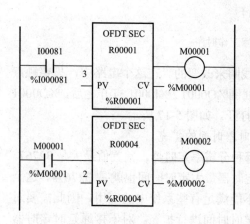

图 5-20　断开延时定时器的时间扩充
方法——中间继电器法

对于断开延时定时器，同样也可以采用上面的思路进行定时时间的扩充，如图 5-20 所示。最基本的思路：当%I00081 接通时，%M00001、%M00002 接通。当%I00081 断开 3s 时，%M00001 断开，此"断开信号"作为下一个定时器"启动计时的条件"。%M00001 断开 2s 时，%M00002 断开。因此，%M00002 是在%I00081 失能 5s 后断开的，实现了延时时间叠加的效果。

同样，由于图 5-20 中的%M00001 只是起到了连接的作用，因此也可以简化成采用定时器串联的方式来进行，定时器到达最大计时 32767 个单位之后输出线圈保持不变。在图 5-21 中，线圈%M00001 计时 3+2=5s 后断开。当一行写不下的时候可以使用中间继电器或延续线圈、延续触点的方法转接下一行，依此类推。每多串一个定时器，最多增加 32767 个时间单位。这种方式简单、直接，其本质和图 5-20 一样。

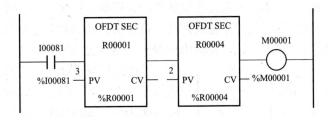

图 5-21 断开延时定时器的时间扩充方法——定时器串联

上面两种扩充方式速度慢，程序编写创新点少，仅能做到实现而已，将编程变成了一种变相的体力劳动。而且对于保持型接通延时定时器还不易实现。等学完计数器时，再讲解利用定时器和计数器组合的方式扩充定时器的思路。

5. 定时器的应用——用定时器产生矩形波

表 5-7 中给出了 PAC RX3i Systems 系统提供的四个定时触点，该定时触点以方波形式（注意方波和矩形波的区别）每 0.01s、0.1s、1.0s 和 1min 周期式循环开、关。可用来给其他程序功能块能流的规则脉冲，也可被外部通信设备读取以监控 CPU 的状态和通信线路，或者用来驱动标志灯和发光二极管。图 5-22 的时间图说明了这些触点的开/关持续时间。

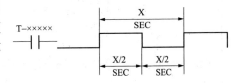

图 5-22 定时器的时间图

例如，可以借用系统变量 %S00005，使用如图 5-23 所示梯形图，当"报警启动"按下后，报警灯 %M00001 会出现亮 0.5s、再灭 0.5s 的一亮一灭效果。

读者可以自行编写一段程序，将几个系统定时触点放在一起对比查看，如图 5-24 所示。

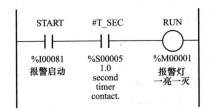

图 5-23 用系统触点实现报警灯一亮一灭

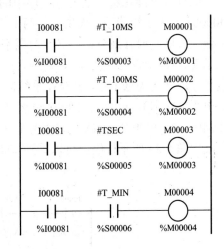

图 5-24 几个系统定时触点放在一起对比

但是系统所提供的触点并不能满足所有间歇工作场景。这里给出一些可以调整矩形波的周期、占空比的示例。在图 5-25 中 %M00001 可以实现一亮一灭效果。

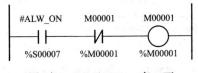

图 5-25 %M00001 一亮一灭

在线监测的情况下，从扫描周期在 PME 右下角状态栏可以看到：若 SWEEP=1.2ms，那么%M00001 就会 1.2ms 开、1.2ms 关。注意这个闪烁周期与程序大小、CPU 频率、扫描周期等有关系。因此，尽管可以实现，但是周期是不可控的。其实利用定时器本身接通、断开的时间特性，可以调整周期和占空比，先给出如图 5-26 所示的例子。

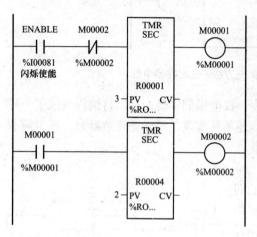

图 5-26　%M00001 呈现 3s 灭、2s 亮的周期运行

工作过程分析如下：当闪烁使能%I00081 接通并保持 3s 后，线圈%M00001 闭合，也就是系统启动 3s 后%M00001 为高电平，即系统启动后%M00001 保持了 3s 的低电平。当%M00001 接通 2s 后（即%M00001 保持了 2s 的高电平），中间线圈%M00002 闭合，此时根据第一行定时器 TMR 的功能和第一行梯形图，看到%M00001 会立即变成低电平，同时，这一瞬间%M00002 也立即变成低电平，第一行梯形图再次计时 3s 后，线圈%M00001 再次闭合。如此往复循环直到闪烁使能无效为止。上述电路对于线圈%M00001 而言实际上产生了一个低电平持续 3s、高电平持续 2s 的矩形波（或者说周期是 5s，占空比为 40%），实际中如果把%M00001 使用 Q 线圈输出，会产生灯灭 3s、亮 2s 的闪烁效果。

注意，不论哪种定时器，其数据输入范围都只是 0~32767 的整数。

有的读者可能想将上述两行程序中的%M00001 合并从而改为一行，这是不行的，因为%M00001 产生了矩形波，如果前后两个定时器串联起来，就无法监测并引用该值。因此，在阅读他人程序时要仔细分析，必要时需亲自仿真和调试，此处%M00001 虽然以"中间变量"形式呈现，但实际是真正所需变量。程序中的线圈%M00002 从理论分析只是瞬间产生了一个高电平立即又变为低电平，甚至在系统监控时看不到高电平（监控时可以看到%M00002 完全是低电平的状态）。此处%M00002 虽然以"最终变量"形式呈现，但实际上只是"中间变量"。在此例中，%M00001 和%M00002 两个变量都有作用，都不可或缺。

使用图 5-27 所示程序，可以看到%M00001 和%M00003 的效果是一样的。

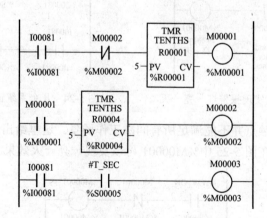

图 5-27　周期 1s、占空比 50%的两种程序的对比

图 5-26 中的数字是固定的，变动具体数字需要重新编译、下载。有没有办法让用户自行设定周期和占空比呢？实际是可以在图 5-25 的基础上写出周期和占空比可调整的矩形波发生器，将地址为 %R00001 定时器的 PV 端口写成寄存器地址，如改为%R00007，然后利用触摸屏的数字给定等方式来实现低电平时间的调节；同样的方法来调整地址为 %R00004 定时器的 PV 端口。如图 5-28 所示。使用 PME 软件中的 Data Monitor 功能可以清楚地看到 %M00001 波形的变化，请读者自行下载调试验证。

图 5-28 中不仅可以使用触摸屏调整数据输入，在联机情况下还可以右键，通过"Write Value"功能来输入数据，如图 5-29 所示。

图 5-28 里面选择的定时器是"s 接通延时定时器"，经过调整可将第二个定时器的分辨率选为

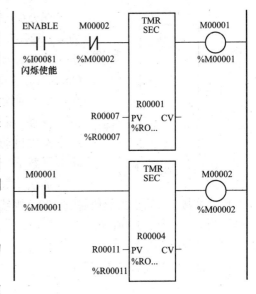

图 5-28 亮灭的时间可通过触摸屏给定

0.01 s。如果%R00007 给定数据"3"，%R00008 给定数据"550"，那么总周期就是 8.5s，占空比为 5.5/8.5。也就是说，通过调整两个定时器的分辨率和给定数据可以实现非整形数据的周期和占空比，如图 5-30 所示。

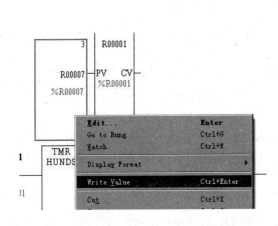

图 5-29 "Write Value"来输入数据

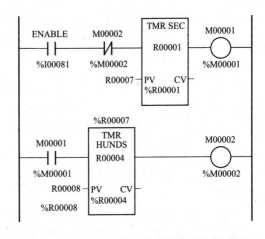

图 5-30 非整形数据的周期和占空比梯形图

如果还要显示总周期、占空比，只需要在上述程序后使用数学指令即可实现。当然也可以反过来，即先给定总周期和占空比，由此得出正周期时间和负周期时间，将其传送到定时器的对应端，不过此时应注意取整的问题。这里请读者自行完成。

5.2.3 计数器指令

GE PAC 的计数器有两种：加法计数器（UPCTR）和减法计数器（DNCTR）。

1. 加法计数器

加法计数器又称为增计数器，其功能模块从预置值（PV）递增计数。如图 5-31 所示。

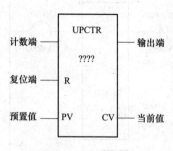

图 5-31　加法计数器

图 5-31 中"？？？？"处填写该模块的地址。计数的范围为 0～32767。当当前值到达 32767 时，值将保持直到复位。当 R 重置为 ON 时，当前值重置为 0。每次当能量流从 OFF 转换为 ON，当前值增加 1。当前值能增加到超过预置值。只要当前值≥预置值，则输出为 ON。输出 Q 保持 ON 直到 R 输入接收到能量流来重置当前值为 0。在失电时加法计数器的状态保持，得电时不会发生自动初始化。计数端的输入信号必须是脉冲信号，否则将会屏蔽下一次计数。

加法计数器示例：每次当%I00012 从 OFF 转换为 ON 时，增计数器增加 1。只要当前值超过 100，则线圈%M00001 被激活。只要%M00001 为 ON，计数器置为 0，如图 5-32 所示。

2. 减法计数器

减法计数器如图 5-33 所示。

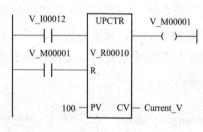

图 5-32　加法计数器示例

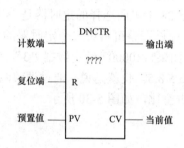

图 5-33　减法计数器

图 5-33 中"？？？？"处填写该模块的地址。减法计数器功能模块从预置值递减计数。最小的预置值为 0，最大的预置值为+32767。当当前值到达最小值-32768 时，它将保持不变直至复位。当 R 复位时，当前值被置为预置值。当能量流输入从 OFF 变为 ON 时，当前值开始以 1 为单位递减。当当前值≤0 时，输出为 ON。当失电时，减法计数器的输出状态 Q 被保持；在得电时不会发生自动初始化。计数端的输入信号必须是脉冲信号，否则将会屏蔽下一次计数。

一般可以这样处理：先按复位端，将预置值值传给当前值，再让计数端计数。

减法计数器示例：在%Q00005 被激活前，DNCTR 从 5000 开始递减计数，如图 5-34 所示。

这里提供一种利用加法计数器和减法计数器对来实现既有零件入库、又有零件出库的案例：积累值和当前值共用一个寄存器。当零件进入存储区时，增计数器增加 1，零件的当前值增加 1。当一个零件离开存储区时，减计数器减少 1，存货区的值减少 1。为了避免共用寄存器冲突，两个计数器用了不同的寄存器地址，但是每一个计数器都有一个当前值地址，与其他寄存器的累加值相等。如图 5-35 所示。

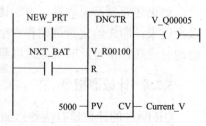

图 5-34　减法计数器示例

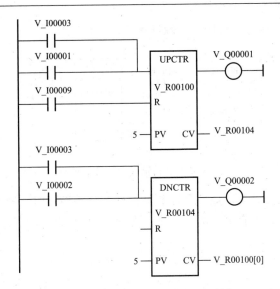

图 5-35　加法、减法计数器对示例

3. 计数器的扩充

和定时器遇到的问题一样，GE PAC 中计数器最大计数数字是 32767，实际中如果有要求比这个数字还大的计数要求时怎么办？如图 5-36 所示，输入脉冲 %I00081 计数 3×5=15 次以后，最终计数器 %M00002 亮。由此可见，使用两个计数器最多可以实现 32767^2 个计数。

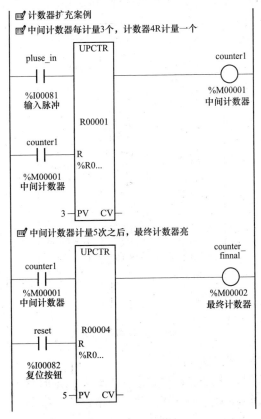

图 5-36　定时器的扩充

有人试图将图 5-35 中第一行的程序改成图 5-37 的样子：

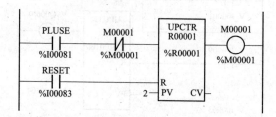

图 5-37　一种错误的计数器扩充

这样达不到上述控制效果，原因是计数器在达到计数数字时，紧跟其后的点是一直导通的，与有没有触发条件是没有关系的。同样，图 5-38 的改造也是不行的。

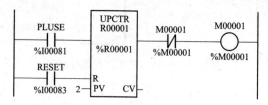

图 5-38　计数器扩充的错误改造

显然，如果想要继续扩充下去，可以采用图 5-39 所示的例子依次进行下去。当输入脉冲 %I00081 计数 2×3×4=24 次以后，最终计数器 %M00003 亮。

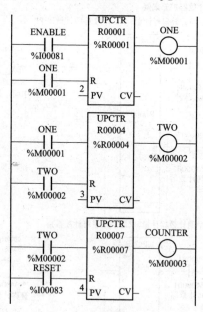

图 5-39　计数器多次扩充

4. 计数器和定时器结合扩充定时功能

采用定时器和计数器组合来对定时时间进行扩充要比定时器串联方式的效率高很多，图 5-40 中 %M00002 计时达到 3×5=15s 时接通。依靠一个定时器和一个计数器最多可以实现 32767 计时单位×32767 计数个数=32767^2 个计时单位，显然计时时间一下子比前面扩充了很多。

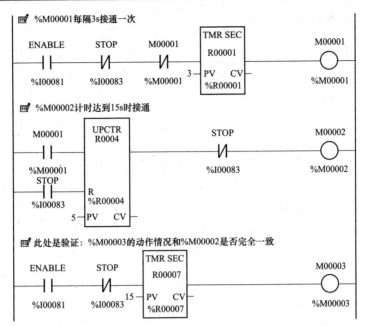

图 5-40 接通延时定时器和计数器组合实现定时时间的扩充

如果还要继续扩充，则只需要将计数器扩充即可。图 5-41 中%M00003 的延时时间是 3×2×2=12s。

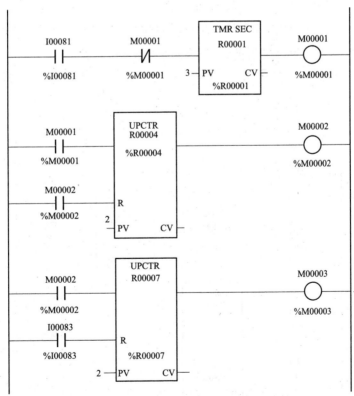

图 5-41 接通延时定时器和计数器多次组合实现定时时间的扩充

对于保持型接通延时定时器的时间扩充，可以采用图 5-42 的方法实现。

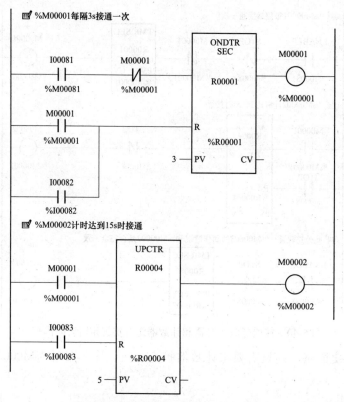

图 5-42　保持型接通延时定时器和计数器组合实现定时时间的扩充

如果延时时间不够，可以采用类似图 5-42 的思路继续扩充。

对于断开延时定时器时间的扩充，同样可以采用定时器和计数器组合的方式进行，见图 5-43。

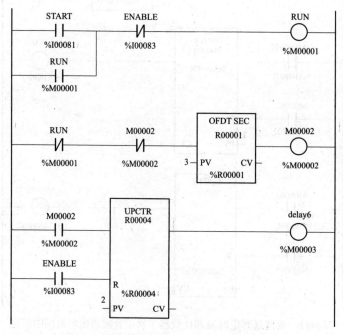

图 5-43　断开延时定时器和计数器组合实现定时时间的扩充

如果延时时间不够，可以采用类似图 5-43 的思路继续扩充。

5.2.4　数学运算指令

数学功能包括基本数学功能和高等数学功能，这里不加区分。

在四则运算中，只有相同类型的数据才能运算，因此如果数据类型不同，就先要进行数据类型的转换。这部分内容后面有讲述。

基本数学运算指令见表 5-9。

表 5-9　　　　　　　　　　　　　　基本数学运算指令

功能	助记符	描　　述
绝对值	ABS_DINT ABS_INT ABS_REAL	求一个双精度整数、单精度整数或浮点数的绝对值。助记符指定了数值的数据类型
加	ADD_DINT ADD_INT ADD_REAL ADD_UINT	加法。将两个数相加
除*	DIV_DINT DIV_INT DIV_MIXED DIV_REAL DIV_UINT	除法。一个数除于另一个数，输出商。 注意：执行除法操作时注意避免溢出情况发生
模数	MOD_DINT MOD_INT MOD_UINT	除法求模。一个数除于另一个数，输出余数
乘*	MUL_DINT MUL_INT MUL_MIXED MUL_REAL MUL_UINT	乘法。两个数相乘。 注意：执行乘法操作时注意避免溢出
比例	SCALE	把一个输入参数比例放大或缩小，把结果放在输出单元
减	SUB_DINT SUB_INT SUB_REAL SUB_UINT	减法。从另一个数中减去一个

高等数学运算指令见表 5-10。

表 5-10 高等数学运算指令

函数	助记符	描 述
指数	EXP	计算 e^{IN}，IN 为操作数
	EXPT	计算 $IN1^{IN2}$
反三角函数	ACOS	计算 IN 操作数的反余弦，以弧度形式表达结果
	ASIN	计算 IN 操作数的反正弦，以弧度形式表达结果
	ATAN	计算 IN 操作数的反正切，以弧度形式表达结果
对数	LN	计算 IN 操作数的自然对象
	LOG	计算 IN 操作数的以 10 为底的对数
平方根	SQRT_DINT	计算操作数 IN 的平方根，一个双精度整数。结果的双精度整数部分存到 Q 中
	SQRT_INT	计算操作数 IN 的平方根，一个单精度整数。结果的单精度整数部分存到 Q 中
	SQRT_REAL	计算操作数 IN 的平方根，一个实数。实数结果存到 Q 中
三角函数	COS	计算操作数 IN 的余弦，IN 以弧度表示
	SIN	计算操作数 IN 的正弦，IN 以弧度表示
	TAN	计算操作数 IN 的正切，IN 以弧度表示

当乘或除 16 位数时，为避免溢出，使用转换功能把该数转换成 32 位格式。当一个操作结果溢出时，没有能流。如果对一个 INT 或 DINT 操作数的操作导致溢出，输出参考设置为该数据类型的最大可能值。对有符号数，符号被设置为指示溢出的方向。如果有符号数或双精度整数被使用，除法和乘法功能块的结果符号取决于 IN1 和 IN2 的符号。如果对一个 UNIT 操作数的操作导致溢出，结果设置为最小值（0）。如果对一个 UNIT 的操作导致溢出，结果设置为最大值。

四则运算的梯形图及语法基本类似，现以加法指令为例，如图 5-44 所示。

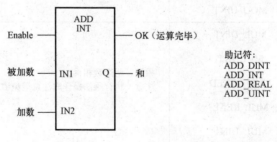

图 5-44 加法指令

Q 位置可以用寄存器 R 来处理，也可以只有名称没有地址。OK 端可以不接任何输出。

当 ADD 功能块接收能流时，其将具有相同数据类型的两个操作数 IN1 和 IN2 相加，并将总和存储在赋给 Q 的输出变量中。

当 ADD 执行无溢出时，能流输出激活（除非发生一个无效操作）。如果一个 ADD_DINT、ADD_INT 或 ADD_REAL 操作导致溢出，Q 设置为具有适当符号的最大可能值并且没有能流。

如果 ADD_UINT 操作导致溢出，Q 设置为最小值。

加法指令见表 5-11。

表 5-11   加 法 指 令

助记符	操 作	显 示
ADD_INT	Q（16 bit）=IN1（16 bit）+IN2（16 bit）	带符号十进制数，5 位数
ADD_DINT	Q（32 bit）=IN1（32 bit）+IN2（32 bit）	带符号十进制数，10 位数
ADD_REAL	Q（32 bit）=IN1（32 bit）+IN2（32 bit）	十进制数，带符号和小数，8 位数（包括小数位）
ADD_UINT	Q（16 bit）=IN1（16 bit）+IN2（16 bit）	无符号十进制数，5 位数

ADD 功能块操作数见表 5-12，其他操作数类似。

表 5-12   ADD 功能块操作数

操作数	描 述	允许操作数	可选性
IN1	等式 IN1+IN2=Q 加号左边的数值	除 S、SA、SB、SC 外任何操作数	No
IN2	等式 IN1+IN2=Q 加号右边的数值	除 S、SA、SB、SC 外任何操作数	No
Q	IN1+IN2 的结果。如果发生溢出，结果是最大的可能值并且无能流	除 S、SA、SB、SC 和常量外任何操作数	No

IN1 端为被加数，IN2 端为加数，Q 为和。其操作为 Q=IN1+IN2。

当 Enable 为 1 时，无需上升沿跃变指令就被执行。IN1、IN2 与 Q 是三个不同的地址时，Enable 端是长信号或脉冲信号没有不同。但是当 IN1 或 IN2 之中有一个地址与 Q 地址相同时，即 IN1（Q）=IN1+IN2 或 IN2（Q）=IN1+IN2，要注意其 Enable 端是长信号还是脉冲信号：长信号时该加法指令成为一个累加器，每个扫描周期执行一次直至溢出；脉冲信号时，当 Enable 端为 1 时执行一次。

当计算结果发生溢出时，Q 保持当前数型的最大值（带符号的数用符号表示是正溢出还是负溢出）。

如果操作没有导致溢出，能流输出打开，当下列无效浮点数操作之一发生时能流设为 OFF：

（1）加法（+∞）+（−∞）；减法（±∞）−（−∞）。

（2）乘法 0×∞。

（3）除法 0 除 0。

（4）除法∞/∞、1/∞。

（5）IN1 和/或 IN2 不是一个数字。

要注意四则运算只有相同的数据类型才能运算：

（1）INT 带符号整数 16 位−32768～+32767。

（2）UINT 不带符号整数 16 位 0 ～65535。

（3）DINT 双精度整数 32 位+2147483648。

（4）REAL 浮点数 3 位。

ADD示例：本例试图建立一个能计算开关%I0001闭合次数的计算回路，如图5-45所示。运行结果存储在寄存器%R00002中。这个设计的目的是当%I0001闭合时，ADD指令将%R00002中的数值加1，并将新的数值返回到%R00002。这个设计的问题是%I00001闭合时，

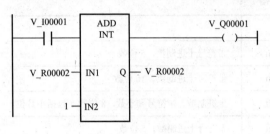

图5-45 计算开关%I00001闭合次数的
计算回路的一种错误程序

ADD指令执行一次时间为一个PLC扫描时间。所以，当%I00001保持闭合状态为5次扫描时间时，输出就将增加5次，即使%I00001在那个时期只闭合了一次。

为了解决上述问题，ADD指令的使能输入应该来自一个跳变（单触发）线圈，如图5-46所示。在改良的电路里，%I00001输入开关控制一个跳变（单触发）线圈，%M00001的触点接通ADD功能块的使能输入，每次扫描%M00001使触点%I00001闭合一次。为了使%M00001触点再次闭合，触点%I00001只能先断开后再次闭合。

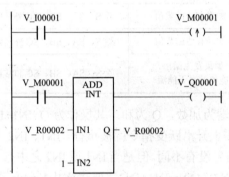

图5-46 计算开关%I00001闭合次数的计算回路的一种程序

注意：如果IN1和或IN2是非数，ADD_REAL不传送能流。

高等数学部分以三角函数中的正弦函数为例，说明如图5-47所示。

SIN功能块用来计算输入为弧度的正弦。当该功能模块接收到能量流（当Enable端为1时，无需上升沿跃变），它计算IN的正弦值，并把结果存入输出Q=SIN（IN），见表5-13。

图5-47 高等数学部分示例

表5-13   SIN 功 能 块

参数	描述	许用操作数	可选性
IN	弧度为单位的实数$-2^{63}<IN<+2^{63}$	除位于%S～%SC的变量外的所有操作数	No
Q	IN的三角函数值（实数）	除常数和位于%S～%SC的变量外的所有操作数	No

注 $2^{63}\approx9.22\times10^{18}$。

这里提供两个数学功能的应用案例。一个是角度和弧度的互化。三角函数的输入值和反三角函数输出值部分默认都是弧度。对于习惯使用角度的人来说不直观，需要转换。这里既可以直接调用系统给出的直接转换指令（在转换指令部分），也可以用其他指令的组合完成这

一功能。实际上其他写好的程序都可以作为"子函数"调用,调用的时候注意变量和参数即可。编程极大程度体现了个人的风格。图 5-48 是角度化为弧度的梯形图,图 5-49 是弧度化为角度的梯形图。

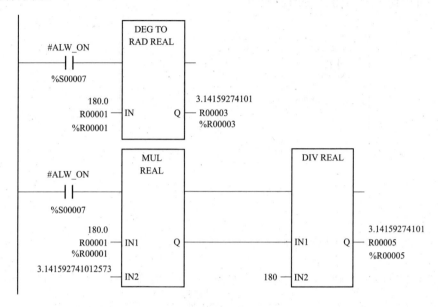

图 5-48　角度化为弧度

图 5-48 中第一行为"直接转换命令",第二行是使用其他指令代替"直接转换命令",从图中可以看到最终结果是一致的(此处是在 16 位精度情况下)。第二行中的 3.141592741012573 是通过查看第一行中转换结果得到的,意味着此处 $\pi \approx 3.141592741012573$。

图 5-49 中第一行为"直接转换命令",第二行是使用其他指令代替"直接转换命令",从图中可以看到最终结果是一致的(此处是在 16 位精度情况下)。

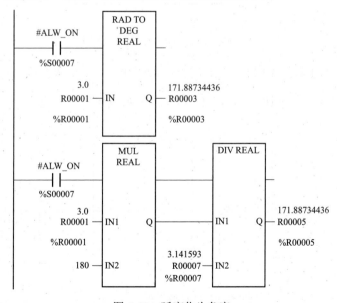

图 5-49　弧度化为角度

另一个是利用数学指令解方程。PLC 控制器中的核心器件是 CPU，应该具备数学运算功能。这里给出几个示例，仅提供一些编程思路，有兴趣的读者可自行研究。例如，解方程 $\frac{1}{x+1}=x$，可以使用图 5-50 所示的梯形图。

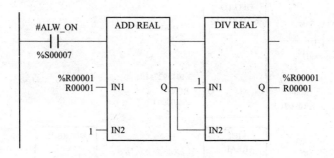

图 5-50　PLC 解方程 $\frac{1}{x+1}=x$

结果显示%R00001=0.618034005，与一个真实值 $\frac{\sqrt{5}-1}{2}$ 非常接近。注意，这里只是求出了该方程的稳定解（正值解）。但是如果将方程 $\frac{1}{x+1}=x$ 改为 $x=1-x^2$，从数学上看，数值应该是一样的，但是在图 5-51 的梯形图中%R00020 处得不到稳定的正确结果。

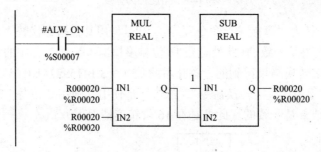

图 5-51　PLC 解方程 $x=1-x^2$

仔细研究发现上述都是使用 $x=f(x)$ 的方法来处理，这就要求在运算范围内任意一个 x_0 都得满足 $|f'(x_0)|<1$ 才行。又比如，图 5-52 所示的梯形图可以求解方程 $\frac{1}{3x+2}=x$ 的一个根。

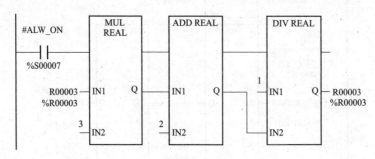

图 5-52　PLC 解方程 $\frac{1}{3x+2}=x$

结果显示%R00003=0.3333333，与真实值 $\frac{1}{3}$ 非常接近。图 5-53 所示的梯形图可以得到方程 $e^{-x}=x$ 的解。

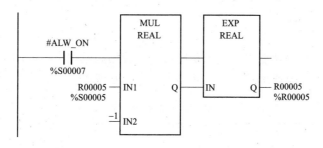

图 5-53　解方程 $e^{-x}=x$

结果显示%R00005=0.5671433。图 5-54 所示的梯形图可以得到方程 $x=\sqrt{3+\sqrt{5+x}}$ 的解。

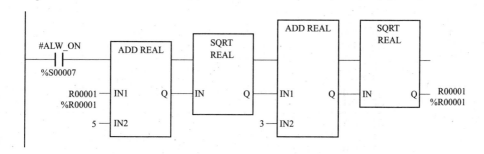

图 5-54　解方程 $x=\sqrt{3+\sqrt{5+x}}$

结果显示%R00001=2.39138245583。求取某个数 x 的平方根，可以使用如图 5-55 所示的梯形图。

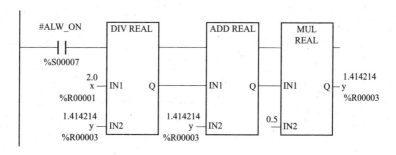

图 5-55　求取某个数%R00001 的平方根

其中%R00001 处输入数值 x，%R00003 处输入一个正数，等到%R00003 稳定下来的时候，该值就是 $\sqrt{x}$。此处用到了牛顿迭代公式 $x_{n+1}=\frac{1}{2}\left(x_n+\frac{x}{x_n}\right)$。

但是需要说明的是：PLC 编程软件不是传统意义上的数学软件，还不能完全替代人类的思考，因此未必能得到方程的所有根。PLC 解决数学问题的根本还在于编写高质量的程序，代码编写遵循数值计算中的理论时容易得到解答，不遵循时不易得到甚至不能得到结果。在一般工程领域，PLC 适用在控制领域，着力体现在控制功能，而在计算方面的功能弱化了。要想达到更高级的控制功能，需要不断挖掘、开发出优质的程序和算法。

5.2.5 比较运算指令

比较运算指令（相关功能块、关系功能块）比较相同数据类型的两个数值或判断一个数是否在给定的范围内，原值不受影响。其结果一般是 0 或 1。比较运算指令见表 5-14。

表 5-14　　　　　　　　　　　　比 较 运 算 指 令

功能	助记符	描述
比较	CMP_DINT CMP_INT CMP_REAL CMP_UINT	比较 IN1 和 IN2，助记符指定数据类型： IN1<IN2，LT 输出打开； IN1=IN2，EQ 输出打开； IN1>IN2，GT 输出打开
等于	EQ_DINT EQ _INT EQ _REAL EQ _UINT	检验两个数是否相等
大于或等于	GE_DINT GE_INT GE_REAL GE_UINT	检验一个数是否大于或等于另一个数
大于	GT_DINT GT_INT GT_REAL GT_UINT	检验一个数是否大于另一个数
小于或等于	LE_DINT LE_INT LE_REAL LE_UINT	检验一个数是否小于或等于另一个数
小于	LT_DINT LT_INT LT_REAL LT_UINT	检验一个数是否小于另一个数
不等于	NE_DINT NE_INT NE_REAL NE_UINT	检验两个数是否不等
范围	RANGE_DINT RANGE_DWORD RANGE_INT RANGE_UINT RANGE_WORD	检验一个数是否在另两个数给定的范围内

这里以 CMP 比较指令为例，如图 5-56 所示。

当 CMP 功能块接收数据流时，它将数值 IN1 跟 IN2 进行比较：

（1）如果 IN1<IN2，CMP 使 LT（小于）输出激活，可带线圈。

（2）如果 IN1=IN2，CMP 使 EQ（等于）输出激活，可带线圈。

（3）如果 IN1>IN2，CMP 使 GT（大于）输出激活，可带线圈。

IN1 和 IN2 必须是相同的数据类型。CMP 比较下面类型的数据：DINT、INT、REAL 和

UINT。CMP 接收能流时，总是向右传递能流，除非 IN1 和/或 IN2 是非数。

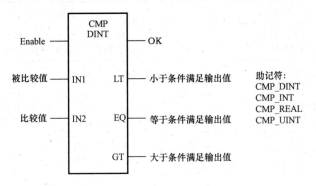

图 5-56　CMP 指令

提示：比较两个不同数据类型的数值，首先使用转换功能块使数据类型相同。

示例：当%I00001 打开时，整数变量 SHIPS 与变量 BOATS 比较，内部线圈%M00001、%M00002 和%M00003 存放比较的结果。如图 5-57 所示。

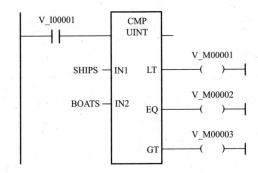

图 5-57　CMP 指令示例

5.2.6　位操作

位操作功能对位串执行比较、逻辑运算和传送操作。位操作指令见表 5-15。

表 5-15 位 操 作 指 令

功能	助记符	描　　述
位位置	BIT_POS_DWORD BIT_POS_WORD	在位串里找出一个被置 1 的位
位排序	BIT_SEQ	排好一个位串值，起始于 ST。通过一个位数组操作一个位序移位。容许最大长度 256 字
位置位 位清除	BIT_SET_DWORD BIT_SET_WORD	把位串中一个位置 1
	BIT_CLR_DWORD BIT_CLR_WORD	通过把位串里一个位置 0 清除该位
位测试	BIT_TEST_DWORD BIT_TEST_WORD	测试位串里的一个位，测定该位当前是 1 还是 0

续表

功能	助记符	描　述
逻辑"与"	AND_DWORD AND_WORD	逐位比较位串 IN1 和 IN2。当相应的一对位都是 1 时，在输出位串 Q 相应位置放入 1，否则在输出位串 Q 相应位置放 0
逻辑取反	NOT_DWORD NOT_WORD	把输出位串 Q 每个位的状态置成与位串 IN1 每个相对应位相反的状态
逻辑"或"	OR_DWORD OR_WORD	逐位比较位串 IN1 和 IN2。当相应的一对位都是 0 时，在输出位串 Q 相应位置放入 0，否则，在输出位串 Q 相应位里放 1
逻辑"异或"	XOR_DWORD XOR_WORD	逐位比较位串 IN1 和 IN2。当相应的一对位不同时，在输出位串 Q 相应位置放入 1；当相应的一对位相同时，在输出位串 Q 相应位里放 0
屏蔽比较	MASk_COMP_DWORD MASk_COMP_WORD	用屏蔽选择位的能力比较两个单独的位串
位循环	ROL_DWORD ROL_WORD	一个固定位数的位串里的位循环左移
	ROR_DWORD ROR_WORD	一个固定位数的位串里的位循环右移
位移位	SHFTL_DWORD SHIFTL_WORD	一个固定位数的字或字串里的位左移
	SHFTR_DWORD SHIFTR_WORD	一个固定位数的字或字串里的位右移

这里以位循环指令为例，如图 5-58 所示。

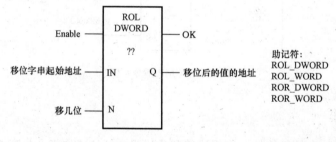

图 5-58　位循环指令

"？？"处填写要一次循环长度（不是数字本身的长度）。当使能输入有效，循环右移模块和循环左移模块将分别向左循环或向右循环一个单字或双字串的所有位，即 N 位（一次循环的位数），指定的位数从输入字串一端移出，回到字串的另一端。

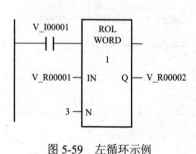

图 5-59　左循环示例

位循环功能模块向右传递能流，但循环位数小于 0 或者大于字串的总长度时例外。循环结果放在输出字串 Q 里。如果想循环输入字串，输出字串 Q 的参数必须和输入字串 IN 的参数放在相同的存储单元。在每次接收到能流的扫描中，循环后的字串被写入。字串的长度可以指定为 1～256 的单字或双字。

示例：只要 V_I00001 被置 1，在%R00001 输入的字串向左循环 3 次，并且把结果送给%R00002，而实际的输入字串%R00001 没有变化，梯形图如图 5-59 所示，移动过程如图

5-60 所示。

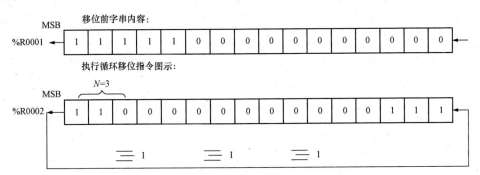

图 5-60　左循环 3 位示意图

5.2.7　数据传送指令

数据传送（数据移动）功能块提供基本的数据传送功能，数据传送指令见表 5-16。

表 5-16　　　　　　　　　　　**数 据 传 送 指 令**

功能	助记符	描　　述
块清零	BLK_CLR_WORD	零去替换一个块中所有的数据的值。能够被用来清零一个字的区域或是模拟存储器
块传送	BLKMOV_DINT BLKMOV_DWORD BLKMOV_INT BLKMOV_REAL BLKMOV_UINT BLKMOV_WORD	复制一个有七个常量的块到一个指定的存储单元中。这些常量是作为本功能的一部分输入的
通信请求	COMM_REQ	允许程序跟一个智能化模块,例如一个 Genius 总线控制器或是一个高速计数器之间进行通信
数据初始化	DATA_INIT_DINT DATA_INIT_DWORD DATA_INTT_INT DATA_INTT_REAL DATA_INTT_UINT DATA_INTT_WORD	复制一个常量数据块到一个给定范围。数据类型由助记符指定
数据 ASCII 码初始化	DATA_INIT_ASCII	复制一个常量 ASCII 码文本块到一个给定范围
数据 DLAN 初始化	DATA_INIT_DLAN	和 DLAN 接口模块一起使用
数据通信请求初始化	DATA_INIT_COMM	用一个常量数据块初始化一个 COMM_REQ 功能块。数据长度应该与 COMM_REQ 功能块中所有命令块
传送数据	MOVE_BOOL MOVE_DINT MOVE_DWORD MOVE_INT MOVE_REAL MOVE_UINT MOVE_WORD	作为个别位复制数据，所以新的存储单元并不需要有相同的数据类型。数据能够被传送到一个不同的数据类型中，而不需要预先转换

功能	助记符	描　述
移位寄存器	SHFR_BIT SHFR_DWORD SHFR_WORD	从一个存储单元中移一个或多个数据位、数据字或数据双字到一个指定存储区域。该区域中的原有的数据被移出来了
交换	SWAP_DWORD SWAP_WORD	交换一个字数据的两个字节或一个双字数据的两个字
总线读取	BUS_RD_BYTE BUS_RD_DWORD BUS_RD_WORD	从 VME 板中读取数据
总线读取修改	BUS_RMW_BYTE BUS_RMW_DWORD BUS_RMW_WORD	使用 VME 总线中的读/修改/写入周期更新一个数据元素
总线测试和设置	BUS_TS_BYTE BUS_TS_WORD	处理 VME 总线上信号量
写总线	BUS_WRT_RYTE BUS_WRT_DWORD BUS_WRT_WORD	写数据到 VEM 板中

这里以块传送为例，如图 5-61 所示，当块传送功能块（BLKMOV）接收到能量流时，它复制一个七位常量的块到以输出 Q 中指定的目的地址为起始的连续存储单元。只要 BLKMOV 功能块使能激活，就向右传递能流。

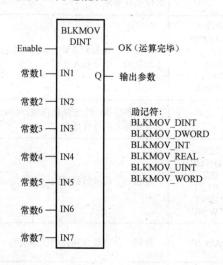

图 5-61　块传送

示例：当名为#FST_SCN 表示的输入使能端打开时，BLKMOV_INT 把七个输入常量复制到%R0010～%R0016 的存储单元，如图 5-62 所示。

5.2.8　数据表指令

数据表指令提供数据自动移动的能力，用于向数据表中输入过滤或者处理好的数据，或从表中复制数据。对数据表指针的正确使用是掌握该组指令的要点。数据表指令见表 5-17。

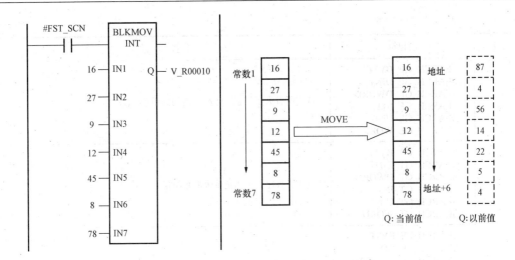

图 5-62 块传送示例

表 5-17 数 据 表 指 令

功能	助记符	描 述
数组传送	ARRAY_MOVE_BOOL ARRAY_MOVE_BYTE ARRAY_MOVE_DINT ARRAY_MOVE_INT ARRAY_MOVE_WORD	从源存储器块中复制一个给定数目的数据元素到目的存储器块中 注意：存储器块不需要被定义为数组，必须提供一个开始地址和用于传送的相邻寄存器数目
数组范围	ARRAY_RANGE_DINT ARRAY_RANGE_DWORD ARRAY_RANGE_INT ARRAY_RANGE_UINT ARRAY_RANGE_WORD	决定一个值是否在两个表指定范围之内
FIFO 读	FIFO_RD_DINT FIFO_RD_DWORD FIFO_RD_INT FIFO_RD_UINT FIFO_RD_WORD	把位于 FIFO（先进先出）表底部的入口数据移走，指针值减 1
FIFO 写	FIFO_WRT_DINT FIFO_WRT_DWORD FIFO_WRT_INT FIFO_WRT_UINT FIFO_WRT_WORD	指针值增 1，写数据到 FIFO 表的底部
LIFO 读	LIFO_RD_DINT LIFO_RD_DWORD LIFO_RD_INT LIFO_RD_UINT LIFO_RD_WORD	把位于 LIFO（后进先出）表的指针存储单元入口数据移走，指针值减 1
LIFO 写	LIFO_WRT_DINT LIFO_WRT_DWORD LIFO_WRT_INT LIFO_WRT_UINT LIFO_WRT_WORD	LIFO 表针增 1，写数据到表里
查找	SEARCH_EQ_BYTE SEARCH_EQ_DINT SEARCH_EQ_DWORD SEARCH_EQ_INT SEARCH_EQ_UINT SEARCH_EQ_WORD	查找所有等于一个给定值的数组值

续表

功能	助记符	描　述
查找	SEARCH_GE_BYTE SEARCH_GE_DINT SEARCH_GE_DWORD SEARCH_GE_INT SEARCH_GE_UINT SEARCH_GE_WORD	查找所有大于等于一个指定值的数组值
	SEARCH_GT_BYTE SEARCH_GT_DINT SEARCH_GT_DWORD SEARCH_GT_INT SEARCH_GT_UINT SEARCH_GT_WORD	查找所有比一个指定值大的数组值
	SEARCH_LE_BYTE SEARCH_LE_DINT SEARCH_LE_DWORD SEARCH_LE_INT SEARCH_LE_UINT SEARCH_LE_WORD	查找所有小于等于一个给定值的数组值
	SEARCH_LT_BYTE SEARCH_LT_DINT SEARCH_LT_DWORD SEARCH_LT_INT SEARCH_LT_UINT SEARCH_LT_WORD	查找所有小于一个给定值的数组值
	SEARCH_NE_BYTE SEARCH_NE_DINT SEARCH_NE_DWORD SEARCH_NE_INT SEARCH_NE_UINT SEARCH_NE_WORD	查找所有不等于一个给定值的数组值
分类	SORT_INT SORT_UINT SORT_WORD	按升序分类一个存储器块
读表	TBL_RD_DINT TBL_RD_DWORD TBL_RD_INT TBL_RD_UINT TBL_RD_WORD	从一个指定表存储单元中复制一个值到输出点
写表	TBL_WRT_DINT TBL_WRT_DWORD TBL_WRT_INT TBL_WRT_UINT TBL_WRT_WORD	从一个输入点中复制一个值到一个指定表存储单元中

这里以分类指令（SORT，又称排序指令）为例，如图 5-63 所示。

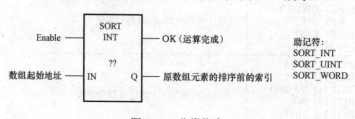

图 5-63　分类指令

"？？"处填写数组的维数（元素的个数）。SORT 功能块接收能量流，按升序分类存储块 IN 的元素。Q 与 IN 的大小完全相同。Q 也有一个要分类的元素的数目的规定（LEN）。SORT 对不多于 64 个元素的存储器块操作。当 EN 端为 ON，IN 中所有的元素根据的数据类型按升序分类，数组 Q 也被创建，用于表明在无序数组中每个分类元素的原始位置。OK 总是设置为 ON。注意：SORT 在每次扫描到有使能激活时执行，不要在一个定时或触发输入程序块中使用 SORT 功能块。

示例：每次%Q00014 为 ON 时，新的部分数（%I00017～%I00032）被推进一个部分数组 PLIST。当数组被填满时，它被分类并且输出%Q00025 显示为 ON。于是数组 PPOSN 包含在 PLIST 中分类完成之前的分类元素占用的原始地址。如果 PLIST 是一个有 5 个元素的数组，排序前包括数值 25、67、12、35、14，排序后它就包括数值 12、14、25、35、67，PPOSN 就包含数值 3、5、1、4、2。具体如图 5-64 所示。

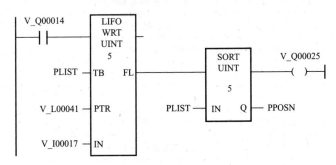

图 5-64　分类指令示例

5.2.9　数据转换指令

转换功能把一个数据项目从一种数字格式（数据类型）变为另一种数字格式（数据类型）。很多程序指令，如数学函数等，在运算过程中必须使用同一种类型的数据，因此必须在使用这些指令前转换数据。数据转换指令见表 5-18。

表 5-18　　　　　　　　　　数 据 转 换 指 令

功能	助记符	描　　　述
转换模拟量	DEG_TO_RAD	把角度转换为弧度
	RAD_TO_DEG	把弧度转换为角度
转换成 BCD4		
UINT to BCD4	UINT_TO_BCD4	把 UINT（16 位无符号整数）转换为 BCD4
INT to BCD4	INT_TO_BCD4	把 INT（16 位带符号整数）转换为 BCD4
把 DINT 转换为 BCD8	DINT_TO_BCD8	把 DINT（32 位带符号整数）转换为 BCD8
转换为 INT		
BCD4 to INT	BCD4_TO_INT	把 BCD4 转换为 INT（16 位带符号整数）
UINT to INT	UINT_TO_INT	把 UINT 转换为 INT
DINT to INT	DINT_TO_INT	把 DINT 转换为 INT

续表

功能	助记符	描　述
REAL to INT	REAL_TO_INT	把 REAL（32 位带符号的实数或浮点数）转换为 INT
转换为 UINT		
BCD4 to UINT	BCD4_TO_UINT	把 BCD4 转换为 UINT
INT to UINT	INT_TO_UINT	把 INT 转换为 UINT
DINT to UINT	DINT_TO-UINT	把 DINT 转换为 UINT
REAL to UINT	REAL_TO_UINT	把 REAL 转换为 UINT
转换为 DINT		
BCD8 to DINT	BCD8_TO_DINT	把 BCD8 转换为 DINT
UINT to DINT	UINT_TO_DINT	把 UINT 转换为 DINT
INT to DINT	INT_TO_DINT	把 INT 转换为 DINT
REAL to DINT	REAL_TO_DINT	把 REAL 转换为 DINT
转换为 REAL		
BCD4 to REAL	BCD4_TO_REAL	把 BCD4 转换为 REAL
BCD8 to REAL	BCD8_TO_REAL	把 BCD8 转换为 REAL
UINT to REAL	UINT_TO_REAL	把 UINT 转换为 to REAL
INT to REAL	INT_TO_REAL	把 INT 转换为 REAL
DINT to REAL	DINT_TO-REAL	把 DINT 转换为 REAL
WORD to REAL	WORD_TO_REAL	把 WORD（16 位位串）转换为 REAL
把 REAL 转换为 WORD	REAL_TO_WORD	把 REAL 转换为 WORD
舍位	TRUNC_DINT	把一个 REAL 型数值通过小数部分直接舍去，保留整数部分后转换为 DINT 型数值
	TRUNC_INT	把一个 REAL 型数值通过小数部分直接舍去，保留整数部分后转换为 INT 型数值

该组指令语法大同小异，现以 INT 转 BCD-4 指令为例介绍，如图 5-65 所示。

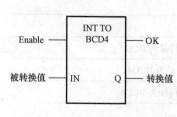

图 5-65　INT 转 BCD-4 指令

当功能块使能激活，把输入的 INT 数据转换为等效的 BCD4，并在 Q 点输出。该功能不改变原来的输入数据。输出数据可以直接在其他程序功能块中运用。当使能激活，功能块传递能流，除非转换结果在 0～9999 之外。数据可以被转换成 BCD 格式驱动 BCD 编码的 LED 显示，或者预置到外部设备中，如高速计数器等。

示例：只要输入%I00002 被置位且没有错误存在，输入单元%I0017～%I0032 中的 INT 被转换为 4 位 BCD 数，结果放在存储单元%Q0033～%Q0048 中。线圈%M1432 用来校验是否成功转换。如图 5-66 所示。

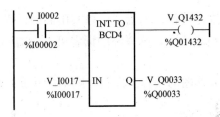

图 5-66　INT 转 BCD-4 指令示例

5.2.10　控制指令

控制功能限定程序执行，改变 CPU 执行应用程序的路线。控制指令见表 5-19。

表 5-19　　　　　　　　　　　　　　　控 制 指 令

功能	助记符	描　　述
DO I/O	DO_IO	一次扫描，立即刷新指定范围的输入和输出（如果 DO I/O 功能块包含模块上的所有的基准单元，模块上的所有点都被刷新，部分 I/O 模块刷新不执行）。I/O 扫描结果放在内存比放在实际输入点上好
转鼓	DRUM	按照机械转鼓排序的式样，给一组 16 位离散输出提供预先确定的 on/off 模式
循环	FOR_LOOP EXIT_FOR END_FOR	循环。在 FOR_LOOP 指令和 END_FOR 指令之间重复执行逻辑程序指定的次数或遇到 EXIT_FOR 指令时结束循环
PID 控制	PID_ISA PID_IND	提高能够两个 PID 闭环控制算法：标准 ISA PID 算法（PID_ISA）、独立项算法（PID_IND）
读转换开关位置	SWITCH_POS	读 Run/Stop 转换开关的位置和转换开关配置的方式
服务请求	SVC_REQ	请求一个特殊的 PLC 服务
暂停 IO	SUS_IO	暂停一次扫描中所有正常的 I/O 刷新，DO I/O 指令指定的除外

5.2.11　程序流程指令

程序流程指令限制程序执行或改变 CPU 执行应用程序的方式。程序流程指令见表 5-20。

表 5-20　　　　　　　　　　　　　　程 序 流 程 指 令

功能块	助记符	描　　述
子程序调用	CALL	调用子程序
注释	COMMENT	把一个文本解释放在程序中
结束主控继电器	ENDMCRN	嵌套结束主控继电器。表示在正常能量流情况下要执行的后续逻辑
逻辑结束	END	逻辑无条件结束。程序从第一梯级执行到最后梯级或 END 指令，无论先遇到哪个程序结束
跳转	JUMPN	嵌套跳转。导致程序执行跳转到一个 LABELN 指出的指定存储单元。JUMPN/LABELN 对能相互嵌套。多个 JUMPN 能共有相同的 LABELN
标号	LABELN	嵌套标号。指定一个 JUMPN 指令的目标位置
主控继电器	MCRN	嵌套主控继电器。导致在 MCRN 和其后的 ENDMCRN 之间所有的梯级在没有能流时执行。MCRN/ENDMCRN 对能互相嵌套。所有的 MCRN 能共有一个相同的 ENDMCRN
连线	H_WIRE	为了完成能流传递，水平连接 LD 逻辑的一行元素
	V_WIRE	为了完成能流传递，垂直连接 LD 逻辑的一列元素

最后这两种指令功能如果使用得当的话，可以写出高效、简介的程序。GE 的文档中还单独介绍了 PID 指令和服务请求指令，感兴趣的读者可以查阅 GFK2222H-《CPU Reference Manual》。

另外，本部分只介绍了梯形图的编程，没有介绍 GE 其他编程语言。C 语言编程方法可以参看工具包 GFK-2259C。

思 考 题

1. 找到 GFK2222H-《CPU Reference Manual》的 PDF 文档。

2. 梯形图中的各种指令在 GFK2222H 中均能找到，实际操作中没有找到该文档怎么办？

3. 想一想 GFK2222H 和 GFK2222A、GFK2222B 等之间是什么关系？

4. 试着给通用电气的 SSO 写一封电子邮件，提出自己的疑问。

5. 在 GE 的技术支持网站、BBS 上查找相关技术信息，或者给 GE 打电话寻求支持。

6. 在 GFK2222H-《CPU Reference Manual》的 PDF 文档中存在很多关于指令系统的示例，精读这些示例，以快速掌握指令的应用。

触 摸 屏

人机交互（human machine interface，HMI）也称为人机界面、人机接口、人机界面、用户界面或使用者界面，是系统和用户之间进行交互和信息交换的媒介，用于实现信息的内部形式与人类可以接受形式之间的转换。凡参与人机信息交流的领域都存在 HMI。HMI 提供了机器控制设备（含 PLC）和操作人员间的联系。HMI 可以显示设备的工作状态，而操作人员也可以通过 HMI 向设备发送指令，控制设备的运行。

例如，一个温度控制系统，实际温度可以在 HMI 上显示，温度控制的设定值也可以通过 HMI 写入到控制器内，用作 PID 温度控制的给定。

人机交互的设备种类很多，包括但不限于常见的鼠标、键盘、显示屏、手操器、无线控制设备等。除此之外，工业现场还常使用触摸屏这样的人机交互设备。人机界面的形式很多，工业中主要使用触摸屏的原因有以下几点：

（1）按钮、键盘等输入设备容易沾染上工业现场的灰尘、浮土等，导致其操作不灵敏、卡滞，有时严重影响工业生产安全和效率。

（2）工业现场的按钮、键盘字母的数量不会做得太多，否则会显得很凌乱，但是有些复杂控制中又会涉及调整很多输入、输出参数，而触摸屏的内部含有操作软件，可以内嵌近乎无限个参数。

（3）使用触摸屏时加密层级、权限可以设置很多。信息社会的软件组合加密方法比硬件加密方法更可靠，方式更灵活多样。

触摸屏上的显示、操作元素需要与 PLC 的内部数据建立对应关系才能工作。建立这种关系需要一些专门的软件来进行，称为 configuring（配置、设置或组态）。

触摸屏必须支持 PLC 的 CPU 或者通信模块上的通信口的硬件标准（有时需要进行转换）和数据通信协议。能否完全支持相应的协议决定了触摸屏是否能够顺利实现预期的功能。

当然有些触摸屏设备也容易出现死机、划屏没反应、定位不准等现象，随着相关技术的发展，这些缺点都会逐渐克服。

6.1 GE 触 摸 屏 硬 件

GE 的 QuickPanel View/Control 是先进的紧凑型控制计算机。它提供不同的配置来满足使用需求，既可以作为全功能的 HMI，也可以作为 HMI 与本地控制器和分布式控制应用的结合。无论是其擅长的网络环境还是单机单元，它都是较好的工厂级人机界面及控制的解决方案。本章主要讲述 GE 的 QuickPanel View/Control，图 6-1 为部分产品实物图。6″（英寸）硬件方面的内容读者可以参阅 GFK-2243G，15″的可以参阅 GFK-2402B。其他尺寸触摸屏的参数信息也可以参照 GFK—2243G、GFK—2402B。有关 GE 触摸屏的发展还可参看 3.1.7 节。

图 6-1　QuickPanel View/Control 产品

在微软 Windows CE.NET（当今领先的嵌入式控制操作系统）的支持下，QuickPanel View/Control 为应用程序的开发提供了快捷的途径。与其他 Windows 版本的统一性，简化用户对已存在程序代码的移植。Windows CE 另一个优点是其熟悉的用户界面，缩短了操作人员和开发人员的学习周期。丰富的第三方应用软件使这个操作系统更具吸引力。

6″QuickPanel View/Control 是为发挥最大限度的灵活性而设计的多合一微型计算机。它基于先进的 Intel 微处理器，将多种 I/O 选项结合到一个高分辨率的操作员接口。通过选择这些标准接口和扩展总线，客户可以将它与大多数的工业设备连接。

QuickPanel View/Control 配有各种类型的存储器来满足甚至是最为苛刻的应用。一个 32MB 的动态随机存取存储器（DRAM）分配给操作系统、对象存储单元和应用存储单元。一个 32MB 或 64MB 的非易失性闪存（取决于购买的型号）作为虚拟的硬盘驱动器分配给操作系统和应用程序的长久存储。保持存储器包括一个由电池支持的 512KB 静态存储器（SRAM），用此来存储数据能够保证重要数据即使在断电的情况下也不会丢失。

QuickPanel View/Control 的特点如下。

（1）QuickPanel Control 集成了操作员接口和控制功能：6″、10″、12″、15″屏幕显示。

（2）采用 Proficy Machine Edition 软件用于画面和程序的开发。

（3）内嵌 Windows CE 实时操作系统，32 位的 GUI 操作系统，有微软相关产品经验以及智能触摸手机操作经验更容易理解和使用该产品。

（4）高可靠性（工业级硬件，UL、ATEX 和 CE 认证，无需硬盘）。

（5）HMI 功能：动画仿真功能；3000 图形目标库；报警功能；事件登录功能；脚本语言支持，用于数学计算、文件读写、到串行口的读写；安全口令保护。

（6）数据记录功能。

（7）多种语言支持。

（8）仿真功能。

（9）在线监视与故障诊断，包括：

1）可选多种连接：多个串口和 Ethernet PLC 驱动；现场总线。

2）远程监视功能：标准的 Microsoft 网络；QP View 变量共享；Web 发布功能，允许控制/允许脚本运行。

（10）集成的开发环境：在 View 和 PLC 之间共享标签；调试工具用于 View 和 PLC。

（11）QuickPanel View 面板放大编辑功能。

6.1.1 QuickPanel View/Control 6'' TFT 的硬件组成

QuickPanel View/Control 6" TFT 的布局如图 6-2 所示，后视图如 6-3 所示。

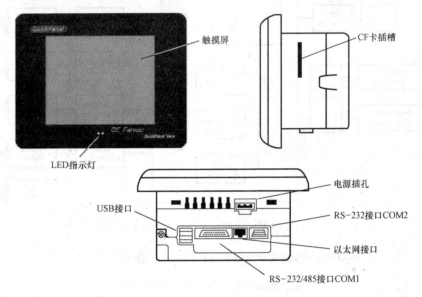

图 6-2　布局图

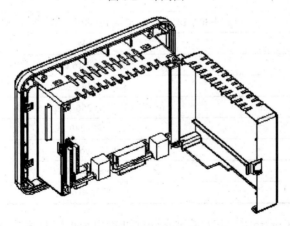

图 6-3　后视图

QuickPanel View/Control 6" TFT 基于 Intel XScale PXA255 微处理器，应用大规模集成电路，使得小机体提供高性能。如图 6-4 所示的结构图显示了 QuickPanel View/Control 的各主要功能模块及其之间的接口。

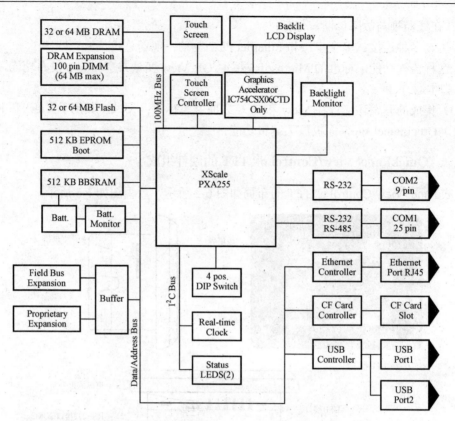

图 6-4　QuickPanel View/Control 6" TFT 结构图

表 6-1 列出了 QuickPanel View/Control 6" TFT 的一些参数。

表 6-1　　　　　　　　　　QuickPanel View/Control 6'' TFT 参数

项目	参　　　　数
DC 输入电压	10.8～30 V DC（12 V DC+/−10%稳压电源；24 V DC+/−20%电源）
实际功率	24 W
质量	2.5 磅（1.16 kg）
大小	5.75in（14.6 cm）
颜色	65536（颜色）；256 灰度（单色）
分辨率	320×240
构成	TFT（color）
处理器	Intel XScale PXA255
时钟频率	300MHz

QuickPanel View/Control 6" TFT 通过它的标准接口和扩展总线，可以与大多数的工业设备连接，如图 6-5 所示。

6.1.2　QuickPanel View/Control 6'' TFT 的基本安装

QuickPanel View/Control 6" TFT 工作时，由外部提供 24 V DC 工作电压，通过电源插孔

接入，如图 6-6 所示。

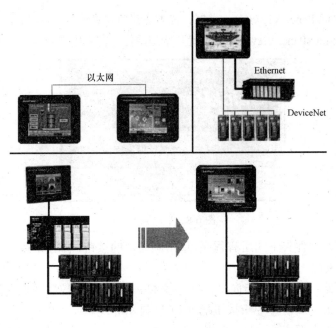

图 6-5　连接工业设备

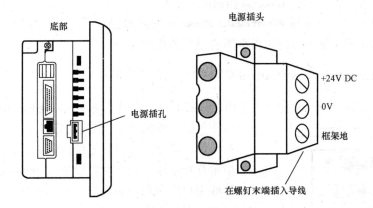

图 6-6　电源接线

它可扩展外部设备，如鼠标、键盘等输入设备，如图 6-7 所示。

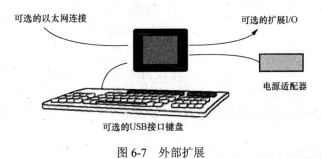

图 6-7　外部扩展

6.1.3 QuickPanel View/Control 6'' TFT 的启动设置

第一次启动 QuickPanel View/Control 时，需要先进行一些配置。将 24 V 电源适配器通上交流电，一旦上电，QuickPanel View/Control 就开始初始化，首先出现启动画面，如图 6-8 所示。

图 6-8　启动画面

如果想跳过开始文件夹下的所有程序，单击画面上的按钮，启动屏幕将在 5s 后自动消失，显示 Windows CE 桌面。

（1）点击"开始" 🔳 Start，指向"设置" 🔳 Settings，点击"控制面板" 🔳 Control Panel；

（2）在控制面板上双击 🔳 Display 按钮配置 LCD 显示屏；

（3）在控制面板上双击 🔳 Stylus 按钮配置触摸屏；

（4）在控制面板上双击 🔳 Date and Time 按钮配置系统时钟；

（5）在控制面板上双击 🔳 Network and Dial-up Connections 按钮配置网络设置；

（6）在桌面上双击 🔳 Backup 按钮保存所有最新的设置。

6.1.4 QuickPanel View/Control 6'' TFT 的以太网设置

QuickPanel View/Control 有一个 10/100BaseT 自适应以太网端口（IEEE 802.3），可以通过在外壳底部的 RJ45 连接器将以太网电缆（无屏蔽，双绞线，UTP CAT-5）连接到模块上。端口上的 LED 指示灯指示通道状态，可以通过 Windows CE 网络通信或用户应用程序访问端口。图 6-9 显示了以太网端口的位置、方向和对外针脚。

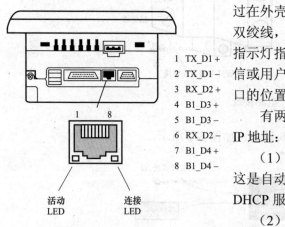

```
1  TX_D1 +
2  TX_D1 −
3  RX_D2 +
4  B1_D3 +
5  B1_D3 −
6  RX_D2 −
7  B1_D4 +
8  B1_D4 −
```

活动 LED　　连接 LED

图 6-9　以太网接口

有两种方法可以在 QuickPanel View/Control 上配置 IP 地址：

（1）DHCP（dynamic host configuration protocol）：这是自动完成的默认方法，在所连接的网络中应该有 DHCP 服务器来分配有效的 IP 地址。

（2）手动方法：用户为 QuickPanel View/Control 配置特殊的地址、子网掩码（合适的）和默认网关。

直接将 QuickPanel View/Control 连接到 PC 时要使用交叉电缆，连接到网络集线器时则使用直连电缆。

设置 IP 地址的方法如下：

（1）在控制面板上单击 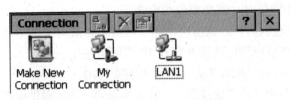 按钮，显示 Connection 窗口，如图 6-10 所示。

图 6-10 Connection 窗口

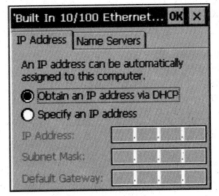

图 6-11 设置对话框

（2）选择一个连接并选择属性，出现 Built-In Ethernet Port Settings 对话框，如图 6-11 所示。

（3）从"Obtain an IP address via DHCP"（自动）和 "Specify an IP address"（手动）两种方法中选择一种方法，输入地址，点击"OK"按钮。

（4）单击 Backup 按钮，运行程序并保存设置，重启 QuickPanel View/Control。如果选择 DHCP 方法，QuickPanel View/Control 在初始化过程中，网络服务器会自动分配一个 IP 地址。为 QuickPanel View/Control 分配了一个 IP 地址后，就可以访问任何有权限的网络驱动器或共享资源。

6.1.5 QuickPanel View/Control 6'' TFT 的串行数据通信端口设置

QuickPanel View/Control 有两个串行数据通信端口，即 COM1 和 COM2。COM1 端口是普通用途的双向串行数据通道，支持 EIA232C 和 EIA485 电气标准，可以通过下列方法访问和配置，配置后可以连接支持 TCP/IP 协议的网络。

（1）作为直接或拨号与远程网络连接。

（2）作为终端会话使用的端口（仅限调制解调器连接）。

（3）通过用户创建的应用程序。

装在外壳一侧的 DB25S（母）连接器，提供如图 6-12 所示的标准信号。

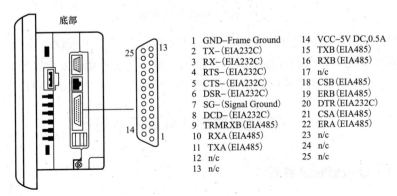

图 6-12 COM1 信号接线

注意：

（1）14 脚装有可现场更换的 1 A 快速熔断器。

（2）使用 EIA485 通信时，需要双绞线电缆。

（3）使用 EIA485 模式时，若该模块在 485 网络上是最后一个结点，必须接上 RXA/RXB 终端，且内置了一个终端电阻，连接 9 脚和 10 脚即可使用。

（4）当使用 EIA485 模式时，7 脚（地）不需要使用。

COM2－串行：DB9P（公）连接器，安装在外壳的一侧，提供如图 6-13 所示的标准信号。

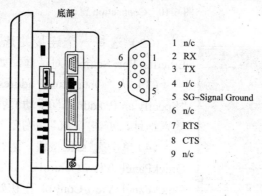

图 6-13　COM2 信号接线

6.1.6　QuickPanel View/Control 6'' TFT 的 USB 接口设置

QuickPanel View/Control 有两个全速的 USB v1.1 主机端口，可使用多种第三方 USB 外部设备。每个连接的 USB 设备都有其特定的驱动程序。QuickPanel View/Control 自带可选的键盘支持驱动，其他设备需要安装特定的驱动软件。USB 信号接线可看图 6-14。

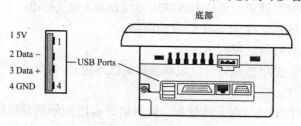

图 6-14　USB 信号接线

这些 USB 接口被定义为维护接口，暂时用来配置、上传/下载软件或数据。为了遵从 UL1604，不可在加电过程中执行连接或断开操作（除非这个区域是安全区域）。用户可以登录 GE 网站选择 QuickPanel 产品列表获得兼容的键盘类型、鼠标和 USB 设备列表。

6.2　GE 触摸屏操作界面开发设计

6.2.1　新建 QuickPanel 界面

右击工程名，在快捷菜单中选择"Add Target"→"QuickPanel View/Control"→"QP Control

6" TFT（IC754C××06 C××）"命令，新建一个 QuickPanel（QP）界面，如图 6-15 所示。

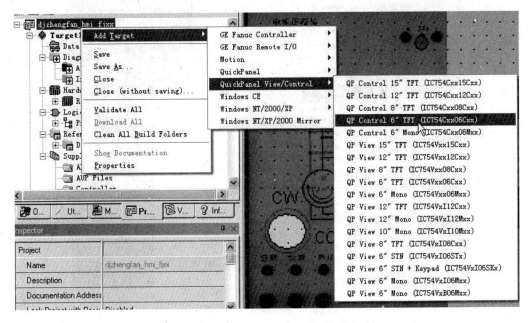

图 6-15　新建 QuickPanel 界面

6.2.2　创建触摸屏

右击工程名，在快捷菜单中选择"Add Component"→"HMI"命令，创建触摸屏，如图 6-16 所示。

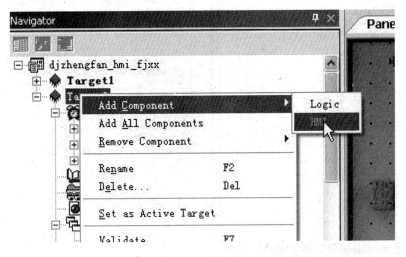

图 6-16　增加 HMI

6.2.3　创建驱动

创建驱动，如图 6-17 所示。

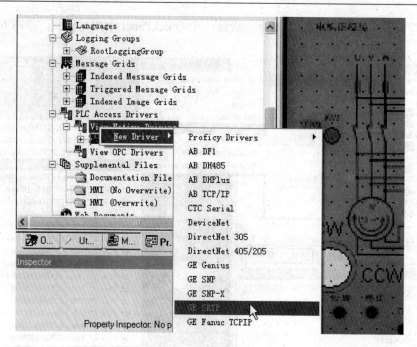

图 6-17　添加驱动 GE SRTP

6.2.4　触摸屏地址配置

触摸屏的地址配置如图 6-18 所示。

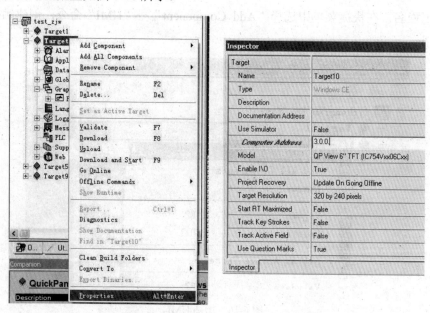

图 6-18　在属性框中添加触摸屏地址

6.2.5　PAC 关联地址配置

PAC 关联地址配置如图 6-19 所示。

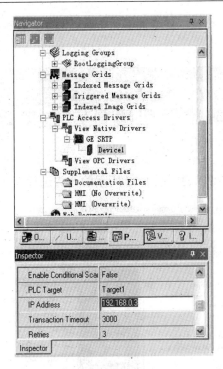

图 6-19　在驱动中添加相关联的 PAC 的地址

注意区分三个地方的 IP 地址：编程计算机、PAC、触摸屏。一般使用时三者在同一个网段内。

6.2.6　触摸屏界面创建

点击"panel1"进行触摸屏界面创建，如图 6-20 所示。

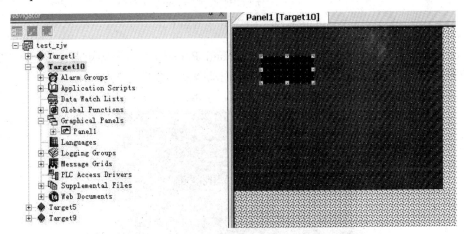

图 6-20　触摸屏界面创建

6.2.7　触摸屏界面制作

工具栏的快捷键中有下面的画图工具箱，里面有各种画图工具，包括矩形、倒圆矩形、椭圆（圆）、多边形、扇形、扇弧、任意曲线、折线、写字、各种显示表、数据曲线等，如图 6-21 所示。

图 6-21　画图工具箱

如果列表中没有显示，可以通过图 6-22 所示的方式进行查找。

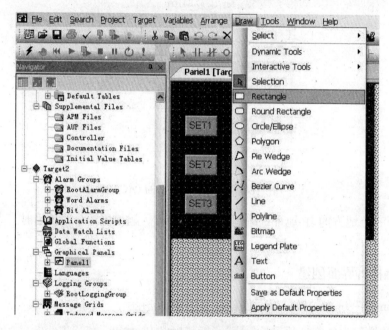

图 6-22　工具栏中的画图工具

（1）加载一个按钮。单击图 6-22 中的"Round Rectangle"（倒圆矩形）按钮，然后在触摸屏界面绘制相应图形，尺寸和位置可以任意拖动改变，如图 6-23 所示。

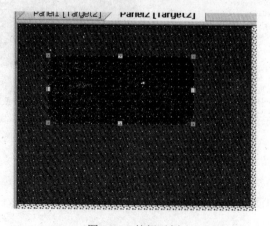

图 6-23　按钮示例

双击该图形，出现图形的属性窗口：双击按钮，选择目标变量 ON/OFF 颜色（数字变量在 0、1 状态下的颜色），如图 6-24 所示。

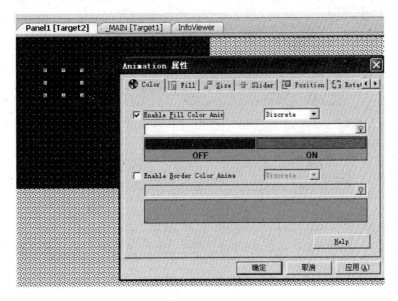

图 6-24　颜色变化显示

（2）创建一个关联点。单击右边小灯泡，选择 Varable，选择关联的 PLC 变量，如图 6-25 所示。

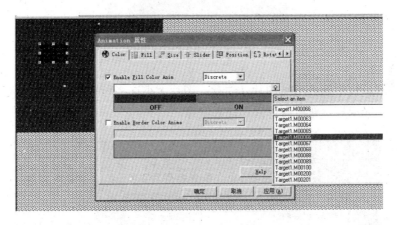

图 6-25　关联 PLC 变量

（3）颜色选择完毕后，选择"Touch"选项卡，选择在所需 Target 里面的控制变量，实现对程序控制，如图 6-26 所示。

如果只是显示，不需要设置 Touch 属性。

（4）写字。有些图幅需要写字注释或者说明（注意：GE 触摸屏同样不支持中文，可以写汉语拼音、英文、数字等来代替，或者采用插入图片的方式来解决）。

（5）加载一张图片。使用画面加载工具，在画面中任意区域拖动所需画面大小，如图 6-27 所示。

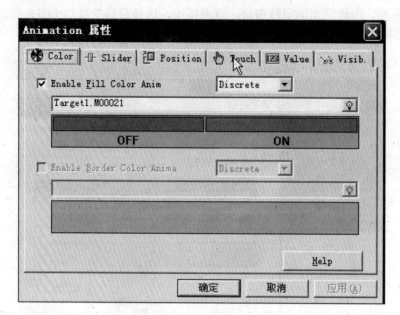

图 6-26　控制按钮

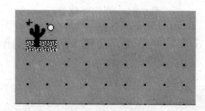

图 6-27　画图加载工具

在弹出的对话框中选择所需图片（注意：图片大小选择与触摸屏内存有关），如图 6-28 所示。加载图片完成后，在所需位置创建关联点。

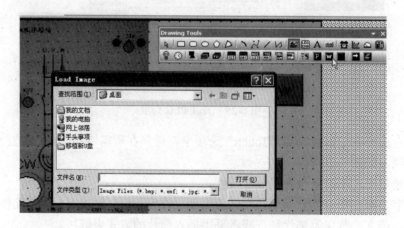

图 6-28　插入图片

可以用一般的画图软件做出含有汉语的示意图，然后将其插入到触摸屏组态中。

6.3 GE 触摸屏操作界面调试

组态完毕后要将界面下载到触摸屏中以便运行。

QuickPanel View/Control 6"支持仿真。如果 Use Simulator 选择 True，则说明是仿真运行；若选择 False，则是真实运行。如图 6-29 所示。

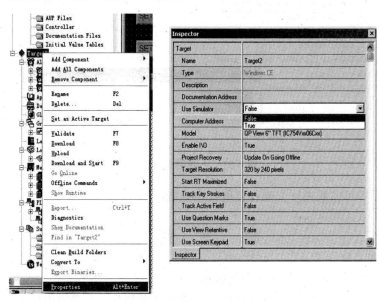

图 6-29 仿真运行操作

需要注意的是，在运行之前必须将当前设定为激活目标，如图 6-30 所示。

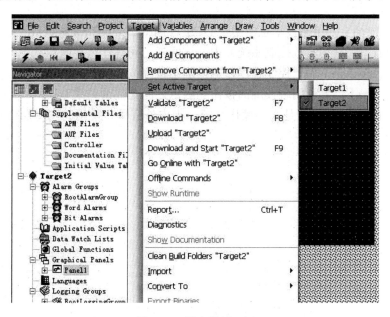

图 6-30 设定激活目标

同 PLC 的下载、运行一样，点击 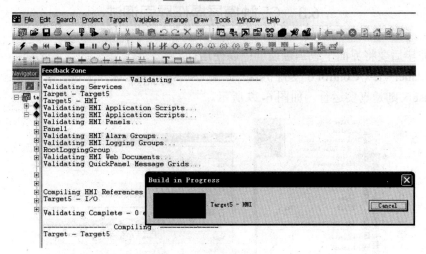 和 下载触摸屏界面，如图 6-31 所示。

图 6-31 下载触摸屏界面

下载完成后即可在触摸屏上操作实现程序控制。

思 考 题

1. 现在的实际项目中为什么要使用触摸屏？

2. 本章只介绍了通用电气的 QuickPanel，查阅相关资料，看看国内外还有哪些触摸屏？

3. 触摸屏的画面制作属于人机交互的一部分，查阅相关资料，看看国内外有哪些组态软件（configure，又称组态监控软件系统软件，supervisory control and data acquisition，SCADA），其市场占有率如何？

4. 在监控层面上，组态技术也应用于 DCS（distributed control system，分散控制系统的简称，国内一般习惯称为集散控制系统）中，这两者之间有什么异同？

5. 利用 QuickPanel 做一控制程序，触摸屏上按下按钮和实际中接通触点都能使电动机运转，试着调试一下，并说明触摸屏的按钮和触点之间是什么关系？

6. 一般的触摸屏使用的是实时操作系统。国内外有哪些常用的实时操作系统，其市场占有率如何？

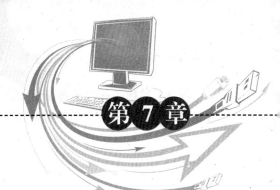

RX3i 控制系统基础实践与综合应用

本章主要介绍 RX3i 系统的基础应用和综合应用，并为读者使用 RX3i 提供一些示例。每一部分均基本按照 I/O 分配表、参考程序的模式进行，读者可以借鉴"元件"的名称、地址，并按照实际项目修改。

7.1 输出互锁控制

用两个开关控制 3 个灯，要求实现以下两个功能，I/O 分配表见表 7-1。

（1）开关 1 控制灯 1，开关 2 控制灯 2；

（2）灯 1 和灯 2 不能同时亮，两者都不亮时灯 3 亮。

表 7-1　　　　　　　　　　　　输出互锁控制 I/O 分配

输　　　入		输　　　出	
地址	功能	地址	功能
%I00385	开关 1	%Q00001	灯 1
%I00386	开关 2	%Q00002	灯 2
		%Q00003	灯 3

参考梯形图如图 7-1 所示。

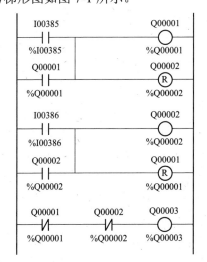
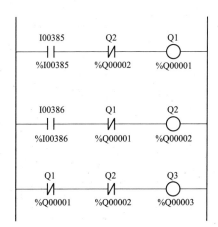

图 7-1　输出互锁控制参考梯形图

图 7-1 给出了两种参考梯形图，读者可以自行分析哪种代码效率高、哪种可读性强。有时候满足所有要求的程序是很难实现的，只能从轻重缓急的角度抓住问题的主要矛盾。

7.2 3 灯 3 开关控制

用 3 个开关控制 3 个灯，实现或、同或、异或 3 种逻辑关系控制，I/O 分配表见表 7-2。

（1）开关 1 和开关 2 控制灯 1：两开关有一个为 ON，则灯 1 为 ON。

（2）开关 2 和开关 3 控制灯 2：两开关同为 ON 或同为 OFF，灯 2 为 ON。

（3）开关 1 和开关 3 控制灯 3：两开关不同时为 ON 或 OFF，灯 3 为 ON。

表 7-2   3 灯 3 开关控制 I/O 分配

输 入		输 出	
地址	功能	地址	功能
%I00385	开关 1	%Q00001	灯 1
%I00386	开关 2	%Q00002	灯 2
%I00387	开关 3	%Q00003	灯 3

参考梯形图如图 7-2 所示。

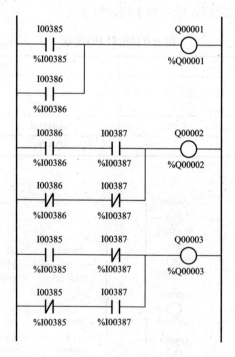

图 7-2 3 灯 3 开关控制参考梯形图

7.3 双 灯 单 按 钮 控 制

用一个无自锁功能的按钮控制两盏灯的亮灭，控制时序图如图 7-3 所示，I/O 分配见表 7-3。

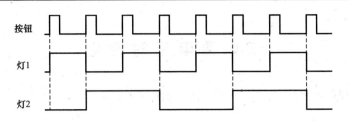

图 7-3 双灯单按钮控制时序图

表 7-3 双灯单按钮控制 I/O 分配

输 入		输 出	
地址	功能	地址	功能
%I00385	按钮	%Q00001	灯 1
		%Q00002	灯 2

参考梯形图如图 7-4 所示。

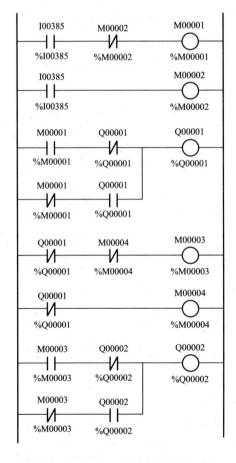

图 7-4 双灯单按钮控制参考梯形图

请读者自行写出%M00001~%M00004 的含义。

7.4 通电延时控制

通电延时控制时序图如图 7-5 所示，I/O 分配见表 7-4。

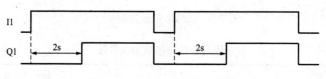

图 7-5　通电延时控制时序图

表 7-4　　　　　　　　　　　　　　　通电延时控制 I/O 分配

输　　　　入		输　　　　出	
地址	功能	地址	功能
%I00385	I1	%Q00001	Q1

参考梯形图如图 7-6 所示。

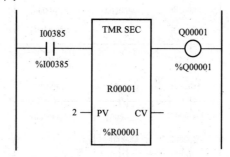

图 7-6　通电延时控制参考梯形图

注意：%R00001 是定时器的地址，每个定时器占用 3 个，在本例中该定时器占据了 %R00001、%R00002 和%R00003。其他定时器等"元件"在使用时必须避开，不能冲突，除非确实是调用。

7.5 断电延时控制

断电延时控制时序图如图 7-7 所示，I/O 分配见表 7-5。

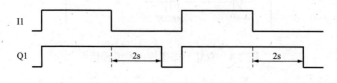

图 7-7　断电延时控制时序图

表 7-5		断电延时控制 I/O 分配	
输　　入		输　　出	
地址	功能	地址	功能
%I00385	I1	%Q00001	Q1

参考梯形图如图 7-8 所示。

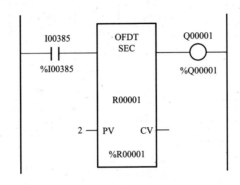

图 7-8　断电延时控制参考梯形图

7.6　脉冲方波的产生

脉冲方波的产生时序图如图 7-9 所示，I/O 分配见表 7-6。

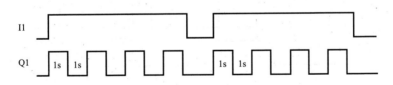

图 7-9　脉冲方波的产生时序图

表 7-6		脉冲方波的产生 I/O 分配	
输入		输出	
地址	功能	地址	功能
%I00385	I1	%Q00001	Q1

参考梯形图如图 7-10 所示。

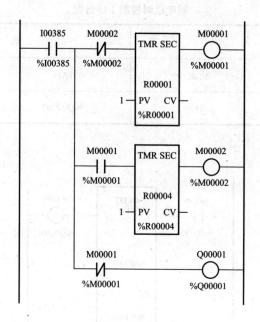

图 7-10　脉冲方波的产生参考梯形图

7.7　计 数 通 断 控 制

示例：按钮按下 3 次信号灯亮，再按 2 次灯灭。

本例计数通断控制时序图如图 7-11 所示，I/O 分配见表 7-7。

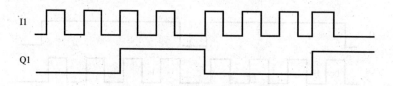

图 7-11　计数通断控制时序图

表 7-7　　　　　　　　　　　　　　　　计数通断控制 I/O 分配

输入		输出	
地址	功能	地址	功能
%I00385	I1	%Q00001	Q1

参考梯形图如图 7-12 所示。

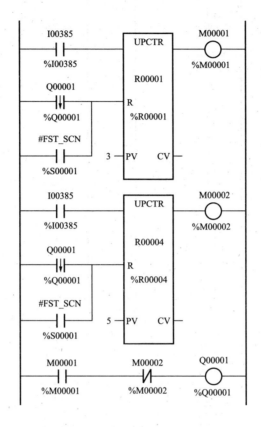

图 7-12 计数通断控制参考梯形图

7.8 交 叉 计 数 控 制

示例：用两个按钮控制两个灯，按钮 1 按两次灯 1 亮；按钮 2 按两次灯 2 亮；按钮 1 再按 3 次灯 2 灭，按钮 2 再按 3 次灯 1 灭。

本例交叉计数控制 I/O 分配见表 7-8。

表 7-8 　　　　　　　　　　　　　交叉计数控制 I/O 分配

输入		输出	
地址	功能	地址	功能
%I00385	按钮 1	%Q00001	灯 1
%I00386	按钮 2	%Q00002	灯 2

参考梯形图如图 7-13 所示。

221

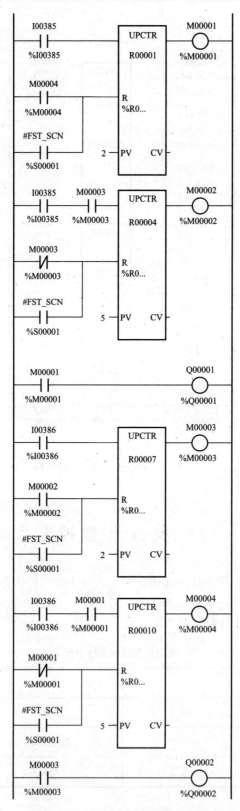

图 7-13　交叉计数控制参考梯形图

7.9 超时报警控制

示例：A 灯亮 3s，B 灯亮 5s。如果在这 2s 内按下 I00385 按钮，则 B 灯闪烁；否则蜂鸣器报警。本例超时报警控制 I/O 分配见表 7-9。

表 7-9 超时报警控制 I/O 分配

输 入		输 出	
地址	功能	地址	功能
%I00385	按钮	%Q00001	A 灯
		%Q00002	B 灯
		%Q00003	蜂鸣器

参考梯形图如图 7-14 所示。

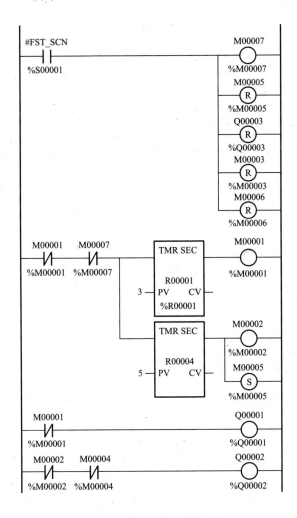

图 7-14 超时报警控制参考梯形图（一）

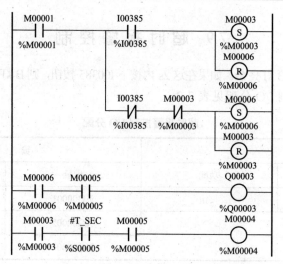

图 7-14　超时报警控制参考梯形图（二）

7.10　小型三相异步电动机的控制

现今社会工业中很多电气控制的最终设备都是电动机，而三相异步电动机的使用尤为常见。本节主要讲述几个三相异步电动机的控制案例。

7.10.1　电动机的点动、自锁控制

（1）点动：电动机停止状态按下慢进（jog）按钮，电动机立即运转；一旦该按钮释放，电动机立即停止。

（2）自锁：当启动按钮按下时，电动机运转，直到按下停止按钮时。

电动机的点动、自锁控制 I/O 分配见表 7-10，参考梯形图如图 7-15 所示。

表 7-10　　　　　　　　　　　　　电动机点动、自锁控制 I/O 分配

输　　　入		输　　　出	
地址	功能	地址	功能
%I00385	慢进 jog	%Q00001	慢进接触器
%I00386	运转	%Q00002	运转接触器
%I00387	停止		

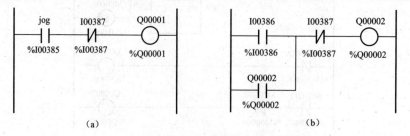

图 7-15　电动机点动、自锁控制参考梯形图

（a）点动；（b）自锁

将两者合并，可以写出图 7-16 所示的程序。

在上述程序的基础上，使它包含一个互锁装置，当出现报警时该互锁能够停止电动机并防止它重新启动；还应包含一个复位按钮，它能够清除报警状态，允许电动机重新启动。改进后的电动机报警、复位控制 I/O 分配见表 7-11，参考梯形图如图 7-17 所示。

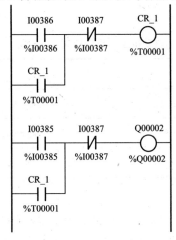

图 7-16　合并后的参考梯形图

表 7-11　　　　　　　　　　　改进后的电动机报警、复位控制 I/O 分配

输　　入		输　　出	
地址	功能	地址	功能
%I00001	启动按钮	%Q00001	电动机启动
%I00002	停止按钮	%Q00008	故障指示
%I00003	慢进		
%I00004	报警		
%I00005	复位		

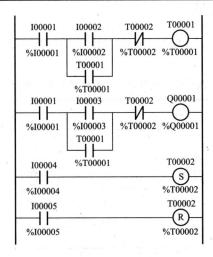

图 7-17　改进后的电动机报警、复位控制参考梯形图

7.10.2 电动机正、反转控制

当按下正转按钮 I00385 时，电动机正转；当按下反转按钮 I00386 时，电动机反转。正反转之间要联锁（互锁）：Q00001 和 Q00002 绝不能同时接通。电动机正、反转控制 I/O 分配见表 7-12。

表 7-12　　　　　　　　　　　　　电动机正、反转控制 I/O 分配

输	入	输	出
地址	功能	地址	功能
%I00385	正转信号	%Q00001	正转接触器
%I00386	反转信号	%Q00002	反转接触器

参考梯形图如图 7-18 所示。

在上面的基础上，设计一个电动机正、反转控制器，要求只有在按下停止按钮时电动机才能切换方向。此外，在按下停止按钮后需要有 5s 的延时时间以禁止重新启动。改进后的电动机正反转控制 I/O 分配见表 7-13，参考梯形图如图 7-19 所示。

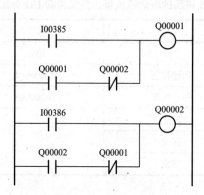

图 7-18　电动机正、反转控制参考梯形图

表 7-13　　　　　　　　　　　改进后的电动机正、反转控制 I/O 分配

输	入	输	出
地址	功能	地址	功能
%I00001	停止按钮	%Q00001	正转接触器
%I00002	正转信号	%Q00002	反转接触器
%I00003	反转信号		

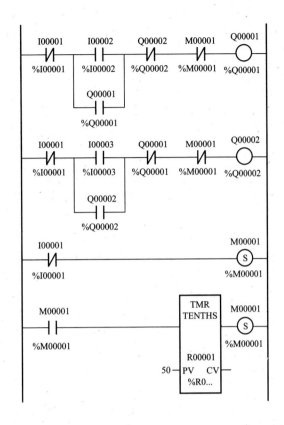

图 7-19　改进后的电动机正、反转控制参考梯形图

7.10.3　电动机禁止多次启动

一个水泵电动机，如果在 30 s 的时间间隔内使电动机启动/停止 2 次以上，它就进入过载状态。为了保护电动机，控制程序必须防止在 30 s 内发生第 3 次启动操作。如果已经进行了第 3 次启动，在启动电动机之前需要有一个 30 s 的等待期（让电动机冷却），在这段时间里有一个红灯闪烁，警告操作人员不能启动电动机。电动机禁止多次启动控制 I/O 分配见表7-14，参考梯形图如图 7-20 所示。

表 7-14　　　　　　　　　　　　电动机禁止多次启动控制 I/O 分配

输　　　入		输　　　出	
地址	功能	地址	功能
%I00004	停止按钮	%Q00003	启动接触器
%I00005	正转信号	%Q00004	红灯闪烁

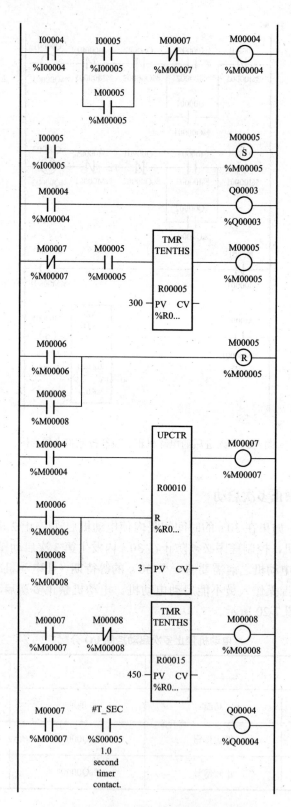

图 7-20　电动机禁止多次启动控制参考梯形图

7.10.4 电动机自锁运行控制

当按下正转按钮 I00385 时，电动机正转；5s 后断开，2s 后电动机自动反转运行；再 5s 后断开，2s 后电动机自动正转运行；如此交替进行。电动机自锁运行控制 I/O 分配见表 7-15，参考梯形图如图 7-21 所示。

表 7-15 电动机自锁运行控制 I/O 分配

输	入	输	出
地址	功能	地址	功能
%I00385	正转信号	%Q00001	正转接触器
%I00386	停止信号	%Q00002	反转接触器

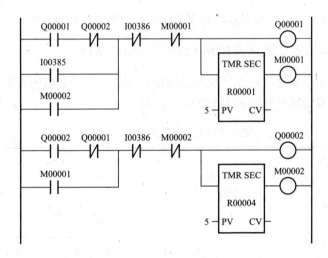

图 7-21 电动机自锁运行控制参考梯形图

7.10.5 电动机 Y-△ 启动控制

当按下启动按钮 I00385 时，Y 接触器动作，电动机以 Y 接线方式开始运转；2s 后 Y 接触器断开，△接触器接通，并一直运行；按下 I00387，电动机停止运作。

为防止电源短路，Y-△之间要互锁：Q00001 和 Q00002 不能同时接通。电动机 Y-△ 启动控制 I/O 分配见表 7-16，参考梯形图如图 7-22 所示。

表 7-16 电动机 Y-△启动控制 I/O 分配

输	入	输	出
地址	功能	地址	功能
%I00385	启动信号	%Q00001	Y 接触器
%I00387	停止信号	%Q00002	△接触器

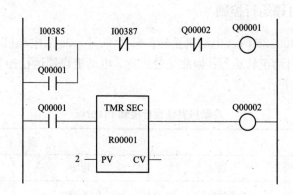

图 7-22　电动机 Y-△启动控制参考梯形图

参照上面的例子，读者很容易能将本书第 1 章中的电气控制线路图转换成 RX3i 的梯形图。

7.10.6　触摸屏设定运转速度控制（模拟量输出控制）

使用触摸屏设定运转速度控制（模拟量输出控制）是通过使用触摸屏给定运转参数让电动机转动。触摸屏设定运转速度控制 I/O 分配见表 7-17。

表 7-17　　　　　　　　　　触摸屏设定运转速度控制 I/O 分配

输　　　入		输　　　出	
地址	功能	地址	功能
%I00089	面板电源	%Q00006	电动机启动
		%AQ0002	变频电动机控制模拟量输出

触摸屏中间变量分配如表 7-18 所示。

表 7-18　　　　　　　　　　触摸屏中间变量分配

中间变量名称	中间变量地址	功能
M00001	%M00001	触摸屏正转按钮
M00002	%M00002	触摸屏反转按钮
R00001	%R00001	触摸屏速度设定输入

参考梯形图如图 7-23 所示。

触摸屏设定画面如图 7-24 所示。

7.10.7　触摸屏设定运转速度控制（模拟量输入控制）

触摸屏设定运转速度控制（模拟量输入控制）I/O 分配见表 7-19。

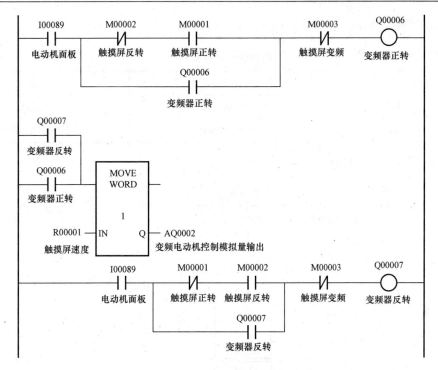

图 7-23 触摸屏设定运转速度控制参考梯形图

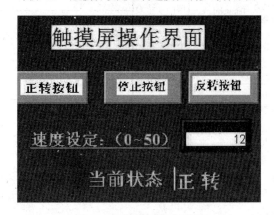

图 7-24 触摸屏设定画面

表 7-19 触摸屏设定运转速度控制（模拟量输入控制）I/O 分配

输入		输出	
地址	功能	地址	功能
%I00081	手/自动切换	%Q00001	手动电动机启动
%I00082	机壳电源	%Q00002	加热控制
%I00083	急停按钮	%Q00003	冷却扇控制
%I00084	加热开关		
%I00085	冷却开关		
%AI00003	温度输入		

触摸屏中间变量分配如表 7-20 所示。

表 7-20 触摸屏中间变量分配

中间变量名称	中间变量地址	功能
M00001	%M00001	启动就绪
M00002	%M00002	温度小于设定值

参考梯形图如图 7-25 所示。

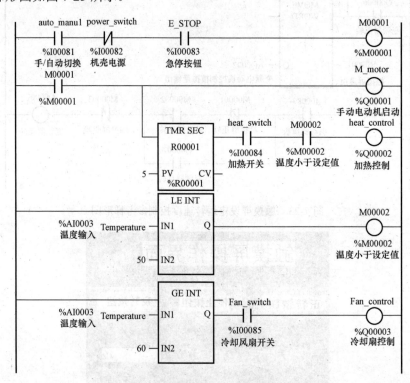

图 7-25　触摸屏设定运转速度控制（模拟量输入控制）参考梯形图

7.10.8　传送指令控制

传送指令控制 I/O 分配见表 7-21。

表 7-21 传送指令控制 I/O 分配

地址	描述	备注
%I00081	电动机正传启动	
%I00082	电动机反转启动	
%I00083	电动机停止	
%AI0005	模拟量信号采集值	0～5 V 电压输入
%AQ0005	模拟量信号输出值	0～10 V 电压输出

参考梯形图如图 7-26 所示。

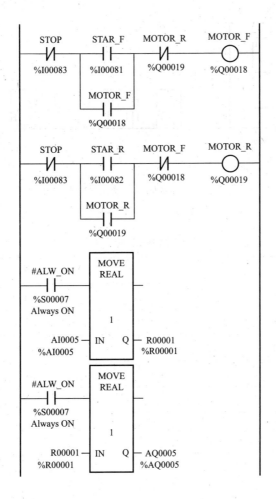

图 7-26　传送指令控制参考梯形图

7.11 LED 灯 轮 换 显 示

在计数器、抢答器、倒计时器等装置中，经常遇到数字循环显示的情况。数码管的显示采用了交替扫描显示的办法，即两个数码管对应的每段同时使用一个输出口，具体的分配需要位选信号来控制。由于位选信号变换迅速，扫描速度很快，再加上发光管的余辉作用和人眼视觉的瞬时保留性，所以人眼基本觉察不到两个数码管的闪烁。

这里讲述的是此类应用的一个简单示范：简化为个位数字的循环显示；从纯数字角度考虑，依次显示 0、1、2、3、…、8、9 为止，然后循环。将 7 段 LED 显示器件划分为 a、b、c、d、e、f、g 共 7 个段。要想显示数字 1，只需要将其中的 b、c 点亮就行；要想显示数字 2，只需要将其中的 a、b、d、e、g 点亮就行；依此类推。其逻辑关系如图 7-27 和表7-22 所示。

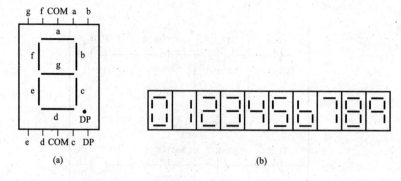

图 7-27 7 段数码显示器及显示的数字

（a）数码显示器；（b）显示的数字

表 7-22   **7 段数码管逻辑表**

显示数字	对应的点亮字段
0	a、b、c、d、e、f
1	b、c（或者 e、f）
2	a、b、d、e、g
3	a、b、c、d、g
4	b、c、f、g
5	a、c、d、f、g
6	a、c、d、e、f、g
7	a、b、c
8	a、b、c、d、e、f、g
9	a、b、c、f、g

只显示一个数字比较容易，而这里是让数字循环显示，可以考虑采用延时命令（TMR）的方法，例如：

数字 0 亮 2 s 后灭，数字 1 点亮；

数字 1 亮 2 s 后灭，数字 2 点亮；

……

数字 8 亮 2 s 后灭，数字 9 点亮；

数字 9 亮 2 s 后灭，数字 0 点亮；

系统周而复始的运行。

各个数码管的显示方式可以统一做到一个 MAIN 函数中，也可以写 7 个子程序，采用调用子程序的方法来实现。这里给出一个调用子程序方法的参考程序，调用途径如图 7-28 所示。以 M1、M2、M3 三个依次亮灭循环为例，参考梯形图如图 7-29 所示。整体的循环程序读者可以参照写出。

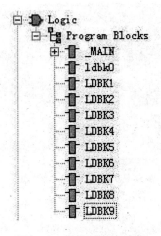

图 7-28　调用子程序途径

ldbk0 子程序如图 7-30 所示（其余子程序可以仿照自行写出）。

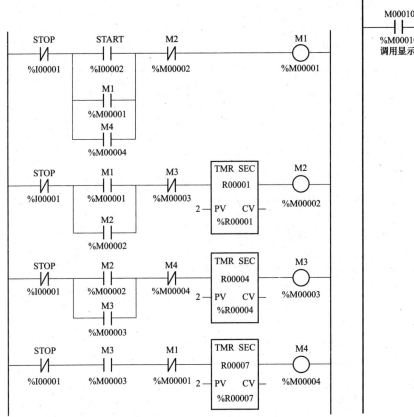

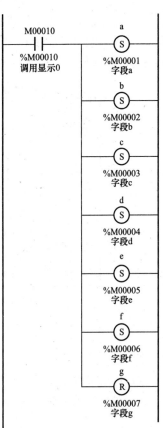

图 7-29　M1、M2、M3 三个依次亮灭循环参考梯形图　　　　图 7-30　ldbk0 子程序

235

可以在触摸屏中显示这个程序效果，如图 7-31 所示。

图 7-31　触摸屏程序效果

另外，可以对上述示例进行拓展：

（1）本示例只是显示 0～9 这 10 个数字，读者也可以考虑显示 A～F，如图 7-32 所示，也就是 16 进制数字，甚至还可以考虑显示 A～Z。

（进）LSD	段显示	(OUT) -gfe dcba		（进）LSD	段显示	(OUT) -gfe dcba
0		0011 1111		8		0111 1111
1		0000 0110		9		0110 0111
2		0101 1011		A		0111 0111
3		0100 1111		B		0111 1100
4		0110 0110		C		0011 1001
5		0110 1101		D		0101 1110
6		0111 1101		E		0111 1001
7		0000 0111		F		0111 0001

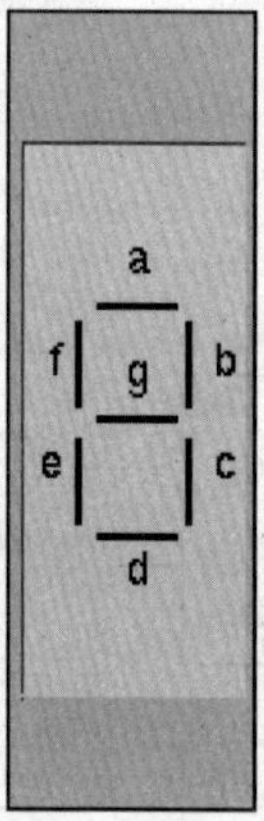

图 7-32　0～9 和 A～F 的逻辑

（2）拓展到两位数字的显示（00～99），涉及进位、计时等。

（3）写出家庭中电子式挂历的梯形图。

（4）在此基础上编写交通灯 60 s 倒计时显示程序。

7.12　移位寄存器，数据传输和块清除指令控制

循环开始由一个切换开关来进行控制，当开关打开，16 位的内部位按顺序以每秒为间隔

被打开。16 位的内部点传输至 16 位输出,同样依次被打开。用第二个开关来使 16 位内部按每秒的间隔依次关闭,开始和停止信号上要有互锁。第三个开关用来对这 16 位进行清 0。可使用移位寄存器、数据传输和块清除指令来完成这个任务。

移位寄存器、数据传输和块清除指令控制 I/O 分配见表 7-23,参考梯形图如图 7-33 所示。

表 7-23　　　　　　　　移位寄存器、数据传输和块清除指令控制 I/O 分配

地　　址	功　　能
%I00001	停止
%I00002	启动
%I00003	清除

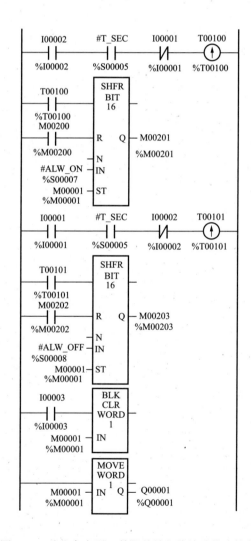

图 7-33　移位寄存器、数据传输和块清除指令控制

思 考 题

1. 从专业期刊搜索 GE PAC 的相关论文，仔细阅读，进一步熟悉 GE PAC 的应用。
2. 通过搜索引擎搜索关于 GE PAC 的信息（图片、新闻稿、PAC 应用等）。
3. 针对本章中各个题目的要求，还能写出其他梯形图，并分析是否还能再简化。
4. 在本章内容的基础上，写出规模较大的程序以用于实际的项目。

附录 A
GE 智能平台的系统变量表

CPU 的系统状态变量为%S、%SA、%SB 和%SC 变量。注意：%S 位是只读位，不要向这些位写入数据，可以向%SA、%SB 和%SC 位写入数据。

表 A-1   %S 变量

变量地址	名称	定　义
%S00001	#FST_SCN	当前的扫描周期是 LD 执行的第一个周期。在停止运行转换后第一个周期，此变量置位，第一个扫描周期完成后，结点复位
%S00002	#LST_SCN	在 CPU 转换到运行模式时设置，在 CPU 执行最后一次扫描时清除。CPU 将此位置 0 后，再运行整个扫描周期，之后进入停止或故障停止模式。如果最后的扫描次数设为 0，CPU 停止后将%S00002 置 0，从程序中看不到%S0002 已被清 0
%S00003	#T_10MS	0.01s 定时结点，周期为 0.01s 的方波
%S00004	#T_100MS	0.1s 定时结点
%S00005	#T_SEC	1.0s 定时结点
%S00006	#T_MIN	1.0min 定时结点
%S00007	#ALW_ON	总是为 ON
%S00008	#ALW_OFF	总是为 OFF
%S00009	#SY_FULL	CPU 故障表满了之后置 1（故障表默认值为记录 16 个故障，可配置），某一故障清除或故障表被清除后，此位置 0
%S00010	#IO_FULL	I/O 故障表满了之后置 1（故障表默认值为记录 32 个故障，可配置），某一故障清除或故障表被清除后，此位置 0
%S00011	#OVR_PRE	%I、%O、%M、%G 或者布尔型的符号变量存储器发生覆盖时置 1
%S00012	#FRC_PRE	Genius 点被强制的置 1
%S00013	#PRG_CHK	后台程序检查激活时置 1
%S00014	#PLC_BAT	电池状态发生改变时，这个结点会被更新

注意：#FST_EXE 不再使用%S 地址，只用名称为"#FST_EXE"的地址标识。在停止/运行转换时，此位置 1，表明程序块第一次被调用。

方波是占空比为 50%的矩形波。

注意：故障之后或者清除故障表之后的第一次输入扫描时才会置位或复位%SA、%SB 和%SC 结点。也可以通过用户逻辑或使用 CPU 监控设备置位或复位%SA、%SB 和%SC 结点。

表 A-2   %SA、%SB 和%SC 变量

变量	名称	定　义
%SA00001	#PB_SUM	应用程序检测和变量检测不匹配时，此位置位。如果故障是瞬时错误，再次向 CPU 存储程序时将这个错误清除。如果是严重的 RAM 故障，必须更换 CPU。要清除此位，清除 CPU 故障表或将 CPU 重新上电

变量	名称	定　义
%SA00002	#OV_SWP	CPU 检测到上一个周期的扫描时间超过用户设定的时间时置位。清除 CPU 故障表或者将 CPU 重新上电后，此位清 0。CPU 设为固定扫描时间（constant sweep mode）时起作用
%SA00003	#APL_FLT	应用程序发生故障时置位。清除 CPU 故障表或者将 CPU 重新上电后，此位清 0
%SA00009	#CFG_MM	故障表记录有配置不等故障时，此位置位。清除 CPU 故障表或者将 CPU 重新上电后，此位清 0
%SA00008	#OVR_TMP	CPU 操作温度超过正常温度（58℃）时，此位置位。清除 CPU 故障表或者将 CPU 重新上电后，此位清 0
%SA00010	#HRD_CPU	自诊断检测到 CPU 硬件故障时，此位置位。清除 CPU 故障表或者将 CPU 重新上电后，此位清 0
%SA00011	#LOW_BAT	发生电池电压过低故障时置位，清除 CPU 故障表或者将 CPU 重新上电后，此位清 0
%SA00012	#LOS_RCK	扩展机架与 CPU 停止通信时，此位置位。清除 CPU 故障表或者将 CPU 重新上电后，此位清 0
%SA00013	#LOS_IOC	总线控制器停止与 CPU 通信时，此位置位。清除 I/O 故障表或者将 CPU 重新上电后，此位清 0
%SA00014	#LOS_IOM	I/O 模块停止与 CPU 通信时，此位置位。清除 I/O 故障表或者将 CPU 重新上电后，此位清 0
%SA00015	#LOS_SIO	可选模块停止与 CPU 通信时，此位置位。清除 CPU 故障表或者将 CPU 重新上电后，此位清 0
%SA00017	#ADD_RCK	系统增加扩展机架时此位置位。清除 CPU 故障表或者将 CPU 重新上电后，此位清 0
%SA00018	#ADD_IOC	系统增加总线控制器时此位置位。清除 CPU 故障表或者将 CPU 重新上电后，此位清 0
%SA00019	#ADD_IOM	机架上增加 I/O 模块时此位置位。清除 I/O 故障表或者将 CPU 重新上电后，此位清 0
%SA00020	#ADD_SIO	机架上增加智能可选模块时此位置位。清除 I/O 故障表或者将 CPU 重新上电后，此位清 0
%SA00022	#IOC_FLT	总线控制器报告总线故障，全局存储器故障或者 IOC 硬件故障时这一位置位。清除 I/O 故障表或者将 CPU 重新上电后，此位清 0
%SA00023	#IOM_FLT	I/O 模块报告回路故障或者模块故障时此位置位。清除 I/O 故障表或者将 CPU 重新上电后，此位清 0
%SA00027	#HRD_SIO	检测到可选模块硬件故障时此位置位。清除 I/O 故障表或者将 CPU 重新上电后，此位清 0
%SA00029	#SFT_IOC	I/O 控制器发生软件故障时此位置位。清除 I/O 故障表或者将 CPU 重新上电后，此位清 0
%SA00031	#SFT_SIO	可选模块检测到内部软件错误时，此位置位。清除 I/O 故障表或者将 CPU 重新上电后，此位清 0
%SA00032	#SBUS_ER	VME 总线背板发生总线错误时此位置位。清除 I/O 故障表或者将 CPU 重新上电后，此位清 0
%SA00081-%SA00112		CPU 故障表记录了用户自定义故障时此位置位。清除 CPU 故障表或者将 CPU 重新上电后，此位清 0

变量	名称	定　　义
%SB00001	#WIND_ER	固定扫描时间模式下，如果没有足够的时间启动编程器窗口，此位置位，清除 CPU 故障表或者将 CPU 重新上电后，此位清 0
%SB00009	#NO_PROG	在存储器保存的情况下，CPU 上电，如果没有用户程序，此位置位。清除 CPU 故障表或者在有程序的情况下将 CPU 重新上电后，此位清 0
%SB00010	#BAD_RAM	CPU 上电时检测到 RAM 存储器崩溃的情况下此位置位。清除 CPU 故障表或者在检测到 RAM 存储器正常的情况下将 CPU 重新上电后，此位清 0
%SB00011	#BAD_PWD	密码访问侵权时此位置位。清除 CPU 故障表或者将 CPU 重新上电后，此位清 0
%SB00012	#NUL_CFG	试图在没有配系数据的情况下，令 CPU 进入运行模式，则此位置位。清除 CPU 故障表或将 CPU 重新上电后，此位清 0
%SB00013	#SFT_CPU	检测到 CPU 操作系统软件故障时此位置位。清除 CPU 故障表或者将 CPU 重新上电后，此位清 0
%SB00014	#STOR_ER	编程器存储操作发生故障时此位置位。清除 CPU 故障表或者将 CPU 重新上电后，此位清 0
%SB00016	#MAX_IOC	系统配置的 IOC 超过 32 个时此位置位。清除 CPU 故障表或者将 CPU 重新上电后，此位清 0
%SB00017	#SBUS_FL	CPU 无法访问总线时此位置位。清除 CPU 故障表或者将 CPU 重新上电后，此位清 0
%SC00009	#ANY_FLT	有任何故障登入 CPU 或者 I/O 故障表时，此位都会置位。清除 CPU 故障表和 I/O 故障表或者将 CPU 重新上电后，此位清 0
%SC00010	#SY_FLT	有任何故障登入 CPU 故障表时，此位都会置位。清除 CPU 故障表或者将 CPU 重新上电后，此位清 0
%SC00011	#IO_FLT	有任何故障登入 I/O 故障表时，此位都会置位。清除 I/O 故障表或者将 CPU 重新上电后，此位清 0
%SC00012	#SY_PRES	只要 CPU 故障表中有故障，此位就会置位。清除 CPU 故障表后，此位清 0
%SC00013	#IO_PRES	只要 I/O 故障表中有故障，此位就会置位。清除 I/O 故障表后，此位清 0
%SC00014	#HRD_FLT	发生硬件故障时此位置位。清除 CPU 故障表和 I/O 故障表或者将 CPU 重新上电后，此位清 0
%SC00015	#SFT_FLT	发生软件故障时此位置位。清除 CPU 故障表和 I/O 故障表或者将 CPU 重新上电后，此位清 0

表 A-3　　　　　　　　　　　系 统 故 障 变 量

系统故障变量	描　　述
#ANY_FLT	重新上电或者清除 CPU/IO 故障表后的任何新故障
#SY_FLT	重新上电或者清除 CPU 故障表后的任何新的系统故障
#IO_FLT	重新上电或者清除 I/O 故障表后的任何新的 I/O 故障
#SY_PRES	说明 CPU 故障表中至少有一个故障
#IO_PRES	说明 I/O 故障表中至少有一个故障
#HRD_FLT	任何硬件故障
#SFT_FLT	任何软件故障

表 A-4   可 配 置 的 故 障 变 量

可配置的故障（默认动作）	描　　述
#SBUS_ER（诊断的）	系统总线错误（BSERR 信号在 VME 系统总线上生成）
#SFT_IOC（诊断的）	Genius 总线控制器不可恢复的软件故障
#LOS_RCK（诊断的）	失去机架（BRM 故障，掉电）或错过已配置的机架
#LOS_IOC（诊断的）	失去总线控制器或错过已配置的总线控制器
#LOS_IOM（诊断的）	失去 I/O 模块（没有响应）或错过已配置的 I/O 模块
#LOS_SIO（诊断的）	失去智能选择模块（没有响应）或错过已配置的智能选择模块
#IOC_FLT（诊断的）	非致命总线或总线控制器错误，10s 内超过 10 个总线错误（错误速率可配置）
#CFG_MM（致命的）	上电过程中，存储配置过程中或者运行模式时检测到模块类型错误。CPU 没有检测到独立模块（如 Genius I/O 模块）的配置参数

表 A-5   Non-Configurable Faults 不可配置的故障变量

不可配置的故障（动作）	描　　述
#SBUS_FL（致命的）	系统总线故障。CPU 无法访问 VME 总线。BUSGRT-NMI 错误
#HRD_CPU（致命的）	CPU 硬件故障，如存储设备故障或者串口故障
#HRD_SIO（诊断的）	系统内任何硬件的非致命故障
#SFT_SIO（诊断的）	LAN 接口模块的不可恢复的软件故障
#PB_SUM（致命的）	上电过程中或者运行模式时的程序或者块检测故障
#LOW_BAT（诊断的）	CPU 或系统内其他模块的低电压信号
#OV_SWP（诊断的）	固定扫描时间超时
#SY_FULL, IO_FULL（诊断的）	CPU 故障表满了，I/O 故障表满了
#IOM_FLT（诊断的）	模块局部故障（I/O 模块的点或通道）
#APL_FLT（诊断的）	应用程序故障
#ADD_RCK（诊断的）	增加新机架，外部的或故障机架重新接入
#ADD_IOC（诊断的）	外部 I/O 总线控制器或 I/O 总线控制器重启
#ADD_IOM（诊断的）	之前的故障 I/O 模块不再有故障，或者外部 I/O 模块
#ADD_SIO（诊断的）	增加或重启新的智能选择模块
#NO_PROG（信息）	上电时没有应用程序，只发生在 CPU 第一次上电时和电池为后备电源的 RAM 当中的程序失败
#BAD_RAM（致命的）	上电时程序存储器崩溃。程序不能被读取和/或没有通过检测
#WIND_ER（信息）	窗口不能完成错误。编程器或逻辑窗口服务跳过。固定扫描模式时发生
#BAD_PWD（信息）	改变授权等级的请求被拒绝，密码错误
#NUL_CFG（致命的）	转换为运行模式时，没有配置。运行时没有配置相当于延缓 I/O 扫描
#SFT_CPU（致命的）	CPU 软件故障。CPU 检测到不可恢复的错误，可能是到达看门狗定时器时间
#MAX_IOC（致命的）	超过了总线控制器允许的最大数目。CPU 最多支持 32 个总线控制器
#STOR_ER（致命的）	从编程器向 CPU 下装数据出错，CPU 的数据可能崩溃

附录 B
GE 智能平台 PAC 指令一览表

B.1　常用位变量一览表

表 B-1   常　用　位　变　量　一　览　表

类型	描　　述
%I	代表输入变量。%I 变量位于输入状态表中，输入状态表中存储了最后一次输入扫描过程中输入模块传来的数据。用编程软件为离散输入模块指定输入地址，在地址指定之前，无法读取输入数据。%I 寄存器是保持型的
%Q	代表自身的输出变量。线圈检查功能核对线圈是否在延时线圈和函数输出上多处使用，可以选择线圈检查的等级（Single、Warn Multiple 或 Multiple）。%Q 变量位于输出状态表中，输出状态表中存储了应用程序最后一次设定的输出变量值。输出变量表中的值会在本次扫描完成后传送给输出模块。用编程软件为离散输出模块指定变量地址，地址指定之前，无法向模块输出数据。%Q 变量可能是保持型的，也可能是非保持型的
%M	代表内部变量。线圈检查功能核对线圈是否在延时线圈和函数输出上多处使用。%M 变量可能是保持型的，也可能是非保持型的
%T	代表临时变量。线圈检查功能不会核对线圈是否多处使用，因而即使使用了线圈检查功能，也可以多次使用%T 变量线圈。这样做不容易查错，建议不要这样使用。在使用剪切/粘贴功能以及文件写入/包含功能时，%T 的使用会避免产生线圈冲突。%T 存储器倾向于临时使用，所以在停止—运行转换时将%T 数据清除掉，所以%T 变量不能用做保持型线圈
%S %SA %SB %SC	代表系统状态变量。这些变量用于访问特殊的 CPU 数据，如定时器、扫描信息和故障信息。%SC00012 位用于检查 CPU 故障表状态。一旦这一位被一个错误设为 ON，在本次扫描完成之前，不会将其复位。 %S、%SA、%SB 和%SC 可以用于任何结点。 %SA、%SB 和%SC 可以用于保持型线圈。 注意：尽管编程软件强制逻辑在保持型线圈上使用%SA、%SB 和%SC 变量，但大部分这些变量不会在有电池做后备电源的掉电/上电过程后保持原来的数据。 %S 可以作为字或者位串输入到函数或函数块。 %SA、%SB 和%SC 可以作为字或者位串输入或从函数和函数块输出
%G	代表全局数据变量。这些变量用于几个系统之间共享数据的访问

B.2　触点类型一览表

表 B-2   触　点　类　型　一　览　表

触点	表示符号	助记符	向右传递能流	可用操作数
顺延触点	—┤↑├—	CONTCON	当前面的顺延线圈置为 ON 时传递能流	无
故障触点	—┤F├—	FAULT	当与之相连的 BOOL 型或 WORD 变量有一个点有故障时，向后传递能流	在%I、%Q、%AI 和%AQ 存储器中的变量，以及预先确定的故障定位基准地址
无故障触点	—┤NF├—	NOFLT	当与之相连的 BOOL 型或 WORD 变量设有一个点有故障时，向后传递能流	
高位报警触点	—┤HA├—	HALR	当与之相连的模拟（WORD）输入的高位报警位置为 ON 时，向后传递能流	在%AI 和%AQ 存储器中的变量

触点	表示符号	助记符	向右传递能流	可用操作数
低位报警触点	─┤LA├─	LOALR	当与之相连的模拟（WORD）输入的低位报警位置为 ON 时，向后传递能流	在%AI 和%AQ 存储器中的变量
常闭触点	─┤/├─	NCCON	当与之相连的 BOOL 型变量为 OFF 时，向后传递能流	在%I、%Q、%M、%T、%S、%SA、%SB、%SC 和%G 存储器中的离散变量。在任意非离散存储器中的符号离散变量
常开触点	─┤ ├─	NCCON	当与之相连的 BOOL 型变量为 ON 时，向后传递能流	
跳变触点	─┤↓├─	NEGCON	负跳变触点，BOOL 型输入从 ON 到 OFF 的扫描周期为 ON	在%I、%Q、%M、%T、%S、%SA、%SB、%SC 和%G 存储器中的变量、符号离散变量
	─┤N├─	NTCON	负跳变触点，BOOL 型输入从 ON 到 OFF 的扫描周期为 ON	
	─┤↑├─	POSCON	正跳变触点，BOOL 型输入从 OFF 到 ON 的扫描周期为 ON	
	─┤P├─	PTCON	正跳变触点，BOOL 型输入从 OFF 到 ON 的扫描周期为 ON	

B.3 线圈类型一览表

表 B-3 　　　　　　　　　　　线 圈 类 型 一 览 表

线圈	表示符号	助记符	描述	操作数
记忆型线圈	─(M)─		当一个线圈接收到能流时，置相关 BOOL 型变量为 ON，没有接收到能流时，置相关 BOOL 型变量为 OFF。并在掉电时保持状态，直至下一次启动运行的第一个扫描周期	
非记忆型线圈	─( )─	COIL	同上，但失电不保持	
记忆型取反线圈	─(/M)─		状态与记忆型线圈相反，并在失电时保持状态	
非记忆型取反线圈	─(/)─	NCCOIL	同上，但掉电不保持	%Q、%M、%T、%SA、%SB、%SC 和%G；符号离散型变量；字导向存储器（%AI 除外）中字里的位基准
记忆型置位线圈	─(SM)─		当置位线圈接收到能流时，置离散型点为 ON。当置位线圈接收不到能流时，不改变离散型点的值	
非记忆型置位线圈	─(S)─	SETCOIL	同上，但掉电不保持	
记忆型复位线圈	─(RM)─		当复位线圈接收到能流时，置离散型点为 OFF。当复位线圈接收不到能流时，不改变离散型点的值	
非记忆型复位线圈	─(R)─	RESETCOL	同上，但掉电不保持	
正跳变线圈	─(↑)─	POSCOIL	当变量的跳变位当前值是 OFF；变量的状态位当前值是 OFF；输入到线圈的能流当前值是 ON 的瞬间，正跳变线圈接通一个扫描周期	

续表

线圈	表示符号	助记符	描述	操作数
负跳变线圈	—（↓）—	NEGCOIL	当变量的跳变位当前值是 ON；变量的状态位当前值是 ON；输入到线圈的能流当前值是 OFF 的瞬间，正跳变线圈接通一个扫描周期	%Q、%M、%T、%SA、%SB、%SC 和%G；符号离散型变量；字导向存储器（%AI 除外）中字里的位基准
正跳变线圈	—（P）—	PTCOIL	当输入能流为 ON，上一个扫描周期能流的操作结果是 OFF，与 PTCOIL 相关的 BOOL 变量的状态位转为 ON；在任何其他情况下，BOOL 变量的状态位转为 OFF	
负跳变线圈	—（N）—	NTCOIL	当输入能流是 OFF，上一个扫描周期能流的操作结果是 ON，与 NTCOIL 相关的 BOOL 变量的状态位转为 ON；在任何其他情况下，BOOL 变量的状态位转为 OFF	
顺延线圈	—（+）—	CONTCOIL	使 PLC 在下一级的顺延触点上延续本级梯形图逻辑能流值。顺延线圈的能流状态传递给顺延触点	无

B.4　定时器类型一览表

表 B-4　　　　　　　　　　定 时 器 类 型 一 览 表

功能块	助记符	计时单位（分辨率）	描述
延时关定时器	OFDT_SEC	s	当能流输入打开时，定时器的当前值（CV）重设为 0。当能流关闭时，CV 增加。当 CV=PV（预置值）时，能流不再向右传送能流，直到能流输入再次打开
	OFDT_TENTHS	0.1s	
	OFDT_HUNDS	0.01s	
	OFDT_THOUS	0.001s	
保持型延时定时器	ONDTR_SEC	s	当它接收能流时计时，在能流停止时保持其值
	ONDTR_TENTHS	0.1s	
	ONDTR_HUNDS	0.01s	
	ONDTR_THOUS	0.001s	
延时开定时器	TMR_SEC	s	一般延时定时器。当它接收能量时计时，能流停止时重设为 0
	TMR_TENTHS	0.1s	
	TMR_HUNDS	0.01s	
	TMR_THOUS	0.001s	

B.5　计数器功能描述

表 B-5　　　　　　　　　　计 数 器 功 能 描 述

功能块	助记符	描　　述
减计数器	DNCTR	从预置值倒计数，一旦 CV≤0 输出接通
增计数器	UPCTR	计数直到一个指定值，一旦 CV≥PV 输出接通

B.6　数据转换指令一览表

表 B-6　　　　　　　　　　　数据转换指令一览表

功能	助记符	描　述
转换模拟量	DEG_TO_RAD	把角度转换为弧度
	RAD_TO_DEG	把弧度转换为角度
转换为 BCD4		
UINT to BCD4	UINT_TO_BCD4	把 UINT（16 位无符号整数）转换为 BCD4
INT to BCD4	INT_TO_BCD4	把 INT（16 位带符号整数）转换为 BCD4
转换为 BCD8		
DINT to BCD8	DINT_TO_BCD8	把 DINT（32 位带符号整数）转换为 BCD8
转换为 INT		
BCD4 to INT	BCD4_TO_INT	把 BCD4 转换为 INT（16 位带符号整数）
UINT to INT	UINT_TO_INT	把 UINT 转换为 INT
DINT to INT	DINT_TO_INT	把 DINT 转换为 INT
REAL to INT	REAL_TO_INT	把 REAL（32 位带符号的实数或浮点数）转换为 INT
转换为 UINT		
BCD4 to UINT	BCD4_TO_UINT	把 BCD4 转换为 UINT
INT to UINT	INT_TO_UINT	把 INT 转换为 UINT
DINT to UINT	DINT_TO_UINT	把 DINT 转换为 UINT
REAL to UINT	REAL_TO_UINT	把 REAL 转换为 UINT
转换为 DINT		
BCD8 to DINT	BCD8_TO_DINT	把 BCD8 转换为 DINT
UINT to DINT	UINT_TO_DINT	把 UINT 转换为 DINT
INT to DINT	INT_TO_DINT	把 INT 转换为 DINT
REAL to DINT	REAL_TO_DINT	把 REAL 转换为 DINT
转换为 REAL		
BCD4 to REAL	BCD4_TO_REAL	把 BCD4 转换为 REAL
BCD8 to REAL	BCD8_TO_REAL	把 BCD8 转换为 REAL
UINT to REAL	UINT_TO_REAL	把 UINT 转换为 REAL
INT to REAL	INT_TO_REAL	把 INT 转换为 REAL
DINT to REAL	DINT_TO_REAL	把 DINT 转换为 REAL
WORD to REAL	WORD_TO_REAL	把 WORD（16 位位串）转换为 REAL
把 REAL 转换为 WORD	REAL_TO_WORD	把 REAL 转换为 WORD
舍位	TRUNC_DINT	把一个 REAL 型数值通过小数部分直接舍去，保留整数部分后转换为 DINT 型数值
	TRUNC_INT	把一个 REAL 型数值通过小数部分直接舍去，保留整数部分后转换为 INT 型数值

B.7　数据传送指令一览表

表 B-7   数据传输指令一览表

功能	助记符	描　　述
块清零	BLK_CLR_WORD	用零去替换一个块中所有数据的值。能够被用来清零一个字的区域或是模拟存储器
块传送	BLKMOV_DINT BLKMOV_DWORD BLKMOV_INT BLKMOV_REAL BLKMOV_UINT BLKMOV_WORD	复制一个有 7 个常量的块到一个指定的存储单元中。这些常量是作为本功能的一部分输入的
通信请求	COMM_REQ	允许程序跟一个智能化模块(如一个 Genius 总线控制器或是一个高速计数器)之间进行通信
数据初始化	DATA_INIT_DINT DATA_INIT_DWORD DATA_INTT_INT DATA_INTT_REAL DATA_INTT_UINT DATA_INTT_WORD	复制一个常量数据块到一个给定范围。数据类型由助记符指定
数据 ASCII 码初始化	DATA_INIT_ASCII	复制一个常量 ASCII 码文本块到一个给定范围
数据 DLAN 初始化	DATA_INIT_DLAN	与 DLAN 接口模块一起使用
数据通信请求初始化	DATA_INIT_COMM	用一个常量数据块初始化一个 COMM_REQ 功能块。数据长度应该与 COMM_REQ 功能块中所有命令块一致
传送数据	MOVE_BOOL MOVE_DINT MOVE_DWORD MOVE_INT MOVE_REAL MOVE_UINT MOVE_WORD	作为个别位复制数据,所以新的存储单元并不需要有相同的数据类型。数据能够被传送到一个不同的数据类型中,而不需要预先转换
移位寄存器	SHFR_BIT SHFR_DWORD SHFR_WORD	从一个存储单元中移一个或多个数据位、数据字或数据双字到一个指定存储区域。该区域中的原有的数据被移出
交换	SWAP_DWORD SWAP_WORD	交换一个字数据的两个字节或一个双字数据的两个字
总线读取	BUS_RD_BYTE BUS_RD_DWORD BUS_RD_WORD	从背板总线读取数据
总线读取修改	BUS_RMW_BYTE BUS_RMW_DWORD BUS_RMW_WORD	使用背板总线中的读/修改/写入周期更新一个数据元素
总线测试和设置	BUS_TS_BYTE BUS_TS_WORD	处理背板总线上信号数据
写总线	BUS_WRT_BYTE BUS_WRT_DWORD BUS_WRT_WORD	写数据到背板总线上的模块中

B.8 数据表功能指令一览表

表 B-8   数据表功能指令一览表

功能	助记符	描述
数组传送	ARRAY_MOVE_BOOL ARRAY_MOVE_BYTE ARRAY_MOVE_DINT ARRAY_MOVE_INT ARRAY_MOVE_WORD	从源存储器块中复制一个给定数目的数据元素到目的存储器块中 注意：存储器块不需要被定义为数组，必须提供一个开始地址和用于传送的相邻寄存器数组
数组范围	ARRAY_RANGE_DINT ARRAY_RANGE_DWORD ARRAY_RANGE_INT ARRAY_RANGE_UINT ARRAY_RANGE_WORD	决定一个值是否在两个表指定范围之内
FIFO 读	FIFO_RD_DINT FIFO_RD_DWORD FIFO_RD_INT FIFO_RD_UINT FIFO_RD_WORD	把位于 FIFO（先进先出）表底部的入口数据移走，指针值减 1
FIFO 写	FIFO_WRT_DINT FIFO_WRT_DWORD FIFO_WRT_INT FIFO_WRT_UINT FIFO_WRT_WORD	指针值增 1，写数据到 FIFO 表的底部
LIFO 读	LIFO_RD_DINT LIFO_RD_DWORD LIFO_RD_INT LIFO_RD_UINT LIFO_RD_WORD	把位于 LIFO（后进先出）表的指针存储单元入口数据移走，指针值减 1
LIFO 写	LIFO_WRT_DINT LIFO_WRT_DWORD LIFO_WRT_INT LIFO_WRT_UINT LIFO_WRT_WORD	LIFO 表指针值增 1，写数据到表里
查找	SEARCH_EQ_BYTE SEARCH_EQ_DINT SEARCH_EQ_DWORD SEARCH_EQ_INT SEARCH_EQ_UINT SEARCH_EQ_WORD	查找所有等于一个给定值的数组值
分类	SORT_INT SORT_UINT SORT_WORD	按升序分类一个存储器块
读表	SEARCH_GE_BYTE SEARCH_GE_DINT SEARCH_GE_DWORD SEARCH_GE_INT SEARCH_GE_UINT SEARCH_GE_WORD	查找所有大于等于一个给定值的数组值
写表	SEARCH_GT_BYTE SEARCH_GT_DINT SEARCH_GT_DWORD SEARCH_GT_INT SEARCH_GT_UINT SEARCH_GT_WORD	查找所有比一个给定值大的数组值

B.9 位操作功能指令一览表

表 B-9   位操作功能指令一览表

功能	助记符	描　述
位位置	BIT_POS_DWORD BIT_POS_WORD	在位串里找出一个被置 1 的位
位排序	BIT_SEQ	排好一个位串值，起始于 ST。通过一个位数组操作一个位序移位。容许最大长度 256 字
位置位 位清除	BIT_SET_DWORD BIT_SET_WORD	把位串中一个位置 1
	BIT_CLR_DWORD BIT_CLR_WORD	通过把位串里一个位置 0 清除该位
位测试	BIT_TEST_DWORD	测试位串里的一个位，测定该位当前是 1 还是 0
	BIT_TEST_WORD	
逻辑"与"	AND_DWORD AND_WORD	逐位比较位串 IN1 和 IN2。当相应的一对位都是 1 时，在输出位串 Q 相应位置放入 1，否则，在输出位串 Q 相应位置放 0
逻辑取反	NOT_DWORD NOT_WORD	把输出位串 Q 每个位的状态置成与位串 IN1 每个对应位相反的状态
逻辑"或"	OR_DWORD OR_WORD	逐位比较位串 IN1 和 IN2。当相应的一对位都是 0 时，在输出位串 Q 相应位置放入 0，否则，在输出位串 Q 相应位置放 1
逻辑"异或"	XOR_DWORD XOR_WORD	逐位比较位串 IN1 和 IN2。当相应的一对位不同时，在输出位串 Q 相应位置放入 1；当相应的一对位相同时，在输出位串 Q 相应位置放 0
屏蔽比较	MASk_COMP_DWORD MASk_COMP_WORD	用屏蔽选择位的能力比较两个单独的位串
位循环	ROL_DWORD ROL_WORD	左循环。一个固定位数的位串里的位循环左移
	ROR_DWORD ROR_WORD	右循环。一个固定位数的位串里的位循环右移
位移位	SHFTL_DWORD SHIFTL_WORD	左移位。一个固定位数的字或字串里的位左移
	SHFTR_DWORD SHIFTR_WORD	右移位。一个固定位数的字或字串里的位右移

B.10 控制功能指令一览表

表 B-10   控制功能指令一览表

功能	助记符	描　述
立即、暂停读写指令	DO_IO	一次扫描，立即刷新指定范围的输入和输出（如果 DO I/O 功能块包含模块上的所有的基准单元，模块上的所有点都被刷新，部分 I/O 模块刷新不执行）。I/O 扫描结果放在内存中比放在实际输入点上好
	SUS_IO	暂停一次扫描中所有正常的 I/O 刷新，D0 I/O 指令指定的除外

续表

转鼓指令	DRUM	按照机械转鼓排序的式样，给一组 16 位离散输出提供预先确定的 ON/OFF 模式
PID 指令	PID_ISA	无关联、独立的 PID 运算法则
	PID_IND	标准 ISA、PID 算法
服务请求	SVC_REQ	请求一个特殊的 PLC 服务
循环指令	FOR_LOOP	循环。在 FOR_LOOP 指令和 END_FOR 指令之间重复执行逻辑程序指定的次数或遇到 EXIT_FOR 指令时结束循环
	EXIT_FOR	
	END_FOR	
中断控制指令	MASK_IO_INTR	屏蔽 I/O 中断
	SUSO_IO_INTR	暂停 I/O 中断
读转换开关位置	SWITCH_POS	读 Run/Stop 转换开关的位置和转换开关配置的方式
	SCAN_SET_IO	
边缘检测触发器	R_TRIG	上升沿检测触发器，当布尔型输入上升沿到来时，输出产生一个单脉冲
	F_TRIC	下降沿检测触发器，当布尔型输入下降沿到来时，输出产生一个单脉冲

B.11 程序流程功能指令一览表

表 B-11 程序流程功能指令一览表

功能块	助记符	描述
子程序调用	CALL	调用子程序
主控继电器	MCRN	嵌套主控继电器，在 MCRN 和其后的 ENDMCRN 之间所有的梯级在没有能流时执行。MCRN/ENDMCRN 对能互相嵌套。所有的 MCRN 能共有一个相同的 ENDMCRN
结束主控继电器	ENDMCRN	嵌套结束主控继电器，表示在正常能量流情况下要执行的后续逻辑
跳转	JUMPN	嵌套跳转，导致程序执行跳转到一个 LABELN 指出的指定存储单元。JUMPN/LABELN 对能相互嵌套。多个 JUMPN 能共有相同的 LABELN
标号	LABELN	嵌套标号，指定一个 JUMPN 指令的目标位置
连线	H_WIRE	为了完成能流传递，水平连接 LD 逻辑的一行元素
	V_WIRE	为了完成能流传递，垂直连接 LD 逻辑的一列元素
逻辑结束	END	逻辑无条件结束，程序从第一梯级执行到最后梯级或 END 指令，无论先遇到哪个程序结束
注释	COMMENT	把一个文本解释放在程序中

B.12　基本关系功能块一览表

表 B-12   基本关系功能块一览表

功能	助计符	描　述
比较	CMP_DINT CMP_INT CMP_REAL CMP_UINT	比较 IN1 和 IN1，助记符指定数据类型： （1）IN1<IN2，LT 输出打开； （2）IN1=IN2，EQ 输出打开； （3）IN1>IN2，GT 输出打开
等于	EQ_DINT EQ_INT EQ_REAL EQ_UINT	检验两个数是否相等
大于或等于	GE_DINT GE_INT GE_REAL GE_UINT	检验一个数是否大于或等于另一个数
大于	GT_DINT GT_INT GT_REAL GT_UINT	检验一个数是否大于另一个数
小于或等于	LE_DINT LE_INT LE_REAL LE_UINT	检验一个数是否小于或等于另一个数
小于	LT_DINT LT_INT LT_REAL LT_UINT	检验一个数是否小于另一个数
不等于	NE_DINT NE_INT NE_REAL NE_UINT	检验两个数是否不等
范围	RANGE_DINT RANGE_DWORD RANGE_INT RANGE_UINT RANGE_WORD	检验一个数是否在另两个数给定的范围内

B.13　数学运算指令类型一览表

表 B-13   数学运算指令类型一览表

功能	助记符	描　述
绝对值	ABS_INT	求一个双精度整数、单精度整数或浮点数的绝对值，助记符指定了数值的数据类型
	ABS_DINT	
	ABS_REAL	

续表

功能	助记符	描　述
加	ADD_INT	将两个数相加：Q=IN1+IN2
	ADD_DINT	
	ADD_REAL	
	ADD_UINT	
减	SUB_INT	从一个数中减去另一个 Q= IN1−IN2
	SUB_DINT	
	SUB_REAL	
	SUB_UINT	
乘	MUL_INT	两个数相乘：Q= IN1×IN2
	MUL_DINT	
	MUL_REAL	
	MUL_UINT	
	MUL_MIXED	Q（32bit）=IN1（16bit）×IN2（16bit）
除	DIV_INT	一个数除以另一个数，输出商 Q= IN1/IN2
	DIV_DINT	
	DIV_REAL	
	DIV_UINT	
	DIV_MIXED	Q（16bit）=IN1（32bit）/IN2（16bit）
模数	MOD_INT	一个数除以另一个数，输出余数
	MOD_DINT	
	MOD_UINT	
比例	SCALE	把输入参数比例放大或缩小，结果放在输出单元

B.14　高等数学函数指令类型一览表

表 B-14　　　　　　　　　　　高等数学函数指令类型一览表

函数	助记符	描　述
指数	EXP	计算 e^{IN}，IN 为操作数
	EXPT	计算 $IN1^{IN2}$
反三角函数	ACOS	计算 IN 操作数的反余弦，以弧度形式表达结果
	ASIN	计算 IN 操作数的反正弦，以弧度形式表达结果
	ATAN	计算 IN 操作数的反正切，以弧度形式表达结果

续表

函数	助记符	描　　述
对数	LN	计算 IN 操作数的自然对象
	LG	计算 IN 操作数的 10 为底的对数
平方根	SQRT_DINT	计算操作数 IN 的平方根，一个双精度整数。结果的双精度整数部分存到 Q 中
	SQRT_INT	计算操作数 IN 的平方根，一个单精度整数。结果的单精度整数部分存到 Q 中
	SQRT_REAL	计算操作数 IN 的平方根，一个实数。实数结果存到 Q 中
三角函数	COS	计算操作数 IN 的余弦，IN 以弧度表示
	SIN	计算操作数 IN 的正弦，IN 以弧度表示
	TAN	计算操作数 IN 的正切，IN 以弧度表示

B.15　服务请求（SVCREQ）功能模块

表 B-15　　　　　　　　　　　　服务请求指令一览表

功能号	功　　能
SVCREQ 1	更改/读取固定扫描定时器
SVCREQ 2	读取窗口值模式和时间值
SVCREQ 3	改变控制器通信窗口模式
SVCREQ 4	改变底板通信窗口模式和定时器值
SVCREQ 5	改变后台任务窗口模式和定时器值
SVCREQ 6	改变/读取字数来求校验和
SVCREQ 7	读取或改变日历时钟
SVCREQ 8	复位看门狗定时器
SVCREQ 9/51	读取从扫描开始时间
SVCREQ 10	读文件夹名
SVCREQ 11	读取控制器 ID
SVCREQ 12	读取控制器运行状态
SVCREQ 13	停止 PLC 运行
SVCREQ 14	清除 PLC 或 I/O 故障表
SVCREQ 15	读取故障表最新记录条目
SVCREQ 16	读取运行累计时间
SVCREQ 17	屏蔽/非屏蔽 I/O 中断

功能号	功 能
SVCREQ 18	读取 I/O 强制状态
SVCREQ 19	设置运行激活/不激活
SVCREQ 20	读故障表
SVCREQ 21	自定义的故障记录
SVCREQ 22	屏蔽/非屏蔽定时中断
SVCREQ 23	读主校验和
SVCREQ 24	模块复位
SVCREQ 25	激活/不激活 EXE 块和独立 C 程序求校验和
SVCREQ 26/30	查询 I/O
SVCREQ 29	读取掉电累计时间
SVCREQ 32	暂停/恢复 I/O 中断
SVCREQ 45	跳过下一个扫描
SVCREQ 50	读累计时间时钟

附录 C

AWG 电线标准单位换算

AWG 为美制电线标准（American Wire Gauge），AWG 值是导线厚度（以英寸计）的函数。

表 C-1　　　　　　　　　　　美制电线标准与公制英制电线标准对照表

AWG	外径		截面积（mm²）	电阻值（Ω/km）
	公制（mm）	英制（in）		
0000	11.68	0.46	107.22	0.17
000	10.40	0.4096	85.01	0.21
00	9.27	0.3648	67.43	0.26
0	8.25	0.3249	53.49	0.33
1	7.35	0.2893	42.41	0.42
2	6.54	0.2576	33.62	0.53
3	5.83	0.2294	26.67	0.66
4	5.19	0.2043	21.15	0.84
5	4.62	0.1819	16.77	1.06
6	4.11	0.1620	13.30	1.33
7	3.67	0.1443	10.55	1.68
8	3.26	0.1285	8.37	2.11
9	2.91	0.1144	6.63	2.67
10	2.59	0.1019	5.26	3.36
11	2.30	0.0907	4.17	4.24
12	2.05	0.0808	3.332	5.31
13	1.82	0.0720	2.627	6.69
14	1.63	0.0641	2.075	8.45
15	1.45	0.0571	1.646	10.6
16	1.29	0.0508	1.318	13.5
17	1.15	0.0453	1.026	16.3
18	1.02	0.0403	0.8107	21.4

AWG	外径		截面积（mm²）	电阻值（Ω/km）
	公制（mm）	英制（in）		
19	0.912	0.0359	0.5667	26.9
20	0.813	0.0320	0.5189	33.9
21	0.724	0.0285	0.4116	42.7
22	0.643	0.0253	0.3247	54.3
23	0.574	0.0226	0.2588	48.5
24	0.511	0.0201	0.2047	89.4
25	0.44	0.0179	0.1624	79.6
26	0.404	0.0159	0.1281	143
27	0.361	0.0142	0.1021	128
28	0.32	0.0126	0.0804	227
29	0.287	0.0113	0.0647	289
30	0.254	0.0100	0.0507	361
31	0.226	0.0089	0.0401	321
32	0.203	0.0080	0.0316	583
33	0.18	0.0071	0.0255	944
34	0.16	0.0063	0.0201	956
35	0.142	0.0056	0.0169	1200
36	0.127	0.0050	0.0127	1530
37	0.114	0.0045	0.0098	1377
38	0.102	0.0040	0.0081	2400
39	0.089	0.0035	0.0062	2100
40	0.079	0.0031	0.0049	4080
41	0.071	0.0028	0.0040	3685
42	0.064	0.0025	0.0032	6300
43	0.056	0.0022	0.0025	5544
44	0.051	0.0020	0.0020	10200
45	0.046	0.0018	0.0016	9180
46	0.041	0.0016	0.0013	16300

表 C-2　　　　　　　　　　　**美制电线标准与中国电线标准对照表**

中国电线标准 CWG	美制电线标准 AWG		中国电线标准 CWG	美制电线标准 AWG	
直径（mm）	线号	直径（mm）	直径（mm）	线号	直径（mm）
	0000	11.693	0.9	19	0.912
	000	10.422	0.8	20	0.812
9.00	00	9.266	0.710	21	0.723
8.00	0	8.251	0.63	22	0.644
7.10	1	7.348	0.56	23	0.573
6.3	2	6.544	0.50	24	0.511
5.6	3	5.827	0.45	25	0.455
5.00	4	5.189	0.40	26	0.405
4.5	5	4.621	0.355	27	0.361
4.00	6	4.115	0.315	28	0.321
3.55	7	3.665	0.280	29	0.286
3.15	8	3.264	0.250	30	0.255
2.80	9	3.906	0.224	31	0.227
2.50	10	2.588	0.200	32	0.202
2.24	11	2.305	0.18	33	0.180
2.00	12	2.053	0.16	34	0.16
1.80	13	1.828	0.14	35	0.143
1.60	14	1.628	0.125	36	0.127
1.40	15	1.450	0.112	37	0.113
1.25	16	1.291		38	0.102
1.12	17	1.150		39	0.089
1.00	18	1.024		40	0.079

参 考 文 献

[1] 郁汉琪，王华. 可编程自动化控制器（PAC）技术及应用-基础篇. 北京：机械工业出版社，2011.

[2] 原菊梅，叶树江. 可编程自动化控制器（PAC）技术及应用-提高篇. 北京：机械工业出版社，2011.

[3] 谢克明，夏路易. 可编程控制器原理与程序设计（第 2 版）. 北京：电子工业出版社，2010.

[4] 张伟林. 电气控制与 PLC 综合应用技术. 北京：人民邮电出版社，2009.

[5] PAC 系统实验实训装置实验指导书：南京康尼科技实业有限公司.

[6] 李若谷. 西门子 PLC 编程指令与梯形图快速入门. 北京：电子工业出版社，2009.

[7] 马宁，孔红. S7-300PLC 和 MM440 变频器的原理与应用. 北京：机械工业出版社，2009.

[8] 赵江稳. 西门子 S7-200PLC 编程从入门到精通. 北京：中国电力出版社，2013.

[9] （美）里格（Rehg, J.A），（美）萨托瑞（Sartori, G.J）. 可编程逻辑控制器. 北京：电子工业出版社，2008.

[10] 翟天嵩，刘尚争. iFIX 基础教程. 北京：清华大学出版社，2013.

[11] 张伟林. 电气控制与 PLC 应用. 北京：人民邮电出版社，2007.

[12] 赵江稳. 电工基础. 北京：中国电力出版社，2014.

[13] 吴灏. 电机与机床电气控制. 北京：人民邮电出版社，2009.

[14] 向晓汉. 电气控制与 PLC 技术. 北京：人民邮电出版社，2009.

[15] 李向东. 电气控制与 PLC. 北京：机械工业出版社，2009.

[16] 黄中玉. PLC 应用技术. 北京：人民邮电出版社，2009.

[17] 华满香. 电气控制与 PLC 应用. 北京：人民邮电出版社，2009.

[18] 隋媛媛. 西门子系列 PLC 原理及应用. 北京：人民邮电出版社，2009.

[19] 高钦和. PLC 应用开发案例精选（第 2 版）. 北京：人民邮电出版社，2008.

[20] 方强. PLC 可编程控制器技术开发与应用实践. 北京：电子工业出版社，2009.

[21] 阮友德. PLC、变频器、触摸屏综合应用实训. 北京：中国电力出版社，2009.

[22] 廖常初. PLC 编程及应用. 北京：机械工业出版社，2005.

[23] 胡晓明. 电气控制及 PLC. 北京：机械工业出版社，2007.

[24] 鲁远栋. PLC 机电控制系统应用设计技术（第 2 版）. 北京：电子工业出版社，2010.

[25] 周怀军，等. S7-200 PLC 技术基础及应用. 北京：中国电力出版社，2011.

[26] 陈丽. PLC 控制系统编程与实现. 北京：中国铁道出版社，2010.

[27] 胡晓林. 电气控制与 PLC 应用技术. 北京：北京理工大学出版社，2010.

[28] 陶权. PLC 控制系统设计、安装与调试. 北京：北京理工大学出版社，2011.

[29] GE-复卷机控制系统实训指导书.

[30] GE-封口机控制系统实训指导书.

[31] 马林，何桢. 六西格玛管理（第 2 版）. 北京：中国人民大学出版社，2007.

[32] 刘艺柱. GE 智能平台自动化系统实训教程——VersaMax 篇. 天津：天津大学出版社，2014.

[33] 刘艺柱. GE 智能平台自动化系统实训教程——基础篇. 天津：天津大学出版社，2014.